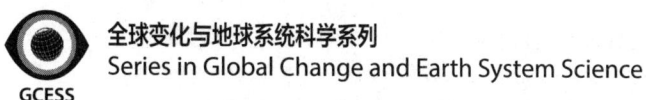

全球变化与地球系统科学系列
Series in Global Change and Earth System Science

地球物理反问题的常用数学算法
——理论与编程实现

赵鹏飞 刘财 编著

高等教育出版社·北京

内容提要

本书以最优化算法为主要内容，详细介绍了求解地球物理反问题的常用数学算法，同时介绍了正演算法及数学基础知识。本书包括一维搜索和梯度类算法、智能优化算法，以及数学地质中常用的克里金法和随机模拟法。对于每一个算法，都详细介绍基本理论、解析算例或应用算例、MATLAB 程序这三部分内容。同时对于模拟退火法、粒子群算法、遗传算法等近年来广受关注的算法，作者也做了经典算法及改进内容的介绍。

本书是一本科研入门指导书，也是一本关于反问题学习的简明教材；既适用于地球物理领域的大学教师和科研工作者使用，也可作为相关专业研究生和高年级本科生的教材。

图书在版编目（CIP）数据

地球物理反问题的常用数学算法：理论与编程实现／赵鹏飞，刘财编著．－－北京：高等教育出版社，2021.9
ISBN 978-7-04-056211-8

Ⅰ．①地⋯ Ⅱ．①赵⋯ ②刘⋯ Ⅲ．①地球物理勘探－算法 Ⅳ．① P631

中国版本图书馆 CIP 数据核字（2021）第 109663 号

策划编辑	柳丽丽	责任编辑	柳丽丽	封面设计	张 楠	版式设计	杜微言
插图绘制	于 博	责任校对	陈 杨	责任印制	存 怡		

出版发行	高等教育出版社		网　址	http://www.hep.edu.cn
社　址	北京市西城区德外大街 4 号			http://www.hep.com.cn
邮政编码	100120		网上订购	http://www.hepmall.com.cn
印　刷	北京市艺辉印刷有限公司			http://www.hepmall.com
开　本	787mm×1092mm　1/16			http://www.hepmall.cn
印　张	16			
字　数	300 千字		版　次	2021 年 9 月第 1 版
购书热线	010-58581118		印　次	2021 年 9 月第 1 次印刷
咨询电话	400-810-0598		定　价	79.00 元

本书如有缺页、倒页、脱页等质量问题，请到所购图书销售部门联系调换
版权所有　侵权必究
物　料　号　56211-00

序言

地球物理反问题是地球科学研究中的关键问题之一. 地球物理反问题就是地球物理学家利用观测数据来重构地球内部的结构, 是帮助人类认识地球和了解地球的重要工具, 也是人类利用地球资源并造福世界的必要途径.

然而, 反问题的研究是困难的, 其主要原因有: 其一, 地球物理数据比较复杂, 往往受噪声干扰影响严重, 而且只能在有限个观测点位接收到数据; 其二, 反演理论与算法具有极强的数学背景, 人们往往需要通过多年积累和努力才能掌握数学算法与编程实现等多方面的技巧和能力. 这些困难对于刚刚接触地球物理反问题的学生和科研工作者而言, 是难以逾越的障碍.

数据的复杂性往往由采集环境和硬件设备 "天然" 地决定, 数学算法和编程实现则更多地需要有识之士认真学习、揣摩和训练. 因此, 一本优秀的数学算法教材是反问题学习和研究的必备工具.

赵鹏飞副教授和刘财教授经过多年的理论研究和应用示范, 比较全面地梳理了近年来应用于求解地球物理反问题的数学算法, 编著了《地球物理反问题的常用数学算法 —— 理论与编程实现》一书. 该书着力淡化数学理论, 竭力涵盖各类算法的基础知识和理论框架; 相应地, 它对于编程实现的过程极为重视, 对于绝大多数算法都配以地球物理反问题的实际算例和 MATLAB 程序, 这对于科学实践是非常好的支撑. 可以说, 这是一本适用于地球物理反问题初学者的简明教材, 帮助初学者绕过深奥的数学理论推导和证明, 而直接将算法与科学实践相结合.

同时, 该书还包括地质统计学反演方面的内容, 这是在以往的反演类著作中比较少见的, 但却是极为有意义的工作. 足见赵鹏飞副教授对数学算法的掌握非常全面, 能够从一个数学出身的地球物理工作者的角度, 在反问题领域无私奉献, 挥洒工作热情. 我与刘财教授比较熟, 他毕业后一直在我的母校长春地质学院 (现吉林大学) 工作三十余年, 对于学校地球物理学科的贡献在业界有目共睹, 在计算地球物理领域的工作也具有很强的影响力.

该书是数学领域青年学者与地球物理领域教授一同合作的结晶, 是学科交叉合作的典范. 这种合作方式本身就是一种创新, 从历史规律来看, 这种交叉研究和凝聚成果的方式也将是大势所趋.

该书的问世, 相信会引起地球物理领域同仁对于反问题教学及研究的兴趣和关注.

滕吉文

中国科学院院士

中国科学院地质与地球物理研究所研究员

2019 年 2 月 15 日

前言

2010 年 7 月,我来到吉林大学地球探测科学与技术学院工作. 在日常的教学科研工作中,我经常与课题组的研究生讨论数学方面的问题,并讲授一些数学算法方面的小型课程. 通过交流,我感受到学生们对于反问题和最优化算法的学习热情,在刘财教授的建议和帮助下,我们产生了一同撰写本书的想法.

国内外已出版了多本反演算法的著作,其中不乏一些经典的工作,本书中也有所引用. 本书侧重于介绍算法的思想和形象化表达,淡化了算法的理论和抽象化理解,同时辅以主要程序的源代码,意在缩短学生和科研工作者从理论学习到实际应用的"最后一公里"距离.

本书可以作为一本科研入门指导书,也是一本关于反问题学习的简明教材; 力求系统而详细地介绍地球物理反问题中的常用数学算法,包括最优化算法,也包括以地质统计学为基础的随机模拟等算法. 在内容选取上,侧重介绍那些最经典的算法,对于其他常用算法,计划在今后的写作中再加以介绍. 在叙述方式上,每一章讲述一种方法,读者可以从头至尾通读,也可以根据需要选择阅读. 书中忽略了理论推导,提供了简单的示意图和算例,初学者可以借此来理解算法的实际计算效果.

在本书初稿完成后,隋竞函和阮庆丰等研究生对书稿中的图片和文字进行了编辑和修改,倪诒豫、陈国艺、张晓东、张馨月、刘佳悦、周紫嫣等我院李四光试验班的同学分别审阅了全部或部分章节. 在书稿撰写过程中,张雅晨等老师参与了编著,作者曾向多位同事和同行请教,得到了他们的热心帮助. 他们提出的宝贵意见,对本书质量的提高有很大帮助,在此向他们表示衷心的感谢.

在本书写作和出版过程中,高等教育出版社的柳丽丽编辑给予了很多帮助,特此向她致谢.

感谢父母妻儿在我遇到困难时给予的支持、理解和爱.

本书得到国家自然科学基金重点基金 (41430322) 资助, 特此致谢! 本书是首批国家级一流本科生课程《勘探地震学》、国家级一流本科专业地球物理学和吉林省基础学科拔尖培养基地 (地球物理学) 的建设成果.

由于作者水平所限, 书中难免有错误和不当之处, 欢迎专家和读者给予批评指正. 请将意见发送至我的电子邮箱: zhaopf@jlu.edu.cn. 非常感谢.

赵鹏飞
2020 年 12 月
于长春地质宫

目录

第 1 章　地球物理反问题的介绍 1
　1.1　什么是地球物理反问题 1
　1.2　如何实现地球物理反问题 3
　1.3　为什么研究地球物理反问题 4

第 2 章　最优化算法的介绍 7
　2.1　什么是最优化算法 7
　2.2　如何实现最优化算法 11
　2.3　学习和研究最优化算法的意义 14

第 3 章　泛函分析基础知识 17
　3.1　范数 18
　3.2　空间 19
　3.3　算子 22
　3.4　Fréchet 导数 23
　3.5　压缩映射原理 24

第 4 章　微积分基础知识 27
　4.1　Taylor 公式 27

4.2 梯度、散度与旋度 ··· 29
4.3 Jacobi 矩阵与 Hesse 矩阵 ·· 31

第 5 章 代数学基础知识 ·· 33
5.1 矩阵的逆 ·· 33
5.2 矩阵的病态性 ·· 35
5.3 线性方程的求解 ·· 36

第 6 章 有限差分法 ·· 39
6.1 什么是有限差分法 ··· 39
6.2 有限差分法的显格式和隐格式 ·· 45
6.3 二维声波方程的有限差分法正演 ·· 47

第 7 章 一维搜索算法 ·· 53
7.1 一维搜索算法概述 ··· 53
7.2 一维搜索算法的收敛性 ··· 55
7.3 精确一维搜索算法 ··· 56
7.4 非精确一维搜索算法 ·· 64

第 8 章 最速下降法与牛顿法 ·· 71
8.1 最速下降法 ·· 71
8.2 牛顿法 ·· 75

第 9 章 共轭方向法 ··· 81
9.1 概述 ··· 81
9.2 共轭梯度法 ·· 83
9.3 数值算例 (声波方程参数反演) ·· 88

第 10 章 拟牛顿法 ··· 91
10.1 概述 ·· 91
10.2 无记忆拟牛顿法 ··· 97

第 11 章　信赖域法 …… 101
11.1　信赖域法与前述方法的区别 …… 101
11.2　信赖域法的算法流程 …… 102
11.3　信赖域子问题的求解 …… 107

第 12 章　最小二乘法 …… 111
12.1　概述 …… 111
12.2　线性最小二乘问题的求解 …… 113
12.3　非线性最小二乘问题的求解 …… 115

第 13 章　模拟退火算法 …… 121
13.1　概述 …… 121
13.2　模拟退火算法的改进 …… 126
13.3　数值算例 (地震反射系数序列反演) …… 127

第 14 章　粒子群算法 …… 133
14.1　概述 …… 133
14.2　算法的改进 …… 136
14.3　数值算例 (地震子波提取) …… 138

第 15 章　遗传算法 …… 143
15.1　概述 …… 143
15.2　自适应遗传算法 …… 147
15.3　数值算例 (层状介质的一维大地电磁测深反演) …… 148

第 16 章　人工神经网络 …… 155
16.1　概述 …… 155
16.2　Hopfield 神经网络 …… 161
16.3　BP 神经网络 …… 164

第 17 章　克里金法 …… 175
17.1　概述 …… 175
17.2　序贯高斯模拟法 …… 182

17.3 数值算例 (随机地震反演) 183

参考文献 187

附录: 主要算法程序代码 195

第 1 章　地球物理反问题的介绍

1.1　什么是地球物理反问题

反问题就是要以定量的方式来探求: 对于已观察到的效果 (表现), 其动因是什么? 以及对于期望达到的效果而言, 应该预先施加何种措施或控制?

依据反问题的定义, 地球物理反问题是通过已接收到的观测数据, 研究地球内部物质的物理性质的一类科学问题.

观测数据和物质的物理性质通过地球物理模型紧密地联系在一起. 因此, 在实际工作中, 人们对物质的物理性质的研究, 最终将聚焦到对模型及模型参数的研究.

这里所说的模型, 实际上是一些依据物理定律建立而成的数学模型. 这些数学模型都是具有方程和定解条件的数学物理定解问题. 理论上, 当已知定解问题, 且定解问题适定时, 我们可以计算得到模型的解. 一般来说, 在不考虑噪声的情况下, 模型的解与观测数据应该是等价的. 这个模型的求解过程也是人们所熟知的地球物理模型的正演过程 (王家映, 2002; 姚姚, 2002).

当已知模型时, 模型参数与观测数据之间存在函数关系, 记模型参数为 m, 观测数据为 d, 描述模型的函数 (正演算子) 为 F, 则

$$F(m) = d. \tag{1-1}$$

相应地, 地球物理反问题的数学描述为

$$m = G(d), \tag{1-2}$$

其中, G 表示从数据到模型参数的反演映射.

方程 (1-1) 和 (1-2) 的表达形式是正问题和反问题的抽象描述. 从公式形式来说, 两类问题几乎没有任何区别. 但是在实际计算过程中, 两类问题从解的适定性和求解算法等方面都不尽相同.

我们称解具有适定性, 即方程的解同时具有存在性、唯一性和稳定性. 解的存在性和唯一性比较容易理解, 这里不再赘述. 解的稳定性是指方程的解对于定解条件和方程参数是连续依赖的, 即如果定解条件和方程参数发生了微小的扰动, 解的数值不会发生大的改变, 只是发生微小的扰动.

正演问题一般都具有由因及果的物理背景, 并用于描述客观存在的实际问题. 因此, 描述确定性物理问题的定解问题, 解 "天然地" 具备着存在性和唯一性.

然而, 反问题是由果及因地描述一个实际问题. 通常一个 "原因" 有且只能有一个 "结果", 但是一个 "结果" 的产生却可以是由不同的 "原因" 造成的. 因此, 反问题往往比正问题更难以解决.

借用数学中单射、满射、双射的概念, 我们可以更加形象地理解正问题和反问题的区别.

首先, 回顾单射的概念. 单射是指从集合 A 到集合 B 的映射 f, 如果对于集合 A 中的任意两个元素 x_1 和 x_2, 若 $x_1 \neq x_2$, 就有 $f(x_1) \neq f(x_2)$, 那么就称 f 是集合 A 到集合 B 的一个单映射, 简称单射. 单射的概念远强于映射的概念, 映射只要求 f 使得 A 中的任一元素 x, 在集合 B 中有唯一确定的元素 y 与之对应. 至于这个元素 y 是否也唯一地与 A 中的元素 x 相对应, 却是未知的.

如果将方程 (1-1) 中的 F 看作一个映射, 那么我们不能保证它为单射, 即 F 只定义了从 m 到 d 的单向一一对应关系, 但从 d 到 m 的一一对应关系是无法保证的.

继续回顾满射和双射的概念. f 为满射的充要条件是对任意 $y \in B$, 都存在 $x \in A$, 使得 $f(x) = y$. 当 f 既是单射, 又是满射时, 称 f 为双射.

对于大多数反问题的初学者而言, 他们更希望反问题 (1-2) 中的映射 G 是一个双射. 因为, 只有这样 m 和 d 分别组成的集合中的元素才存在这种一一对应的关系, 进而人们既可以通过任意一组模型参数元素 m 来得到唯一确定的观测数据 d, 也可以通过任意一组 d 得到唯一确定的一组 m. 然而, 这几乎是不可能的. 其根源在于无论是 (1-1) 中的映射 F, 还是 (1-2) 中的映射 G, 其单射的性质都是无法保证的.

如图 1.1, 反问题的解通常并不是理想化的真实模型参数 m, 而是一组估计模型参数 $\tilde{m}$. 在绝大多数情况下, 这个结果只是真实模型的近似.

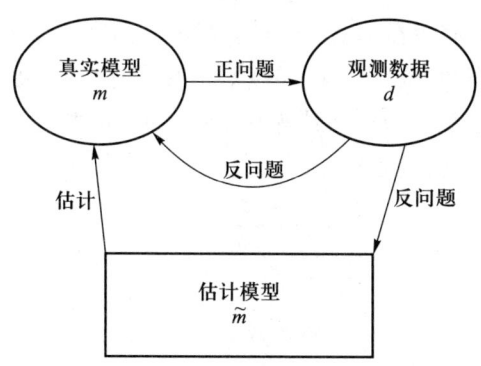

图 1.1　正问题和反问题的示意图

这种单射性质的缺失, 并不影响方程 (1–1) 解的适定性, 却使得反问题 (1–2) 天然地具有多解性. 由此可见, 反演问题较之正演问题要复杂得多. 如果将正演问题和反演问题混为一谈, 显然是不正确的.

1.2　如何实现地球物理反问题

地球物理反问题的计算过程主要分为以下几个步骤:

(1) 收集观测数据: 观测数据一般是某个地球物理场数据在一定时间和空间离散间隔上的采样.

(2) 建立模型的理论方程并给出初始模型: 这个过程须依据物理原理, 在一定的假设条件下, 忽略次要因素, 建立模型参数与观测数据的数学关系. 值得注意的是, 模型在时间和空间上一般是连续的, 因此需要通过时空离散化, 使模型的理论解与观测数据相匹配.

(3) 模型的正演计算: 这部分是给出模型理论解的离散近似表达, 对偏微分方程模型, 可选用有限差分或有限元等方法计算模型的数值解作为正演计算的结果.

(4) 提出目标函数: 目标函数也称为性能泛函、性能指标、能量泛函等. 根据初始模型的正演结果来计算泛函的数值. 这个能量泛函将用于衡量每个迭代步得到的模型与真实模型之间的逼近程度. 在地球物理反问题中, 目标函数通常为 L_2 范数下的正演结果与观测数据之间的误差, 也有一些关于 L_1 范数和混合范数等特殊形式的目标函数. 因为泛函的计算依据于模型的正演结果, 所以每一个迭代步中, 都至少需要做一次正演计算. 可见, 正演计算是反问题求解的重要基础.

(5) 提出可行的反演算法: 这是求解地球物理反问题的核心步骤. 反演的算法

主要是最优化算法，我们将在本书后续部分详细介绍这些算法.

(6) 在一定约束条件下，调整这些模型的参数值，使其更符合地球物理数据的特点 (如光滑性)，也更满足数学问题解的性质 (如适定性).

整个反演过程的流程图见图 1.2.

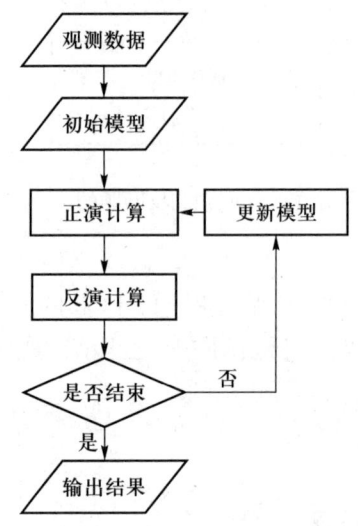

图 1.2　反演过程的流程图

1.3　为什么研究地球物理反问题

反问题可以帮助我们更好地 "认识" 地球. 这主要体现在两个方面，一是帮助人们了解地下资源 (或地质事件) 的位置、矿产储量和丰富程度等信息，二是帮助人们了解地球内部的结构 (王彦飞, 2007).

对于绝大多数实际地质问题，出于对探测成本等因素的考虑，人们不可能在所有可能存在资源的位置都采用耗资巨大的勘探手段 (如测井)，而更希望通过地面接收到的数据来判断或估计地下介质的物性参数值. 地球物理反问题的研究，可以在一定程度上提供这些帮助.

在地球物理领域，反问题是一个很 "大" 的概念. 之所以称其为 "大"，是因为地球物理反问题所包含的研究内容非常多.

下面介绍一些典型的地球物理反问题：

(1) 震源定位：地球内部岩层破裂引起振动的地方称为震源，它也是地震能量积聚和释放的地方. 我们可以通过观测数据的角度信息和到达时间来实现震源定位 (万永革和李鸿吉, 1995; 林峰等, 2010; 杨俊峰和张丕状, 2013).

(2) 地震层析成像: 地震层析成像是指利用大量地震观测数据, 反演研究区域三维结构的一种方法, 其原理类似于医学上的 CT 技术. 通常, 地震层析成像是利用观测数据中提取的到达时间来估计三维介质的速度结构 (Scales, 1987; Nolet, 1987; Iyer and Hirahara, 1993; 成谷等, 2003).

(3) 全波形反演: 地震全波形反演是利用叠前地震波场的运动学和动力学信息建立地下介质的物性参数模型的一种反演方法, 具有精确刻画介质模型细节的潜力 (Tarantola, 1984; Ernst et al., 2007; Shin and Cha, 2008; Choi et al., 2008; Virieux and Operto, 2009; 卞爱飞等, 2010; Hu et al., 2011; Bornstein et al., 2013; 胡光辉等, 2014; 王庆等, 2015; Plessix et al., 2016). 全波形反演是最近十多年来地球物理领域的热点问题, 与其相关的研究涉及算法的改进和多种理论模型等多方面问题.

(4) 大地电磁测深反演: 大地电磁测深是 Tikhonov 和 Cagniard 在 20 世纪 50 年代提出的利用天然交变电磁场, 研究地球电性结构的一种地球物理勘探方法, 是深部地球物理探测不可缺少的手段. 常用的大地电磁测深反演方法有 BOSTICK 反演法、OCCAM 法、蒙特卡罗法、非线性共轭梯度法等 (Tikhonov, 1950; Constable et al., 1987; Bostick, 1997; 王兴泰和李晓芹, 1996; 强建科, 2006; 胡祖志等, 2006; 李帝铨等, 2008; Siripunvaraporn and Sarakorn, 2011; 张昆等, 2013; 郭荣文和柳建新, 2017).

(5) 重力异常反演: 重力异常反演是通过测量重力数据, 计算地质体的几何和物性参数的一种方法, 同时这种方法也可用于确定物性分界面的深度和起伏, 以及确定密度分布等 (Oldenburg, 1974; 冯锐, 1985; 管志宁和侯俊胜, 1998; 黄建平等, 2006; Uieda and Barbosa, 2012).

(6) 磁异常反演: 已知磁场的空间分布, 确定其对应的地下场源分布状态及磁性参数的过程称为磁异常反演 (Parker and Huestis, 1974; 陈国新和管志宁, 1989).

除此之外, 还有很多种类的地球物理反问题 (Rowbotham et al., 2003; 吴媚等, 2008; 吴健生等, 2016; 潘新朋等, 2018). 这些问题的研究都离不开反演算法的理论学习和编程实践. 读者将通过对本书的学习, 掌握反演算法的基本理论知识, 提高编程实现能力.

第 2 章 最优化算法的介绍

2.1 什么是最优化算法

所谓最优化问题, 就是寻找目标函数的极小点的数学过程. 地球物理反问题的求解, 等价于在建立某一恰当的目标函数的前提下, 求解其对应的最优化问题的极小点, 如理论数据与观测数据的误差极小化问题 (陈宝林, 2005; 龚纯和王正林, 2012).

2.1.1 最优化问题的 3 个要素

一般来说, 最优化问题通常包括以下三个要素:
(1) 决策变量和参数

求解极小化问题通常都会转化为求解与其相关的方程问题, 决策变量是由数学方程的解来决定的未知变量, 参数是数学方程的已知变量.

(2) 约束条件

约束条件是指对决策变量的限制条件, 这些条件的解集常表现为决策变量的取值范围, 即可行域. 在可行域内的决策变量称为可行变量. 当不存在约束条件时, 可行域一般为整个高维实数空间 $\mathbb{R}^n$, 最优化问题称为无约束最优化问题.

(3) 目标函数

目标函数是以决策变量为自变量的一个函数, 用于衡量不同的决策变量所产生的效率值. 有时, 目标函数 f 的自变量是决策变量 x 的一个函数 $a(x)$, 如 $f(a(x))$,

这时也称目标函数为目标泛函.

最优化问题常称为极小值化问题

$$\min_x f(x), \quad \text{s.t.} \, x \in \Omega, \tag{2-1}$$

其中, $f(x)$ 为目标函数, x 为决策变量, 参数为 $f(x)$ 中的已知量, $x \in \Omega$ 为约束条件, Ω 为可行域. 约束条件也写作 $g(x) \in \Omega$, 需要通过求解 x 的定义域来确定可行域.

2.1.2 全局极小与局部极小

当目标函数 $f(x)$ 的值达到所有其可能达到的值中的最小值 $f(x^*)$ 时, 则称这个值所对应的决策变量 x^* 为最优化问题全局极小值, 即

$$f(x^*) = \min_x f(x), \quad \text{s.t.} \, x \in \Omega,$$

其中, x^* 为全局极小点.

如果存在一个很小的常数 $\varepsilon > 0$, 使得所有满足不等式 $|x - x^*| < \varepsilon$ 的 x 都满足条件 $f(x^*) \leqslant f(x)$, 那么我们把点 x^* 对应的函数值 $f(x^*)$ 称为目标函数 $f(x)$ 的局部极小值, x^* 称为局部极小点.

关于全局极小点和局部极小点的区别, 如图 2.1 所示. 当目标函数 $f(x)$ 为光滑时, 只要不在边界上取值, 全局极小点一定是局部极小点, 但局部极小点不一定是全局极小点.

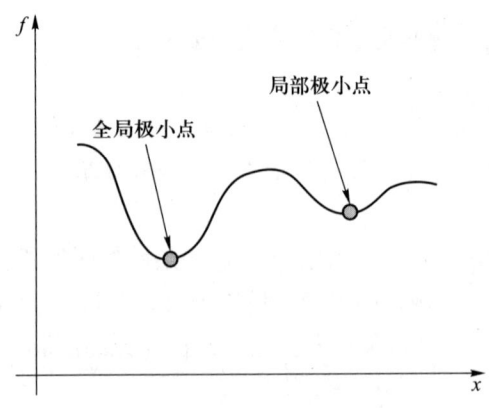

图 2.1 全局极小点和局部极小点

2.1.3 最优化问题的分类

(1) 按目标函数具有极值点的类型不同，最优化问题可以分为只有极小值点、只有极大值点、无极值点和既有极小值点又有极大值点的情况

① 已知函数为 $z = 3x^2 + 4y^2$，则它只在 $(0,0)$ 处有极小值，见图 2.2.

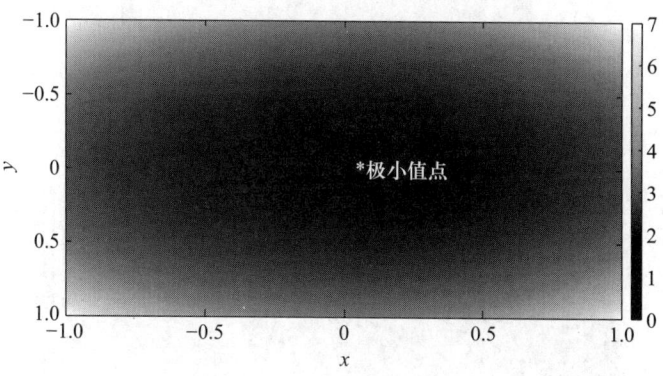

图 2.2　函数图像 (一)

② 已知函数为 $z = -\sqrt{x^2 + y^2}$，则它只在 $(0,0)$ 处有极大值，见图 2.3.

图 2.3　函数图像 (二)

③ 已知函数为 $z = xy$，则 $(0,0)$ 不是极值点，函数无极值点，见图 2.4.

④ 存在一些特殊的情况，函数既有极小值，也有极大值. 例如，函数为 $z = \dfrac{x+y}{x^2+y^2+1}$，它的极大值为 $f\left(\dfrac{1}{\sqrt{2}}, \dfrac{1}{\sqrt{2}}\right) = \dfrac{1}{\sqrt{2}}$，极小值为 $f\left(-\dfrac{1}{\sqrt{2}}, -\dfrac{1}{\sqrt{2}}\right) = -\dfrac{1}{\sqrt{2}}$，见图 2.5.

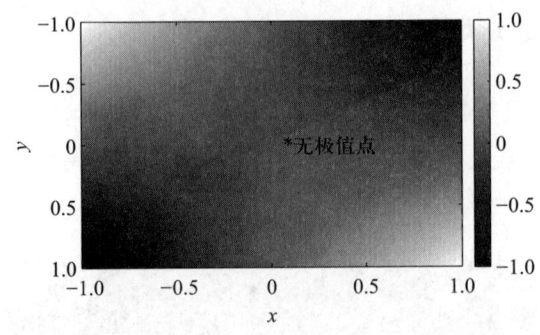

图 2.4　函数图像 (三)

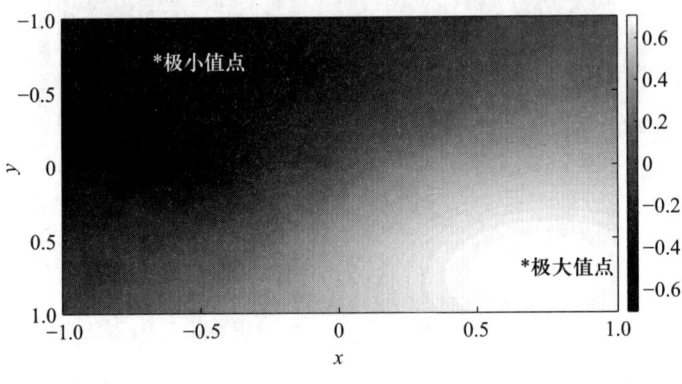

图 2.5　函数图像 (四)

(2) 按是否具有约束条件分类

依据是否具有约束条件的限制, 也可将最优化问题分为约束最优化问题和无约束最优化问题. 约束最优化问题一般是指决策变量 x 或目标函数值满足某些不等式或等式的限制. 无约束最优化问题是指没有任何限制条件的优化问题, 此时可行域为某个维度下的实数空间.

在工程实践中大多数问题是具有约束条件的优化问题. 但在优化方法的处理上, 可将约束最优化问题转化为无约束最优化问题 (如正则化方法), 然后按照无约束方法进行计算. 这使得约束最优化问题的求解过程得以简化, 因此, 求解无约束最优化问题的算法将是本书的核心内容.

2.2 如何实现最优化算法

2.2.1 目标函数的凸性假设

对于最优化问题 (2-1), 初学者往往会寄希望于应用最优化算法求解得其全局极小点. 然而, 一些最优化算法都只是用于求解目标函数的局部极小点, 而局部极小点并不一定是全局极小点, 如图 2.1 所示.

若要使适用于求局部极值的最优化算法也适用于全局最优点的求取, 一般需要假设目标函数为凸函数, 因为凸函数的局部极小点, 就是全局极小点. 因此在凸函数假设的前提下, 只要求解到最优化问题 (2-1) 的一个局部极小点, 就得到了全局极小点. 虽然这在理论上是可行的, 但在实际工程问题中, 构造出具有凸性的目标函数并不容易. 有时我们仍然需要对局部最优化算法进行调整, 或应用全局最优化算法解决全局最优化问题.

2.2.2 最优化问题的充分条件和必要条件

下面我们介绍无约束最优化问题的一阶必要条件 (孙文瑜等, 2010).

定理 2.1 若 x^* 为 $f(x)$ 的局部极小点, 且在 x^* 的小邻域 $N_\varepsilon(x^*)$ 内 $f(x)$ 一阶连续可微, 则 $\nabla f(x^*) = 0$.

我们称满足条件 $\nabla f(x^*) = 0$ 的点 x^* 为驻点 (stationary point). 驻点, 也称为平稳点或临界点 (critical point), 意为在这一点函数的值具有停止增加或减少的趋势.

驻点一般可分为极小点、极大点和鞍点三种情况. 因此, 只从定理 2.1 出发是无法判定 x^* 是否为极值点的. 从几何角度来说, 鞍点 x^* 就是在点 x^* 处沿某方向"向上弯曲", 而沿另一方向"向下弯曲".

当 x^* 为 $f(x)$ 的局部极小点时, 无约束最优化问题的二阶必要条件定理如下.

定理 2.2 若 x^* 为 $f(x)$ 的局部极小点, 且在 x^* 的小邻域 $N_\varepsilon(x^*)$ 内 $f(x)$ 二阶连续可微, 则 $\nabla f(x^*) = 0$ 且 $\nabla^2 f(x^*)$ 是半正定的.

定理 2.2 也只是判别极值的必要条件, 而不是充分条件. 例 2.1 是定理 2.2 的一个反例, 说明以定理 2.2 的结论为条件, 不能判定该点为极值点 (谢政等, 2010).

例 2.1 已知目标函数

$$f(x_1, x_2) = x_1^2 - x_2^3,$$

在 $X_0 = (0,0)^\mathrm{T}$ 处, 有

$$\nabla f(X_0) = (0,0)^\mathrm{T}, \quad \nabla^2 f(X_0) = \begin{pmatrix} 2 & 0 \\ 0 & 0 \end{pmatrix}.$$

虽然 $\nabla^2 f(X_0)$ 半正定, 但 X_0 不是局部极小点.

定理 2.3 若在小邻域 $N_\varepsilon(x^*)$ 内 $f(x)$ 是二阶连续可微的, 且 $\nabla f(x^*) = 0$, $\nabla^2 f(x^*)$ 正定, 则 x^* 为严格局部极小点; 当 $\nabla^2 f(x^*)$ 负定时, x^* 为严格局部极大点.

定理 2.3 仅仅是确定极值的充分条件, 而不是必要条件. 例 2.2 是它的一个反例.

例 2.2 已知目标函数

$$f(x_1, x_2) = x_1^2 + x_2^2,$$

点 $X_0 = (0,0)^\mathrm{T}$ 为该目标函数的严格局部极小点, 但是

$$\nabla f(X_0) = (0,0)^\mathrm{T}, \quad \nabla^2 f(X_0) = \begin{pmatrix} 0 & 0 \\ 0 & 0 \end{pmatrix}.$$

这说明虽然 X_0 是严格局部极小点, 但是 $\nabla^2 f(X_0)$ 的正定性却不是必要的.

当 $f(x)$ 为凸函数时, 一阶必要条件也具有充分性, 详见定理 2.4.

定理 2.4 设 $f(x)$ 在 $\mathbb{R}^n$ 上是凸函数, 且在 x^* 处一阶连续可微, 则 x^* 为 $f(x)$ 的全局极小点的充分必要条件是 $\nabla f(x^*) = 0$.

2.2.3 无约束最优化问题的求解流程

无约束最优化问题的基本形式是,

$$\min f(x), \quad x \in \mathbb{R}^n. \tag{2-2}$$

当 $f(x)$ 的表达形式较为简单, 例如方程 $\nabla f(x) = 0$ 较易求解或 Hesse 矩阵 $\nabla^2 f(x)$ 较易计算, 且正定性较易判断时, 通常可以采用以下方法求解极值:

(1) 令 $\nabla f(x) = 0$, 解出驻点 x^*;

(2) 计算 Hesse 矩阵 $\nabla^2 f(x^*)$, 判断矩阵的正定性, 再依据定理 2.3 中结论: 若正定, 则 x^* 为极小值点; 若负定, 则 x^* 为极大值点;

(3) 计算极值 $f(x^*)$.

下面的例 2.3 是上述方法的具体实现.

例 2.3 求函数 $f(x) = 10x_1^2 + 6x_1x_2 + 8x_2^2$ 的极值点和极值.

解 由 $\nabla f(x) = (0,0)^{\mathrm{T}}$, 得

$$\nabla f(x) = \left(\frac{\partial f}{\partial x_1}, \frac{\partial f}{\partial x_2}\right)^{\mathrm{T}} = \begin{pmatrix} 20x_1 + 6x_2 \\ 6x_1 + 16x_2 \end{pmatrix} = \begin{pmatrix} 0 \\ 0 \end{pmatrix}.$$

解得驻点为 $x_1 = 0$, $x_2 = 0$, 即 $x^* = (0,0)^{\mathrm{T}}$. 经计算, 得

$$\nabla^2 f(x^*) = \begin{pmatrix} \dfrac{\partial^2 f}{\partial x_1^2} & \dfrac{\partial^2 f}{\partial x_1 x_2} \\ \dfrac{\partial^2 f}{\partial x_1 x_2} & \dfrac{\partial^2 f}{\partial x_2^2} \end{pmatrix} = \begin{pmatrix} 20 & 6 \\ 6 & 16 \end{pmatrix}.$$

显然, $a_{11} = \dfrac{\partial^2 f}{\partial x_1^2} = 20 > 0$, $|\nabla^2 f(x^*)| = 284 > 0$, 故 $\nabla^2 f(x^*)$ 为正定的. 因此, $x^* = (0,0)^{\mathrm{T}}$ 是 $f(x)$ 的极小值点, 极小值为 0.

若 $f(x)$ 的表达式较为复杂, 形如 $f(x) = F(a(x))$, a 为非线性函数, 即 $F(a(x))$ 是关于 x 的一个泛函, $\nabla^2 f(x^*)$ 可能不具有正定性或负定性, 这时解决无约束最优化问题的局部优化算法可分为两类, 其一是直接法, 其二是使用导数信息的间接法. 直接法包括模式搜索法、Rosenbrock 法、单纯形法和 Powell 法等; 间接法包括最速下降法、牛顿法、共轭梯度法、拟牛顿法和信赖域法等. 比较常用的是间接法, 本书将重点介绍这类算法. 间接算法的步骤通常如下:

(1) 选择初始点 x_1, 记数 $k = 1$;

(2) 计算下降方向;

(3) 计算步长;

(4) 判断新点是否满足程序的退出条件: 若满足, 则输出新点坐标, 结束程序; 否则, 跳至 (1), 更新 x_1 为 x_2, 并更新计算 $k = k + 1$.

其中步骤 (2) 和 (3) 是求解最优化问题 (2-1) 的重点. 不同类型的下降方向是由不同类型的最优化算法决定的. 在常用的局部最优化算法中, 最速下降法的形式最为简单, 因为最速下降方向等价于负梯度方向. 本质上, 梯度类算法均是最速下降法的改进和发展, 因为这些算法所解得的下降方向均以负梯度方向为基础, 并对其进行修改和调整. 步长的计算是通过一维搜索算法来实现的.

实际上, 只要在相邻的迭代步中使得目标函数达到一个 "令人满意" 的下降量, 我们就可以认为这个算法是有效的. 因此, 对于有些不依赖于计算负梯度方向的算法, 如本书中将介绍的智能最优化算法, 往往不存在一个固定的下降方向和计算步长, 而是采用带有随机性的搜索策略, 使得各迭代步中的可行点对应的目标函数值具有总体下降趋势即可.

2.3 学习和研究最优化算法的意义

由第 1 章的内容, 我们知道地球物理反问题的核心是求解从观测数据空间到模型参数空间的一个映射. 其基本原理是将反问题转化为一个泛函的求极值问题, 再利用某种最优化算法来求解. 因此, 最优化算法在整个反演过程中发挥着重要的作用.

最优化算法是近几十年形成并应用于各个领域的. 算法的种类繁多, 且各具优点和缺点. 因此, 在解决地球物理反问题时, 算法的选择与改进, 甚至提出新的算法, 都具有极高的研究价值.

近年来, 地球研究区域不断扩大, 研究领域不断延伸, 对地球物理探测手段和能力提出了新的挑战, 这就要求地球物理反问题的求解必须不断提高计算效率和计算精度, 并满足更多的约束条件. 在技术需求方面, 这些挑战促进了最优化算法理论及其实现技术的发展.

在整个反演过程中, 计算成本、计算精度、解的适定性、约束条件的必要性、解的评价等诸多问题, 都可能成为制约反问题求解效率和效果的障碍. 因此, 反问题的解往往只在一定程度上满足这些限制条件, 并在这些条件的作用下, 得到一个 "折中" 解. 也就是说, 所谓反问题的 "最优解", 并不一定是唯一的或 "最好的"; 它只是基于整个反演过程考虑而得到的一个 "折中" (trade-off) 选择.

不难感受到, 反问题的求解是一个过程, 而绝非简单的套用算法公式, 得到一个唯一的答案. 因此, 最优化算法在地球物理反问题的研究中所发挥的重要作用, 也将体现在整个流程的各个问题中, 主要体现在以下几点.

(1) 计算成本: 近年来, 求解地球物理反问题的计算成本逐渐提高. 一方面, 这是因为地球物理探测的目标从原有的单一目标反演, 转化为了多目标反演. 例如, 经典的声波方程反演一般只以地下介质的速度为研究目标, 但目前已扩展到以各向异性参数、密度和黏性等参数为目标的多参数反演. 另一方面, 随着探测能力和计算机硬件水平的提高, 人们希望通过更多观测数据来描述地下介质的细节信息. 例如, 全波形反演利用了几乎全部波场信息进行反演.

计算成本高一直是求解地球物理反问题中的一个难题, 甚至是 "瓶颈". 这个问题不能只依赖于硬件水平的提高, 还需要研究人员对算法的实现方式和算法本身给予更多的思考. 近二十年来, 在并行计算和快速反演算法方面所做的工作, 都是为了解决这个问题.

(2) 计算精度: "精度" 是指计算结果对实际模型参数的逼近程度. 然而, 在地球物理反演中, "精度" 是一个相对的概念, 因为它必须对应目标函数来考量. 由于地球物理模型的高度非线性、计算误差和舍入误差等因素的存在,这个描述逼近程度的泛函(即目标函数)也会表现出高度的非线性. 非线性的直接体现是目标函数存在大量的局部极小点, 以使得模型参数值在没有达到足够逼近真实模型时, 就可能跳出循环, 输出一个非常离谱的结果. 当然, 上述问题往往是局部最优化算法造成的, 如果我们采用带有随机性的智能最优化算法, 可以在一定程度上避免模型参数陷入局部极小点. 但是全局化和随机性会显著增大计算成本. 因此, 从精度的角度出发, 算法的研究依然具有重要的科学意义.

(3) 反问题解的不适定性: 反问题的多解性是广泛存在的, 这可以通过正则化方法将解的可行域缩小在某个范围, 再对最优化问题进行求解. 这种方法的原理相当于对优化问题增加了一些约束条件, 然而采用何种约束, 将解限制在哪个区域, 这都是值得研究的问题. 不稳定性也是影响反问题解有效性的一个关键问题, 如果采集到的数据是 "足够用的", 并且数据不存在噪声, 那么反问题解的稳定性可能会在一定程度上得以保证. 但是采集数据的不充分和噪声的存在几乎是没有办法规避的难题, 因此其解的稳定性也一定会受到这些因素的影响. 所以, 从克服反问题解的不适定性的角度来说, 最优化算法的研究和学习也是十分重要的.

(4) 解的评价: 反演结果是不是足够接近真实结果? 恐怕再先进的数学算法也无法揭示清楚. 但是人们可以在已知观测数据的精度和尺度上对反演的结果进行评价, 使得反演结果对应的理论数据与真实数据尽可能具有相近的分辨率. 另外, 反演是为地球物理解释工作服务的. 能否用于实施有效的解释, 也是评价反演结果的重要依据.

(5) 最优化算法的选择: 目前, 已经成功应用于解决地球物理反问题的最优化算法的数量浩如烟海. 无论是梯度类算法, 还是智能最优化算法, 都种类繁多, 不胜枚举. 一个有趣的问题出现了, 我们可知晓的所有最优化算法, 在理论上大多是完备的, 其优点和缺点也早已收纳于各个著作之中, 但是在解决地球物理反问题时, 我们现在仍然没办法说清楚哪个算法才是最佳选择, 甚至以后也不见得找到适用于解决所有地球物理反问题的 "万能" 算法. 这是为什么?

我们认为这是地球物理反问题的特殊性造成的. 地球物理反问题其实是真实物理现象的逆过程, 是对不可物理实现系统的数值模拟. 特别是在以实际数据为基础的反问题中, 存在太多的非线性和不确定性. 如何选择算法或建立新算法, 还需要我们在学习和研究中仔细品味. 综上, 地球物理反问题是非常复杂的科学问题, 最优化算法中的诸多问题都值得我们广泛了解和深入学习.

第 3 章　泛函分析基础知识

"泛函",即作用于函数的函数,这也就意味着一个函数的自变量是函数形式. 这个词首次被 Hadamard 在 1910 年用于著作《变分学教程》中,这本书也为泛函分析理论奠定了基础. 后来,非线性泛函理论由 Hadamard 的学生继续发展,其中最著名的是 Fréchet 和 Lévy(江泽坚和孙善利, 1994; 江泽坚等, 2007).

泛函分析 (functional analysis) 是现代数学分析的一个分支,其主要研究对象是由函数构成的函数空间 (程其襄等, 2010; 郭懋正, 2005). 在泛函分析中,作为研究对象的函数称为元素,对象之间的数量关系称为映像,具有某种性质的元素的集合定义为空间. 因此,泛函分析是研究元素、集合、空间、映像的普遍规律的科学.

我们可以简述泛函的概念如下: 若对于给定的函数集 $\{y(x)\}$ 中任意元素 $y(x)$,恒有某个数或某个集合,如 $\mathbb{C}^1$ 或 $\mathbb{R}^1$,与之对应,则称 $f[y(x)]$ 是定义于集合 $\{y(x)\}$ 上的一个泛函. 在实际应用中,可通过对泛函分析和数学分析做类比,从而更直观地理解泛函的概念. 数学分析是研究变量和变量之间的相互关系; 泛函分析是研究函数和函数之间的相互关系.

泛函分析是现代数学更具广泛性的基础理论,在代数学、微分方程定性理论、变分学、逼近论等数学分支学科都有着十分重要的应用. 除此之外,泛函分析对于物理学相关学科,特别是地球物理领域发挥着更加重要的作用. 如果某项科研成果,从泛函的角度被证明具有合理性,该项成果就可以被推广应用到整个泛函空间的所有情况; 同样,泛函分析中的经典理论,也为我们解决具体的科学问题提供理论依据和思想源泉. 由此可见,掌握泛函分析的基本理论和基础知识是非常重要的.

本章我们将主要介绍范数、空间、算子、Fréchet 导数等概念及基本性质.

3.1 范数

范数是定量研究地球物理反问题的基本要素. 它是一个实值函数 (标量函数), 相当于变量或数据的度量工具. 当人们用这个工具去度量误差时, 评价反演结果的优劣就有了一种依据.

范数需要满足以下 4 个条件:

(1) 正定性: $\|x\| \geqslant 0$;

(2) 同一性: $\|x\| = 0 \Leftrightarrow x = 0$;

(3) 线性伸缩: $\|\alpha x\| = |\alpha| \cdot \|x\|$;

(4) 三角不等式: $\|x + y\| \leqslant \|x\| + \|y\|$.

其中, $\alpha \in \mathbb{R}^1$, 向量 $x, y \in \mathbb{R}^n$, 则称 $\|\cdot\|$ 为范数. 当条件 (2) 不成立时, 称 $\|\cdot\|$ 为半范数. 下面, 我们介绍一些常用范数的定义.

定义 3.1 设向量 $x = (x_1, x_2, \cdots, x_n)^\mathrm{T} \in \mathbb{R}^n$, 对任意的数 $p \geqslant 1$, 称

$$\|x\|_p = \left(\sum_{i=1}^n |x_i|^p \right)^{1/p}$$

为向量 x 的 p-范数.

由 p 取值的不同, 得到三种常用范数:

(1) 1-范数: $\|x\|_1 = \sum_{i=1}^n |x_i|$;

(2) 2-范数: $\|x\|_2 = \left(\sum_{i=1}^n |x_i|^2 \right)^{1/2}$;

(3) ∞-范数: $\|x\|_\infty = \lim_{p \to \infty} \|x\|_p = \max_{1 \leqslant i \leqslant n} |x_i|$.

在有限维线性空间上, 任意两种范数具有等价性. 对于等价性的描述, 见定理 3.1.

定理 3.1 (范数的等价性定理) 对 $\mathbb{R}^n$ 上的任意两种范数 $\|\cdot\|_\alpha$ 和 $\|\cdot\|_\beta$, 均存在与向量 x 无关的 m 和 M ($0 < m < M$), 使下列不等式成立,

$$m \|x\|_\alpha \leqslant \|x\|_\beta \leqslant M \|x\|_\alpha.$$

由这个定理可以看出, 当向量 x 的某一种范数取值任意小时, 它的其他任一种范数也是任意小的. 因此, 在地球物理反问题中, 当需要判断计算误差是否足够小时, 选用任何一种范数作为度量工具在本质上是一样的. 除了向量可用范数度量外, 矩阵也具有范数定义. 矩阵的范数是描述矩阵大小的量, 也称为矩阵的模.

定义 3.2 $\mathbb{R}^n \times \mathbb{R}^n$ 的实值函数 $\|\cdot\|$ 称为矩阵范数, 如果对任意的矩阵 A 和 B, 它满足以下 4 个条件:

(1) $\|A\| \geqslant 0$, 且 $A = 0 \Leftrightarrow \|A\| = 0$;

(2) $\|\alpha A\| = |\alpha| \cdot \|A\|$;
(3) $\|A + B\| \leqslant \|A\| + \|B\|$;
(4) $\|AB\| \leqslant \|A\| \cdot \|B\|$.

通常, 矩阵的范数是由向量范数计算得到的,

$$\|A\| = \max_{\|x\|=1} \|Ax\|,$$

上式左端的矩阵范数称为从属于所给定向量范数的矩阵范数, 也称为矩阵的算子范数. 相应地, 右端的向量范数为 $\|\cdot\|_p$ 时,

$$\|A\|_p = \max_{\|x\|_p=1} \|Ax\|_p,$$

称为矩阵 A 的 p-范数.

由 p 的取值不同, 得到三种常用范数:
(1) 列范数: $\|A\|_1 = \max_{1\leqslant j\leqslant n} \sum_{i=1}^{n} |a_{ij}|$;
(2) 2-范数: $\|A\|_2 = \sqrt{\lambda_{\max}(A^{\mathrm{T}}A)}$;
(3) 行范数: $\|A\|_\infty = \max_{1\leqslant i\leqslant n} \sum_{j=1}^{n} |a_{ij}|$.

其中, $\lambda_{\max}(A^{\mathrm{T}}A)$ 表示 $A^{\mathrm{T}}A$ 的最大特征值.

矩阵的 2-范数也称为谱范数. 此外, 常用的矩阵范数还有 Frobenins 范数,

$$\|A\|_F = \sqrt{\sum_{i,j=1}^{n} |a_{ij}|^2},$$

也称为 Euclid 范数. 在反问题中, 范数与目标函数的量化有着密切的联系 (张厚柱和杨慧珠, 1996; 刘海飞等, 2007; 王宇等, 2009; Wang, 2010).

3.2 空间

本节主要介绍度量空间、赋范空间和内积空间的概念和性质.

3.2.1 度量空间

度量空间是一个集合, 任何一个度量空间都必须对其中的元素之间的距离有所定义. 度量空间的概念比较抽象, 而我们最能直观理解的度量空间是三维欧氏空间, 在欧氏空间中两点 (元素) 之间的距离是连接两点的直线段长度. 值得注意的是, 在

一些著作中欧氏空间也被称为内积空间, 甚至在早期的资料中称为酉空间 (unitary space, 源于音译). 欧氏空间也称为狭义的内积空间.

定义 3.3 度量空间是二元组 (M, d), 这里 M 是集合, d 是对 M 上两个元素的度量, $d : M \times M \to \mathbb{R}$ 满足:

(1) 非负性: $d(x, y) \geqslant 0$;

(2) 同一性: $d(x, y) = 0 \Longleftrightarrow x = y$;

(3) 对称性: $d(x, y) = d(y, x)$;

(4) 三角不等式: $d(x, z) \leqslant d(x, y) + d(y, z)$.

其中, d 也称为距离或者距离函数.

度量空间的元素 (或点) 和度量 (或距离) 都是抽象概念. 特别对于点而言, 可将其类比于物理学中质点的概念, 即其元素是没有大小之别的, 仅作抽象概念处理.

柯西序列是度量空间中的一个重要概念. 对于度量空间 $X = (x, d)$ 中的序列 $\{x_n\}$, 如果对任意给定的 $\varepsilon > 0$, 都存在一个 N, 使得对每个 $m, n > N$, 都有 $d(x_m, x_n) < \varepsilon$, 则这个序列是一个基本列或柯西序列. 柯西序列可用于讨论和规范度量空间的完备性.

当柯西序列有属于空间 X 的极限时, 称这个柯西序列是收敛的. 当空间 X 的每一个柯西序列都收敛, 称这个空间 X 是完备的.

如果一个度量空间不是完备的, 我们可以通过某些手段使得空间变为完备的. 这个性质可由完备化定理保证, 即任意的度量空间, 都可以通过完备化获得一个完备的度量空间.

思考题 3.1 柯西序列一定具有收敛性吗?

柯西序列描述的是一个序列中元素之间相互 "靠近" 的性质. 直观上, 一个序列的元素越相互 "靠近" 说明这个序列越收敛, 然而事实并非如此. 例如: 当 $n \to \infty$ 时, 序列 $x_n = \dfrac{[\sqrt{3}n]}{n}$ 近似地趋于 $\sqrt{3}$, 却不收敛. 其中 [ ] 表示取整.

3.2.2 赋范空间

在赋范空间中, 首先要建立线性空间的概念, 线性空间也称为矢量空间.

在域 K 上的一个线性空间是指一个非空集合 X, 其元素 x, y 关于 X 和 K 定义了元素的加法和标量乘法运算.

以范数定义为度量的线性空间称为赋范空间. 完备的赋范空间称为 Banach 空间, 在一些资料中也称 Banach 空间为完备的线性赋范空间. 由完备化定理可知, 任何赋范空间都可以通过完备化而转化为一个 Banach 空间. 所以在一些教材中赋范

空间和 Banach 空间的性质通常是不做区别的. 下面介绍赋范空间的基本性质:

(1) 能定义和使用无穷级数;

(2) 由一个赋范空间 X 到另一个赋范空间 Y 的映射叫算子, 由空间 X 到实数域 $\mathbb{R}$ 或复数域 $\mathbb{C}$ 的映射叫作泛函;

(3) 由一个赋范空间 X 到另一个赋范空间 Y 的所有有界线性算子的集合也可以组成一个赋范空间.

矢量是有范数 (大小) 概念的, 所以有别于度量空间中的元素, 赋范空间中的元素不可以再被认定为质点, 而是更加形象的具有一定尺度和形状的物体.

3.2.3 内积空间

首先介绍内积的概念. 内积是满足以下关系的映射:

(1) $\langle x+y, z \rangle = \langle x, z \rangle + \langle y, z \rangle$;

(2) $\langle \alpha x, y \rangle = \alpha \langle x, y \rangle$;

(3) $\langle x, y \rangle = \overline{\langle y, x \rangle}$;

(4) $\langle x, x \rangle \geqslant 0$, 且 $\langle x, x \rangle = 0 \Leftrightarrow x = 0$.

其中, α 为常数, $\overline{\langle y, x \rangle}$ 表示 y 和 x 内积的共轭.

内积空间是度量为范数 $\|x\| = \sqrt{\langle x, x \rangle}$ 的空间, 其中 $\langle\,,\,\rangle$ 为内积. 完备的内积空间也称为 Hilbert 空间, 一般用 H 表示. 类似地, 可以证明任何内积空间都可以经完备化过程而成为 Hilbert 空间. 内积空间的基本性质如下:

(1) 施瓦兹不等式: $|\langle x, y \rangle| \leqslant \|x\| \|y\|$, 当且仅当 x, y 线性相关时, 等号成立;

(2) 三角不等式: $\|x + y\| \leqslant \|x\| + \|y\|$;

(3) 完全性: 若 M 在 X 上是完全的, 则不存在非零的矢量 $x \in X$ 与 M 中的每一个矢量都正交, 即若 $x \perp M$ 则必然有 $x = 0$;

(4) 贝塞尔不等式: 已知内积空间 H 中的一组规范正交向量的序列 $\{e_1, e_2, \cdots, e_n, \cdots\}$, 对于 H 中的任意一个元素 x, 都有

$$\sum_k |\langle x, e_k \rangle|^2 \leqslant \|x\|^2,$$

其中的系数 $\langle x, e_k \rangle$ 是 x 在一个正交向量序列中元素 e_k 上投影的长度.

贝塞尔不等式的等号成立的充分必要条件是正交序列是完全的. 这时贝塞尔不等式就转化为帕塞瓦尔等式, 即

$$\sum_k |\langle x, e_k \rangle|^2 = \|x\|^2.$$

由定义在 Ω 上的平方可积函数构成的空间 $L^2(\Omega)$ 称为 $L2$ 空间.

若定义 H^n 为

$$H^n(\Omega)=\{f|\,f(x)\in L^2(\Omega),f'(x),f''(x),\cdots,f^{(n)}(x)\text{存在且均属于}L^2(\Omega)\}$$

则称空间 $H^n(\Omega)$ 为 Sobolev 空间, 也可记为 $W_n^2(\Omega)$. 特别地, 当 $n=0$ 时,

$$H^0_{(\Omega)}=\{f|\,f(x)\in L^2(\Omega)\}=L^2(\Omega),$$

即 $L^2(\Omega)$ 空间是 Sobolev 空间的一个特例.

3.3 算子

在这一节, 我们简要介绍算子的一些相关定义. 算子是指从函数空间 X 到函数空间 Y 的映射 $T:X\to Y$.

定义 3.4 如果一个映射 $T:X\to Y$ 满足

$$T(\alpha x+\beta y)=\alpha Tx+\beta Ty,$$

则称 T 是从 X 到 Y 的线性算子. 其中 $\alpha,\beta\in\mathbb{R}^1$, $x,y\in X$.

定义 3.5 假设 $T:X\to Y$ 是一个线性算子, 则

$$\|T\|=\sup_{x\neq 0}\|Tx\|/\|x\|$$

是算子 T 的范数. 若 $\|T\|\leqslant+\infty$, 则称 T 是从 X 到 Y 的有界线性算子.

算子之间可以进行乘法运算. 若 T_1 和 T_2 是从 X 到 X 的有界线性算子, 则算子的乘积

$$(T_1 T_2)(x)=T_1(T_2 x),\quad\forall x\in X.$$

其中, T_1,T_2 是有界线性算子, 且满足 $\|T_1 T_2\|\leqslant\|T_1\|\cdot\|T_2\|$.

算子主要有三种收敛方式, 分别是一致收敛、强收敛和弱收敛. 定义 T 和 T_n: $X\to X$, $n=1,2,\cdots$, 则有

(1) 一致收敛: 若 $\|T_n-T\|\to 0$, 则称 T_n 一致收敛于 T;

(2) 强收敛: 若对于任意 x, 均有 $\|T_n x-Tx\|\to 0$, 则称 T_n 强收敛于 T;

(3) 弱收敛: 若对于任意的 $f\in X^*$, 都有

$$\lim_{n\to\infty}f(T_n(x))=f(T(x)).$$

则称 T_n 弱收敛于 T, 其中 X^* 是 X 的对偶空间.

定义 3.6 设 X 是线性赋范空间, $T: X \to X$, 如果存在 $\Lambda: X \to X$, 使得 $T\Lambda = \Lambda T = I$, 则称 T 是可逆算子, 且 Λ 是其逆算子, 亦记为 $T^{-1} = \Lambda$.

如果 X 是 Banach 空间, $\|T\| < 1$, 则有 $(I - T)$ 是可逆的, 并且可以描述为级数形式,

$$(I - T)^{-1} = \sum_{i=0}^{\infty} T^i.$$

3.4 Fréchet 导数

在一元函数情况下, 设 $f: \mathbb{R} \to \mathbb{R}$ 是连续可微的, 则 f 在 x 的导数为 $f'(x)$, 即

$$\lim_{\Delta x \to 0} \frac{f(x + \Delta x) - f(x) - f'(x)\Delta x}{\Delta x} = 0. \tag{3-1}$$

Fréchet 导数是高等数学中一元函数导数的推广 (郭大钧, 2001).

定义 3.7 类似于公式 (3–1) 的形式, 对于算子 $T: \mathbb{R}^m \to \mathbb{R}^n$, 若存在一个有界线性算子 A, 使得

$$\lim_{\|\Delta x\| \to 0} \frac{\|T(x + \Delta x) - T(x) - A \cdot \Delta x\|}{\|\Delta x\|} = 0,$$

则称 T 在 x 处是 Fréchet 可微的, A 是算子 T 在 x 处的 Fréchet 导数, 亦记为 $T'(x) = A$. 如果将 $\mathbb{R}^m$ 和 $\mathbb{R}^n$ 分别替换为线性赋范空间 X 和 Y, 上述定义仍然成立.

类似于一元函数导数, Fréchet 导数具备的两个性质:

(1) 如果 $T, \Lambda: X \to Y$ 是 Fréchet 可微的, 则 $T + \Lambda$ 和 λT 也是 Fréchet 可微的, 并且

$$(T + \Lambda)'(x) = T'(x) + \Lambda'(x),$$
$$(\lambda T)' = \lambda T'(x),$$

其中, λ 为常数.

(2) 如果 $T: X \to Y$, $\Lambda: Y \to Z$ 在各自定义域分别是 Fréchet 可微的, 则 ΛT 也是 Fréchet 可微的, 并且

$$(\Lambda T)'(x) = \Lambda'(T(x))T'(x).$$

定义 3.8 如果算子 $T: \mathbb{R}^m \to \mathbb{R}^n$ 是 Fréchet 可微的,且存在有界线性算子 T'',使得

$$\lim_{\|\Delta x\| \to 0} \frac{\|T'(x+\Delta x) - T'(x) - T''(x)(\Delta x)\|}{\|\Delta x\|} = 0,$$

则称 $T''(x)$ 为算子 T 在 x 处的二阶 Fréchet 导数. 仿照定义 3.8,我们可以很容易定义 T 的更高阶 Fréchet 导数.

3.5 压缩映射原理

这一节,我们主要介绍压缩映射和不动点的概念和性质.

定义 3.9 设 X 是度量空间,$T: X \to X$ 是 X 上的自映射,如果存在 $0 \leqslant \alpha < 1$,对 $\forall x, y \in X$,都有

$$\rho(Tx, Ty) \leqslant \alpha \rho(x, y),$$

则称 T 是 X 上的一个压缩映射.

定义 3.10 设 X 是距离空间,$T: X \to X$ 是 X 上的自映射,如果存在 $x \in X$,使得 $x = Tx$,则称 x 是映射 T 的一个不动点.

定理 3.2 (压缩映射原理) 设 X 是完备的距离空间,映射 $T: X \to X$ 是压缩映射,则 T 在空间 X 中存在唯一的不动点 x,即 $x = Tx$.

压缩映射原理为方程的数值求解问题提供了重要的数学思想. 由此原理,我们可以将 "对方程的求解" 转化为 "对映射的不动点的求解". 例如,求解代数方程组

$$Gx = 0,$$

可转化为求解

$$x = Tx.$$

其中,$T = G + I$.

当 T 为压缩映射时,可选定初始点 x_0,以及迭代格式 (有时 T 可能是一个近似表达式或替代表达式),

$$x_{n+1} = Tx_n.$$

经逐步迭代计算,得

$$x^* = Tx^*.$$

实际上, 这种计算方式也适用于微分方程和积分方程的求解. 虽然这种通过证明或构造压缩映射的方式来求解方程的方法并不是万能的, 但是压缩映射原理至少在以下三个方面对方程的求解具有帮助:

(1) 压缩映射原理给出了不动点存在的条件. 这主要包括两个部分: ① X 是完备距离空间; ② 从实际问题出发, 定义压缩映射 $T: X \to X$;

(2) 压缩映射原理提供了不动点的求解方式——迭代计算:
$\forall x_0 \in X$, 令 $x_n = T x_{n-1}$, 则

$$x_n = T^n x_0, \quad n = 1, 2, \cdots,$$
$$x^* = \lim_{n \to \infty} x_n;$$

(3) 压缩映射原理给出了近似解的误差估计:
令 $\rho(x, y) = |x - y|$, 由于 T 是压缩映射, 则存在 $0 < a < 1$, 使得

$$\rho(Tx_n, x_n) = \rho(Tx_n, Tx_{n-1}) \leqslant a\rho(x_n, x_{n-1}) \leqslant a^2 \rho(x_{n-1}, x_{n-2})$$
$$\leqslant \cdots \leqslant a^n \rho(x_1, x_0) = a^n \rho(Tx_0, x_0).$$

这个不等式说明了迭代过程中, $|Tx - x|$ 的取值范围是近似逐渐缩小的.

若考虑真实解 x 和近似解 x_n 之间的偏差, 我们还可以考虑 x_n 和 x_{n+k} $(k \to \infty)$ 之间的偏差,

$$\rho(x, x_n) = \lim_{k \to \infty} \rho(x_{n+k}, x_n).$$

由 ρ 的定义,

$$\rho(x_{n+k}, x_n) \leqslant \rho(x_{n+k}, x_{n+k-1}) + \rho(x_{n+k-1}, x_{n+k-2}) + \cdots + \rho(x_{n+1}, x_n),$$

则有

$$\rho(x_{n+k}, x_n) \leqslant \frac{a^n (1 - a^k)}{1 - a} \rho(Tx_0, x_0) \leqslant \frac{a^n}{1 - a} \rho(Tx_0, x_0).$$

进而有真实解 x 与近似解 x_n 的误差估计,

$$\rho(x, x_n) \leqslant \frac{a^n}{1 - a} \rho(Tx_0, x_0).$$

这也称为误差的先验估计公式.

第 4 章 微积分基础知识

4.1 Taylor 公式

如果连续函数 $f(x)$ 在点 x 是任意阶可微的,则其 Taylor 公式为

$$f(x+\Delta x)=f(x)+\Delta x f'(x)+\frac{(\Delta x)^2}{2!}f''(x)+\cdots+\frac{(\Delta x)^n}{n!}f^{(n)}(x)+o((\Delta x)^n). \quad (4-1)$$

上述公式中的最后一项,被称为 Taylor 余项. 在一些 Taylor 公式不同形式的描述中,它被表述为 $O((\Delta x)^{n+1})$. 在这里, $O((\Delta x)^{n+1})$ 与 $o((\Delta x)^n)$ 是等价的. 这是因为,当 $\lim_{x\to 0}\frac{s(x)}{g(x)}=0$ 时,记为 $s(x)=o(g(x))$;当 $\frac{s(x)}{g(x)}$ 有界时,记为 $s(x)=O(g(x))$. 当 $\Delta x>0$ 时,如果 $\xi\in[x,x+\Delta x]$,那么 Taylor 余项为 $\frac{(\Delta x)^{n+1}}{n!}f^{(n+1)}(\xi)$.

Taylor 公式有两个主要的用途: 其一,由定义可知,n 次多项式可以在某个局部小区域内逼近任意一条连续曲线; 其二,截取 Taylor 公式的前几项,我们可以构造方程中微分部分的数值差分格式.

值得注意的是,第一个用途与曲线拟合问题类似,但是仅在某个局部邻域范围内成立; 第二个用途可以用于求解微分方程数值解,但其收敛性却需要进一步讨论.

前面介绍的 Taylor 公式是微分形式的. 下面将介绍积分形式的 Taylor 公式及其推导过程. 这里,积分形式的 Taylor 公式是精确的数学表达式.

先考虑以下等式

$$f(x) = f(x_i) + \int_{x_i}^{x} f'(s)ds,$$

由函数 f 的任意性，可以用 $f'(x)$ 替代 $f(x)$，得

$$f'(x) = f'(x_i) + \int_{x_i}^{x} f''(s)ds,$$

其等价积分形式如下，

$$f(x) = f(x_i) + (x-x_i)f'(x_i) + \int_{x_i}^{x}\int_{x_i}^{x} f''(s)dsds.$$

重复上述过程，

$$f''(x) = f''(x_i) + \int_{x_i}^{x} f'''(s)\,ds,$$

得到

$$f(x) = f(x_i) + (x-x_i)f'(x_i) + \frac{(x-x_i)^2}{2!}f''(x_i) + \int_{x_i}^{x}\int_{x_i}^{x}\int_{x_i}^{x} f'''(s)dsdsds.$$

最后，得到积分形式的 Taylor 公式，

$$f(x) = f(x_i) + (x-x_i)f'(x_i) + \frac{(x-x_i)^2}{2!}f''(x_i) + \cdots + \frac{(x-x_i)^n}{n!}f^{(n)}(x_i) + R_{n+1},$$

其中，$R_{n+1} = \underbrace{\int_{x_i}^{x}\cdots\int_{x_i}^{x}}_{n+1\ \uparrow} f^{(n+1)}(s)(ds)^{n+1}$（同济大学数学系，2014a）.

如果把 Taylor 公式看作某个连续函数在局部区域的最佳逼近多项式，那么这个多项式是存在且唯一的. 下面这个定理是上述结论成立的理论基础.

定理 4.1 如果 $f(x)$ 是在 x_0 点及其小邻域范围内有定义的函数，$a_0, a_1, \cdots, a_n$ 和 $b_0, b_1, \cdots, b_n$ 都是常数，当 $x \to x_0$ 时，既有 $f(x) = a_0 + a_1(x-x_0) + \cdots + a_n(x-x_0)^n + o((x-x_0)^n)$，又有 $f(x) = b_0 + b_1(x-x_0) + \cdots + b_n(x-x_0)^n + o((x-x_0)^n)$，则

$$a_i = b_i, \quad i = 0, 1, 2, \cdots, n.$$

在 Taylor 公式 (4-1) 中，如果取 $x = 0$，则 ξ 介于 0 和 Δx 之间，故 $\xi = \theta \Delta x (0 < \theta < 1)$，此时 (4-1) 转化为 Maclaurin 公式

$$f(\Delta x) = f(0) + f'(0)\Delta x + \frac{f'(0)}{2!}(\Delta x)^2 + \cdots + \frac{f^n(0)}{n!}(\Delta x)^n + \frac{f^{(n+1)}(\theta \Delta x)}{(n+1)!}(\Delta x)^{n+1}.$$

常用函数的 Maclaurin 公式有:

$$e^x = 1 + x + \frac{x^2}{2!} + \cdots + \frac{x^n}{n!} + o(x^n),$$

$$\sin x = x - \frac{x^3}{3!} + \frac{x^5}{5!} - \cdots + (-1)^n \frac{x^{2n+1}}{(2n+1)!} + o(x^{2n+1}),$$

$$\cos x = 1 - \frac{x^2}{2!} + \frac{x^4}{4!} - \frac{x^6}{6!} + \cdots + (-1)^n \frac{x^{2n}}{(2n)!} + o(x^{2n}),$$

$$\ln(1+x) = x - \frac{x^2}{2} + \frac{x^3}{3} - \cdots + (-1)^n \frac{x^{n+1}}{n+1} + o(x^{n+1}),$$

$$\frac{1}{1-x} = 1 + x + x^2 + \cdots + x^n + o(x^n).$$

当 $x \to 0$ 时, Maclaurin 公式可以提供函数的任意阶估计. 例如, 当 $x \to 0$ 时, $\frac{1}{1-x}$ 的二阶无穷小估计式为 $1 + x + x^2$.

4.2 梯度、散度与旋度

已知函数 $f(x)$ 是定义在 $\mathbb{R}^n$ 上的可微函数, 我们称以 $f(x)$ 的 n 个偏导数为分量的向量为梯度, 记作 $\nabla f(x)$ 或 $\mathrm{grad}\, f(x)$, 即

$$\nabla f(x) = \left(\frac{\partial f(x)}{\partial x_1}, \frac{\partial f(x)}{\partial x_2}, \cdots, \frac{\partial f(x)}{\partial x_n} \right)^{\mathrm{T}}.$$

这里 $f(x)$ 是一个值函数, 而在向量分析学中它也可以表示标量场. 梯度方向是场值上升最快的方向; 反之, 负梯度方向是场值下降最快的方向. 梯度的模可表示为

$$\|\nabla f(x)\| = \sqrt{\left(\frac{\partial f(x)}{\partial x_1} \right)^2 + \left(\frac{\partial f(x)}{\partial x_2} \right)^2 + \cdots + \left(\frac{\partial f(x)}{\partial x_n} \right)^2}.$$

在很多最优化算法中, 通常以某点梯度的模是否为 0 或是否小于某个充分小的正数为依据, 来判断该点是否为最优点 (在未经任何处理的情况下, 这条依据只能判断驻点, 而不是最优点).

梯度的运算法则如下:

设 u 和 v 是可微的标量函数, α 和 β 是常数, 则

(1) $\mathrm{grad}\,(\alpha u + \beta v) = \alpha\, \mathrm{grad}\,(u) + \beta\, \mathrm{grad}\,(v)$;

(2) $\mathrm{grad}\,(u \cdot v) = u\, \mathrm{grad}\,(v) + v\, \mathrm{grad}\,(u)$;

(3) $\operatorname{grad}(f(u)) = f'(u)\operatorname{grad}(u)$.

散度的概念是针对向量场提出的. 例如, 假定这个向量场为一个流体速度场, 则该场的散度是流体在某一点处单位时间流出单位体积的净流量.

借助这个例子, 我们可以知道散度是对应于某个向量场的标量场. 这与梯度恰好相反, 梯度是对应于某个标量场的向量场.

假设向量场为 $F = (f_1, f_2, f_3)$, 则散度的数学表达式为

$$\operatorname{div} F = \frac{\partial f_1}{\partial x_1} + \frac{\partial f_2}{\partial x_2} + \frac{\partial f_3}{\partial x_3}.$$

当散度为 0 时, 向量场是无源的; 当散度不为 0 时, 向量场是有正源或负源的. 举例来说, 如果流体速度场不为 0, 说明在该点有流体不断注入或消失; 如果电场在某点散度不为 0, 表示在该点有电荷存在.

我们设 A 和 B 是可微的向量函数, f 是可微的标量函数, α 和 β 是常数, 则散度的运算法则如下:

(1) $\operatorname{div}(\alpha A + \beta B) = \alpha \operatorname{div}(A) + \beta \operatorname{div}(B)$;

(2) $\operatorname{div}(fA) = f\operatorname{div}(A) + A\operatorname{grad}(f)$.

其中, div 也可表示为 $\nabla \cdot$ 的形式, 即 $\operatorname{div}(A) = \nabla \cdot A$.

旋度是表示向量场在某点处的旋转程度. 它表示为

$$\operatorname{rot}(F) = \vec{e_1}\left(\frac{\partial f_3}{\partial x_2} - \frac{\partial f_2}{\partial x_3}\right) + \vec{e_2}\left(\frac{\partial f_1}{\partial x_3} - \frac{\partial f_3}{\partial x_1}\right) + \vec{e_3}\left(\frac{\partial f_2}{\partial x_1} - \frac{\partial f_1}{\partial x_2}\right)$$

$$= \left(\vec{e_1}\frac{\partial}{\partial x_1} + \vec{e_2}\frac{\partial}{\partial x_2} + \vec{e_3}\frac{\partial}{\partial x_3}\right) \times (\vec{e_1}f_1 + \vec{e_2}f_2 + \vec{e_3}f_3)$$

$$= \nabla \times F.$$

另外, $\operatorname{curl}(F)$ 也可表示向量场 F 的旋度.

关于旋度, 有两个最重要的基本性质:

(1) 梯度场是无旋场, 即

$$\operatorname{rot}(\operatorname{grad}(f)) = \nabla \times (\nabla f) = 0;$$

(2) 旋度的散度为 0, 即

$$\operatorname{div}(\operatorname{rot}(F)) = \nabla \cdot (\nabla \times F) = 0.$$

4.3 Jacobi 矩阵与 Hesse 矩阵

Jacobi 矩阵类似于多元函数的导数. 假设 $F:\mathbb{R}_n \to \mathbb{R}_m$ 是一个从 n 维欧氏空间到 m 维欧氏空间的函数. 这个函数的值域由 m 个分量 $y_1, y_2, \cdots, y_m$ 组成, 定义域由 n 个分量 $x_1, x_2, \cdots, x_n$ 组成, 那么由这 m 个分量函数的各 n 个偏导数组成的矩阵

$$\begin{pmatrix} \dfrac{\partial y_1}{\partial x_1} & \cdots & \dfrac{\partial y_1}{\partial x_n} \\ \vdots & & \vdots \\ \dfrac{\partial y_m}{\partial x_1} & \cdots & \dfrac{\partial y_m}{\partial x_n} \end{pmatrix}$$

称为 Jacobi 矩阵. 有时也可简记为

$$J_F(x_1, x_2, \cdots, x_n) \text{ 或 } \frac{\partial(y_1, y_2, \cdots, y_m)}{\partial(x_1, x_2, \cdots, x_n)}.$$

当 $m = n$ 时, Jacobi 矩阵可求得行列式值, 其行列式称为 Jacobi 行列式.

Jacobi 矩阵中的元素, 例如 $\dfrac{\partial y_i}{\partial x_j}$, 可表示分量函数 y_i 关于变量 x_j 的灵敏程度. 因此, Jacobi 矩阵及其相关形式可作灵敏性的度量, 在一些教材中甚至直接称之为灵敏性矩阵 (邢光龙等, 2007).

Hesse 矩阵类似于值函数的二阶导数. 假设函数 $f:\mathbb{R}^n \to \mathbb{R}^1$, 如果 f 的所有二阶导数都存在, 则其 Hesse 矩阵可表示为

$$\begin{pmatrix} \dfrac{\partial^2 f}{\partial x_1^2} & \dfrac{\partial^2 f}{\partial x_1 \partial x_2} & \cdots & \dfrac{\partial^2 f}{\partial x_1 \partial x_n} \\ \dfrac{\partial^2 f}{\partial x_2 \partial x_1} & \dfrac{\partial^2 f}{\partial x_2^2} & \cdots & \dfrac{\partial^2 f}{\partial x_2 \partial x_n} \\ \vdots & \vdots & & \vdots \\ \dfrac{\partial^2 f}{\partial x_n \partial x_1} & \dfrac{\partial^2 f}{\partial x_n \partial x_2} & \cdots & \dfrac{\partial^2 f}{\partial x_n^2} \end{pmatrix}$$

在一些最优化问题中, Hesse 矩阵可作为驻点是否为极值点的判断依据. 更重要的是 Hesse 矩阵, 特别是其逆矩阵及相关替代形式在牛顿法和拟牛顿法等经典算法中都有所应用.

第 5 章 代数学基础知识

5.1 矩阵的逆

定义 5.1 对于 n 阶方阵 A,如果有一个 n 阶方阵 B,使

$$AB = BA = I,$$

则称方阵 A 是可逆的,并称方阵 B 是方阵 A 的逆矩阵. 只有方阵才可能有逆矩阵. 如果 B 是 A 的逆矩阵,也可称 A 是 B 的逆矩阵. 另外,一个方阵 A 的逆矩阵是唯一的,可记为 A^{-1}.

定理 5.1 若方阵 A 的行列式值不等于 0,则 A 是可逆的,并且

$$A^{-1} = \frac{1}{|A|} A^*,$$

其中, A^* 为 A 的伴随阵.

当 $|A| = 0$ 时,称 A 为奇异矩阵;否则,称 A 为非奇异矩阵 (同济大学数学系, 2014b).

定理 5.1 提供了逆矩阵的计算公式,然而这种利用伴随矩阵的方法一般只适用于三阶以下的矩阵. 对于高阶矩阵,伴随矩阵的求解计算量是非常大的. 除了这种方法,常用的矩阵求逆方法还有初等变换法、分块矩阵法和解方程组法. 这些方法都是人工进行矩阵求逆运算的. 在数值计算方法中,通常采用全主元变量置换法、LU 分解法、Householder 变换法等.

矩阵的逆只适用于方阵的情况, 当矩阵为奇异矩阵或不为方阵时, 逆矩阵的概念将推广到广义逆矩阵.

这种推广的必要性源于线性代数方程组 $Ax = b$ 的求解问题. 当 $|A| \neq 0$ 时, 该方程组的唯一解可表示为 $x = A^{-1}b$. 但实际上, 对于矩阵 A, $|A| \neq 0$ 的情况是极为特殊的, 在实际工作中人们更多地会遇到 A 为奇异阵或 A 为 $m \times n$ 矩阵 $(m \neq n)$ 的情况. 因此, 这促使人们去思考如何能够找到一个类似于 A^{-1} 的矩阵 G, 使得方程的解仍然可以表示为 $x = Gb$ 的形式.

1920 年, Moore 首次提出了广义逆矩阵的概念, 1955 年, Penrose 利用 4 个矩阵方程给出了广义逆矩阵更简便实用的定义.

定义 5.2 设 $A \in \mathbb{C}^{m \times n}$ 为任意复数矩阵, 如果存在复数矩阵 $G \in \mathbb{C}^{m \times n}$, 满足

$$AGA = A, \tag{5-1}$$

$$GAG = G, \tag{5-2}$$

$$(GA)^{\mathrm{H}} = GA, \tag{5-3}$$

$$(AG)^{\mathrm{H}} = AG, \tag{5-4}$$

其中, $(GA)^{\mathrm{H}}$ 表示 GA 矩阵的共轭矩阵. 以上 4 个方程的任何一个或多个, 均可称 G 为 A 的一个广义逆矩阵, 并称这 4 个方程为 Moore-Penrose 方程 (M-P 方程). 如果 G 同时满足这 4 个方程, 则称 G 为 A 的 Moore-Penrose 广义逆, 也记作加号逆 A^+. 对于每个 A 矩阵, 其 A^+ 矩阵是唯一存在的, 即上述 4 个方程组成的方程组具有唯一解 (王惠文等, 2006).

然而, 当 G 矩阵满足其中的一个或多个时, 可以定义不同的广义逆矩阵, 共计 15 类. 由 A^+ 矩阵的存在性可知, 这 15 类广义逆都存在 (魏木生, 2006), 除 A^+ 是唯一的以外, 其余各类广义逆矩阵都不唯一:

(1) 满足方程 (5-1) 的广义逆称为减号逆, 记为 A^-;

(2) 满足方程 (5-1) 和 (5-2) 的广义逆称为自减号逆, 记为 A_r^-;

(3) 满足方程 (5-1) 和 (5-3) 的广义逆称为最小范数广义逆, 记为 A_m^-;

(4) 满足方程 (5-1) 和 (5-4) 的广义逆称为最小二乘广义逆, 记为 A_l^-.

这些广义逆都与方程组 $Ax = b$ 的求解相关.

5.2 矩阵的病态性

定义 5.3 当求解线性方程组 $Ax = b$ 时,如果对参数矩阵 A 或向量 b 中的元素进行较小的扰动,方程解却发生很大波动,我们称 A 为病态矩阵.

下面一个例子,说明方程的解对 A 和 b 中元素扰动的敏感性.

例 5.1 求下面两个线性方程组的真实解,

$$\begin{cases} 2x_1 + 4x_2 = 6 \\ 2x_1 + 4.00001x_2 = 6.00001 \end{cases} \text{和} \begin{cases} 2x_1 + 4x_2 = 6 \\ 2x_1 + 3.99999x_2 = 6.00002 \end{cases},$$

其解分别为

$$x = \begin{pmatrix} x_1 \\ x_2 \end{pmatrix} = \begin{pmatrix} 1 \\ 1 \end{pmatrix} \text{和} x = \begin{pmatrix} x_1 \\ x_2 \end{pmatrix} = \begin{pmatrix} 7 \\ -2 \end{pmatrix}.$$

实际上,仅当 b 中元素发生较小扰动时,方程组的真实解也可能变化很大,看下面的例子.

例 5.2 已知两个方程组

$$\begin{cases} x_1 + x_2 = 2 \\ x_1 + 1.00001x_2 = 2.00001 \end{cases} \text{和} \begin{cases} x_1 + x_2 = 2 \\ x_1 + 1.00001x_2 = 2 \end{cases},$$

则它们的真实解分别为

$$x = \begin{pmatrix} x_1 \\ x_2 \end{pmatrix} = \begin{pmatrix} 1 \\ 1 \end{pmatrix} \text{和} x = \begin{pmatrix} x_1 \\ x_2 \end{pmatrix} = \begin{pmatrix} 2 \\ 0 \end{pmatrix}.$$

同样的,仅当 A 中元素发生极小扰动时,方程组的真实解也可能变化很大,看下面的例子.

例 5.3 已知两个方程组

$$\begin{cases} x_1 + x_2 = 2 \\ x_1 + 1.00001x_2 = 2.00001 \end{cases} \text{和} \begin{cases} x_1 + x_2 = 2 \\ x_1 + 0.99999x_2 = 2.00001 \end{cases},$$

则它们的真实解为

$$x = \begin{pmatrix} x_1 \\ x_2 \end{pmatrix} = \begin{pmatrix} 1 \\ 1 \end{pmatrix} \text{和} x = \begin{pmatrix} x_1 \\ x_2 \end{pmatrix} = \begin{pmatrix} 3 \\ -1 \end{pmatrix}.$$

由前述定义知,上面 3 个例题的参数矩阵都是病态矩阵.

除定义外, 病态性和判别还可借助于矩阵的条件数.

定义 5.4 对非奇异矩阵 A, 称乘积 $\|A\| \cdot \|A^{-1}\|$ 为矩阵 A 的条件数. $\|\cdot\|$ 是矩阵的任一种范数.

条件数描述了方程组的解对方程组参数矩阵的敏感性. 当 A 为正定实数对称阵时, A 的谱条件数为

$$\mathrm{cond}\,(A)_2 = \|A\|_2 \cdot \|A^{-1}\|_2 = \frac{\lambda_{\max}}{\lambda_{\min}},$$

其中, $\lambda_{\max}$ 和 $\lambda_{\min}$ 分别是 A 的最大和最小特征值.

条件数比较大时, 对 A 和 b 的小扰动可能会引起解的较大波动, 此时方程组是病态的; 当条件数较小时, 方程组是良态的. 在地球物理反问题中, 病态系数矩阵对应的线性方程组求解问题是十分常见的.

由于系数矩阵 A 的维数高, 元素间分布不规则等原因, 其逆矩阵 A^{-1} 或 A 的最大和最小特征值是非常难以计算的. 在实际问题中, 通常依据以下经验来判断 A 是否病态:

(1) 行列值 $|A|$ 特别大或特别小;

(2) 某行或列近似相关;

(3) 元素间相差较大数量级, 且分布无规则;

(4) 特征值相差较大数量级.

5.3 线性方程的求解

在地球物理反问题中, 求解线性方程组是十分常见的问题. 当已知 m 个观测数据, 求解 n 个模型参数时, 反问题往往转化为求 m 个方程组成的线性代数方程组的 n 个解的问题,

$$Ax = b, \tag{5-5}$$

其中, $A \in \mathbb{C}^{m \times n}$, $b \in \mathbb{C}^{m \times 1}$, $x \in \mathbb{C}^{n \times 1}$ 为待求的解.

如果 $\mathrm{rank}(A \vdots b) = \mathrm{rank}(A)$, 则方程组 (5-5) 有解, 并称其为相容的; 否则, 若 $\mathrm{rank}(A \vdots b) \neq \mathrm{rank}(A)$, 则方程组 (5-5) 无解, 此时称其为不相容的或矛盾的.

关于相容的和矛盾的方程组的求解, 主要有以下 5 种情况:

(1) 若矩阵 $A \in \mathbb{C}^{m \times n}$ 是可逆的, 则方程组 (5-5) 是相容的, 并称为常定方程

组, 且有唯一解

$$x = A^{-1}b.$$

(2) 若 $\text{rank}(A \vdots b) = \text{rank}(A)$, 但当 A 是奇异方阵或长方形矩阵 ($A_{m \times n}$, $m < n$) 时, 方程组 (5-5) 是相容的, 并称欠定方程组. 此时方程组的解不是唯一的, 且具有以下形式,

$$x = A^{-1}b + \left(I - A^{-}A\right)z,$$

其中, A^{-} 是 A 的任一个减号逆, z 是与 x 具有相同维数的任一向量. 显然, $x = A^{-1}b$ 是方程的一个特解.

(3) 借助减号逆来描述欠定方程组的解是很简便的, 但是通解的无穷性使得此类问题的研究意义极大地弱化了. 此时, 当对于无穷多个解进行范数最小的约束时, 我们可以得到方程组的解为 $x = A_m^{-}b$, 其中 A_m^{-} 是 A 的最小范数广义逆.

当 A 为实矩阵时, A_m^{-} 的表达式可由以下的数学推导中得到.

已知优化问题,

$$\min x^{\text{T}}x$$
$$\text{s.t. } Ax = b$$

由 Lagrange 乘数法的思想, 得到其等价形式

$$\min f(x, \lambda) = x^{\text{T}}x + \lambda^{\text{T}}\left(Ax - b\right).$$

由一阶导数等于 0 的极值条件, 可知

$$\frac{\partial f}{\partial x} = 2x^{\text{T}} - \lambda^{\text{T}}A = 0,$$

进而有,

$$x = \frac{1}{2}\lambda^{\text{T}}A,$$

回代到方程组 $Ax = b$, 得

$$\frac{1}{2}AA^{\text{T}}\lambda = b,$$

若此时 AA^{T} 可逆, 则有

$$\lambda = 2\left(AA^{\text{T}}\right)^{-1}b.$$

此时，方程组的最小范数解为

$$x = A^{\mathrm{T}} \left(AA^{\mathrm{T}}\right)^{-1} b,$$

即 $A_m^- = A^{\mathrm{T}} \left(AA^{\mathrm{T}}\right)^{-1}$.

(4) 若 $Ax = b$ 是矛盾方程组时，该方程组不存在通常意义下的解，但存在最小二乘解，

$$x = A_l^- b,$$

其中，A_l^- 是 A 的最小二乘广义逆.

通过求解最优化问题，

$$\min \|Ax - b\|_2^2,$$

可得到解为最小二乘解，当 $(A^{\mathrm{T}}A)$ 有逆时（即 A 列满秩时），

$$x = \left(A^{\mathrm{T}}A\right)^{-1} A^{\mathrm{T}}b.$$

这说明此时 $A_l^- = \left(A^{\mathrm{T}}A\right)^{-1} A^{\mathrm{T}}$.

实际上，当且仅当 A 为列满秩时，最小二乘解才是唯一的. 当 A 不为列满秩时，方程组最小二乘解并不是唯一的.

定理 5.2 矛盾方程组 $Ax = b$ 的最小二乘解可表示为

$$x = A_l^- b + \left(I - A_l^- A\right) z,$$

其中，z 是任意一个与 x 具有相同维的列向量.

定理 5.2 对于 A 矩阵是否列满秩均适用.

(5) 虽然矛盾方程组的最小二乘解可能不唯一，但是最小二乘解的集合中，具有极小范数

$$\min \left\{ \|x\| : \min \|Ax - b\|_2^2 \right\},$$

的解是唯一的，并称之为极小范数最小二乘解，或最佳逼近解，其表达式可以写作

$$x = A^+ b,$$

其中，A^+ 是加号逆.

第 6 章 有限差分法

6.1 什么是有限差分法

差分方法的提出, 最早可以追溯到 17 世纪 70 年代牛顿提出的牛顿插值公式 (也称为牛顿级数). 1855 年, 亚当斯提出了应用有限差分法求解一阶微分方程组的初值问题; 1928 年, Courant, Friedrichs 和 Lewy 首次对偏微分方程的差分方法做出完整的论述; 20 世纪 50 年代, 有限差分方法开始广泛应用于偏微分方程的数值解法. 目前, 该方法仍然是应用最广泛的数值解法 (李荣华和刘播, 2009; 张文生, 2006).

有限差分法的基本思想是用离散的、只含有限个未知数的差分方程去替代连续变量的微分方程和定解条件. 为求解偏微分方程的定解问题, 有限差分法先将定解区域离散化为网格离散节点的集合, 并以各离散节点上函数的差商来近似表示该点的偏导数, 使偏微分方程定解问题转化为一组相应的差分方程, 再根据差分方程组解出各离散点处的待求函数值, 即离散解 (葛德彪和闫玉波, 2011).

6.1.1 常见的有限差分格式

常见的有限差分格式有向前差分、向后差分和中心差分 (艾谢贝里和德米尔, 2012; 谷超豪, 2002).

我们先以一阶导数为例, 其极限表达式为

$$f'(x) = \lim_{\Delta x \to 0} \frac{f(x+\Delta x) - f(x)}{\Delta x}. \qquad (6-1)$$

由式 (6-1) 可知，当 Δx 取值非常小时，$\dfrac{f(x+\Delta x) - f(x)}{\Delta x}$ 可以很好地逼近 $f'(x)$. 当 $\Delta x > 0$ 时，它是向前差分格式；当 $\Delta x < 0$ 时，它是向后差分格式.

当 $\Delta x > 0$ 时，$f(x+\Delta x)$ 的 Taylor 展开式为

$$f(x+\Delta x) = f(x) + \Delta x f'(x) + \frac{(\Delta x)^2}{2} f''(x) + \cdots, \qquad (6-2)$$

整理，得

$$f'(x) = \frac{f(x+\Delta x) - f(x)}{\Delta x} - \frac{\Delta x}{2} f''(x) - \cdots = \frac{f(x+\Delta x) - f(x)}{\Delta x} + O(\Delta x). \qquad (6-3)$$

由式 (6-3) 可知，导数 $f'(x)$ 等于向前差分格式 $\dfrac{f(x+\Delta x) - f(x)}{\Delta x}$ 与 Δx 的高阶无穷小的和. 此处，高阶无穷小也可看作该有限差分格式的精度. 图 6.1 是向前差分的示意图.

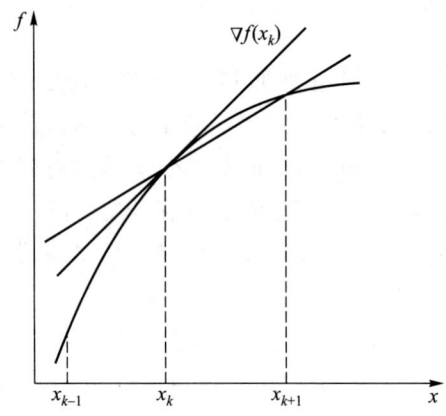

图 6.1　向前差分的示意图

同理，由 $f(x - \Delta x)$ 的 Taylor 展开式为

$$f(x - \Delta x) = f(x) - \Delta x f'(x) + \frac{(\Delta x)^2}{2} f''(x) - \cdots, \qquad (6-4)$$

整理，得

$$f'(x) = \frac{f(x) - f(x-\Delta x)}{\Delta x} + \frac{\Delta x}{2} f''(x) - \cdots = \frac{f(x) - f(x-\Delta x)}{\Delta x} + O(\Delta x). \qquad (6-5)$$

由式 (6-5) 可知，导数 $f'(x)$ 等于向后差分表达式 $\dfrac{f(x) - f(x-\Delta x)}{\Delta x}$ 与 Δx 的高阶无穷小的和. 图 6.2 是向后差分的示意图.

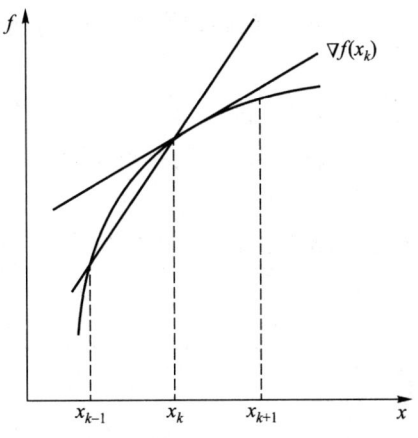

图 6.2 向后差分的示意图

对于中心差分格式, 将式 (6-2) 和 (6-4) 相减, 得

$$f(x+\Delta x) - f(x-\Delta x) = 2\Delta x f'(x) + \frac{2(\Delta x)^3}{6} f'''(x) + \cdots, \quad (6-6)$$

整理式 (6-6), $f(x)$ 的导数可以表示为

$$\begin{aligned} f'(x) &= \frac{f(x+\Delta x) - f(x-\Delta x)}{2\Delta x} - \frac{(\Delta x)^2}{6} f'''(x) + \cdots \\ &= \frac{f(x+\Delta x) - f(x-\Delta x)}{2\Delta x} + O((\Delta x)^2). \end{aligned} \quad (6-7)$$

式 (6-7) 中 $\dfrac{f(x+\Delta x) - f(x-\Delta x)}{2\Delta x}$ 称为导数 $f'(x)$ 的两点中心差分格式, 见图 6.3. 此处, $O((\Delta x)^2)$ 表示中心差分的精度. 可见中心差分比向前差分和向后差分的精度都要高.

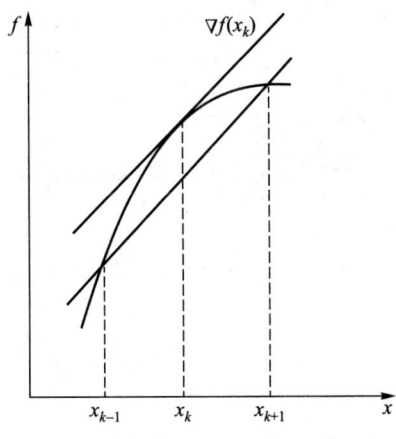

图 6.3 中心差分的示意图

对比图 6.1 ~ 图 6.3, 可从几何角度说明中心差分的精度通常比向前差分和向后差分都要高.

接下来, 我们从数值计算角度, 进一步了解不同差分格式的精度水平. 考虑函数 $f(x) = \sin(x)\mathrm{e}^{-0.3x}$, 其精确的一阶导数表达式为 $f' = \cos(x)\mathrm{e}^{-0.3x} - 0.3\sin(x)\mathrm{e}^{-0.3x}$.

函数 $f(x)$ 的一阶导数的精确解和三种常用有限差分格式的数值解, 分划为 $\Delta x = \pi/5$, 如图 6.4 所示.

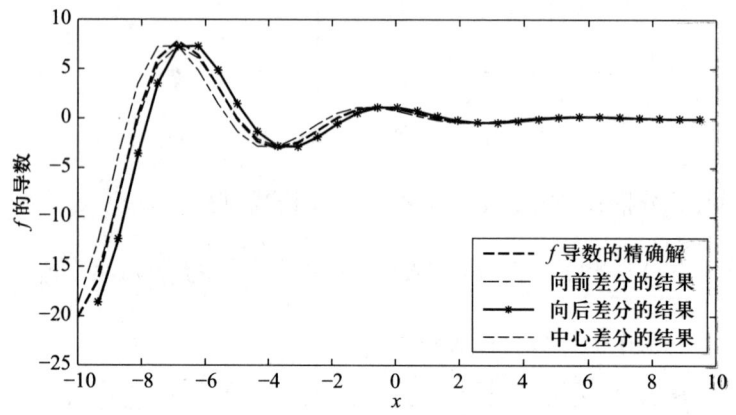

图 6.4 精确解和有限差分解

将有限差分解与精确解的差定义为误差. 显然, 中心差分格式的误差小于向前和向后差分格式的误差 (图 6.5). 取 $\Delta x = \pi/10$ 时, 三种算法的误差都有所减小, 这说明算法的精度与 Δx 的取值相关 (图 6.6).

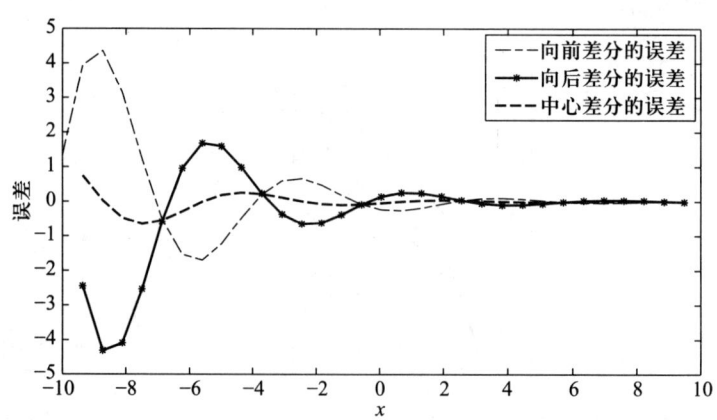

图 6.5 三组有限差分解的误差 ($\Delta x = \pi/5$)

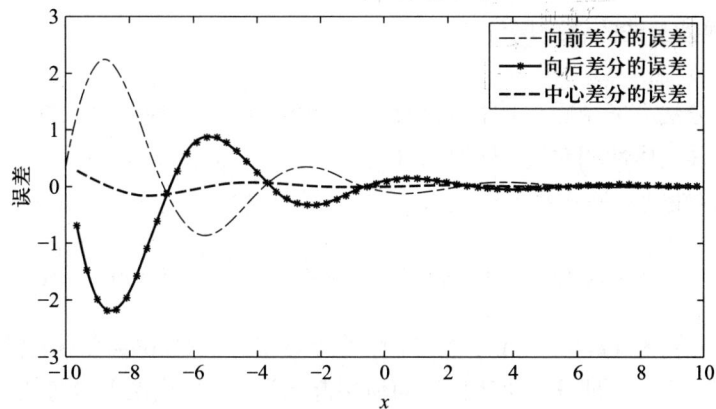

图 6.6 三组有限差分解的误差 ($\Delta x = \pi/10$)

当 $\Delta x > 0$ 时, 对于含有两个自变量的 $u(x,t)$, 其一阶偏导数的常用差分格式也是向前差分、向后差分和中心差分.

u 关于 x 的一阶偏导数的向前差分公式为

$$\left(\frac{\partial u}{\partial x}\right)_{i,j} = \frac{u_{i+1,j} - u_{i,j}}{\Delta x}, \tag{6-8}$$

精度为 $O(\Delta x)$. $u_{i,j}$ 是 $u(x_i, t_j)$ 的简略表达, 也可将其表示为 u_i^j.

向后差分公式为

$$\left(\frac{\partial u}{\partial x}\right)_{i,j} = \frac{u_{i,j} - u_{i-1,j}}{\Delta x}, \tag{6-9}$$

精度为 $O(\Delta x)$.

中心差分公式为

$$\left(\frac{\partial u}{\partial x}\right)_{i,j} = \frac{u_{i+1,j} - u_{i-1,j}}{2\Delta x}, \tag{6-10}$$

精度为 $O((\Delta x)^2)$. 式 (6-8) ~ (6-10) 是最为常见的一阶导数的有限差分公式.

当 $\Delta x > 0$ 时, 变量 $u(x,t)$ 关于 x 的二阶导数的常用差分格式为中心差分, 其二阶中心差分公式为

$$\left(\frac{\partial^2 u}{\partial x^2}\right)_{i,j} = \frac{u_{i+1,j} - 2u_{i,j} + u_{i-1,j}}{(\Delta x)^2}, \tag{6-11}$$

精度为 $O((\Delta x)^2)$.

6.1.2 有限差分法的误差属性

有限差分法有三个重要的性质,分别是相容性、稳定性和收敛性. 这三种性质都与方法的误差属性相对应 (林群, 2001).

(1) 相容性: 在 $[x, x+\Delta x]$ 上, 定义算子 L,

$$L(f(x), \Delta x) = \frac{f(x+\Delta x) - f(x)}{\Delta x} - f'(x),$$

当 $L(f(x), \Delta x) = O((\Delta x)^p)$, $p \geqslant 1$ 时, 称该数值方法是相容的. 相容性研究的核心问题是替代误差, 即用差商替代微商所引起的误差, 替代误差也称为局部截断误差. 所以前文介绍的精度, 是指狭义的或局部意义下的精度.

(2) 稳定性: 设由初始值 f_0 得到精确解 f_m, 由初始值 g_0 得到精确解 g_m, 若存在常数 C 和充分小的步长 h_0, 使得

$$|f_m - g_m| \leqslant C|f_0 - g_0|, \quad \Delta x \leqslant h_0,$$

则称数值方法是稳定的. 稳定性研究的核心问题是舍入误差, 即由于计算机字长有限所引起的数值舍入的误差.

(3) 收敛性: 当 $\Delta x \to 0$ 时, 若 $f_m \to f(x_0 + m\Delta x)$, 则称数值方法是收敛的. 在这里, $\varepsilon_m = f(x_0 + m\Delta x) - f_m$ 称为整体截断误差. 收敛性研究的核心内容是跳跃误差, 即由局部误差引起的, 差分解从一条积分曲线跳跃至另一条积分曲线上所产生的误差, 也称为整体截断误差.

思考题 6.1 有限差分法的三个重要性质中哪个最重要?

让我们进一步讨论有限差分法的三个重要性质. 在遵循 Taylor 公式的前提下, 相容性条件 "天然地" 成立了. 如何来计算或衡量收敛性, 收敛性和稳定性又有怎样的关系呢? 看下面的 Lax 等价性定理.

定理 6.1 (Lax 等价性定理) 对于一个适定的线性偏微分方程组初值问题, 如果它的差分方程满足相容性条件, 则差分方程的稳定性就等价于其收敛性.

一般来说, 我们无法求得定解问题的精确解, 进而无法对收敛性进行直接的度量. 但是有了 Lax 等价性定理作保证, 我们通常只需要满足稳定性条件, 就可以确保数值方法的收敛性.

6.2 有限差分法的显格式和隐格式

6.2.1 显格式和隐格式的介绍

先看一个例子, 对于最简单的二阶波动方程

$$\frac{\partial^2 u}{\partial t^2} = a^2 \frac{\partial^2 u}{\partial x^2}, \tag{6-12}$$

其中, a 是速度参数. 方程 (6-12) 的中心差分格式为

$$\frac{u_j^{n+1} - 2u_j^n + u_j^{n-1}}{\tau^2} = a^2 \frac{u_{j+1}^n - 2u_j^n + u_{j-1}^n}{h^2}, \ j=0,\pm 1,\pm 2,\cdots, \ n=1,2,\cdots \tag{6-13}$$

其中, τ 是时间分划, h 是空间分划. 以上差分格式稳定的必要条件是网格比 $r = a\tau/h \leqslant 1$. 这个条件也称为 Von Neumann 条件, Courant 条件或 CFL 条件. CFL 条件是以 Courant, Friedrichs 和 Lewy 三个人的姓名首字母命名的.

对于波动方程而言, 一般采用 CFL 条件作为格式稳定性和收敛性的一个判断依据. 在波动方程的差分格式 (6-13) 中, 一般取 CFL 数小于 1 的值. 方法的稳定性定义一般存在两种情况: 一种是条件稳定 (conditionally stable), 另一种是绝对稳定 (unconditionally stable). 条件稳定一般是指时空分划依据 CFL 等稳定性条件取值时, 有限差分格式达到稳定性; 绝对稳定不依赖于这些条件, 即可使差分格式达到稳定.

有限差分法中, 可逐层逐点分别求解的格式称为显示差分格式, 形如

$$u(t + \Delta t) = F(u(t));$$

隐式差分格式无法通过逐层逐点的方式获得下一时刻的新解, 其形式通常为

$$u(t + \Delta t) = F(u(t), u(t + \Delta t)),$$

或

$$G(u(t), u(t + \Delta t)) = 0.$$

显式差分格式不需要联立代数方程组, 即可直接逐层逐点求解. 隐式有限差分一般需要通过联立方程组, 再利用迭代算法来求解.

我们考虑上述二阶波动方程 (6-12) 更具一般性的差分格式

$$\frac{u_j^{n+1} - 2u_j^n + u_j^{n-1}}{\tau^2} = a^2 \left[\theta \frac{u_{j+1}^{n+1} - 2u_j^{n+1} + u_{j-1}^{n+1}}{h^2} + (1 - 2\theta) \frac{u_{j+1}^n - 2u_j^n + u_{j-1}^n}{h^2} \right.$$

$$\left. + \theta \frac{u_{j+1}^{n-1} - 2u_j^{n-1} + u_{j-1}^{n-1}}{h^2} \right], \tag{6-14}$$

式 (6-14) 中参数 $0 \leqslant \theta \leqslant 1$. 当 $\theta = 0$ 时, 我们得到前述显格式 (6-13), 其稳定的充要条件为网格比 $r < 1$; 当 $\theta \in (0,1]$ 时, 我们得到有限差分的隐格式. 当 $\frac{1}{4} \leqslant \theta \leqslant 1$ 时, 隐格式为绝对稳定的; 当 $0 < \theta < \frac{1}{4}$ 时, 其稳定的充要条件为 $r < \frac{1}{\sqrt{1-4\theta}}$.

思考题 6.2 我们能否直接通过 CFL 条件来确定网格的空间分划和时间分划?

答案是否定的. CFL 条件只是给定了网格比值的限制条件. 单元网格的大小还需要满足采样理论的要求. 另外, 时间步长的确定也依赖于格式的显隐性质. 如果显式差分的时间步长取得过大, 会对数值结果造成较大误差; 对于绝对稳定的隐式差分格式, 时间步长可以取得稍微大一些.

6.2.2 显格式的误差传递方式

您是否认为有限差分法的稳定性和网格比之间的关系过于抽象, 甚至难以理解呢? 让我们通过一个最简单的一阶波动方程的例子来认识有限差分显格式的误差传递方式.

已知如下一阶波动方程的定解问题

$$\frac{\partial u(x,t)}{\partial t} + \frac{\partial u(x,t)}{\partial x} = 0, \quad u(x,0) = u_0(x). \qquad (6-15)$$

基于中心差分格式, 我们有如下差分方程

$$u_i^{n+1} = u_i^{n-1} + r\left(u_{i+1}^n - u_{i-1}^n\right), \, r = \frac{\Delta t}{\Delta x}.$$

我们假定对于 u, 在时间标记为 n 和 $n-1$ 的时刻, 其取值都是已知的. 为简便起见, 假定这些值都是 0. 此外我们还假定在时间标记为 n, 空间标记为 i 时, 存在一个小误差 ε, 当时间向前推进至 $n+1$ 时, u 在 $n+1$ 标记处的值可以用上述公式通过时间标记为 n 和 $n-1$ 的 u 值求得.

下面, 我们分 $r = 1/2, r = 1, r = 2$ 三种情况说明随着误差的传递, 网格比对于稳定性的影响 (图 6.7 ∼ 图 6.9).

当 $r = 1/2$ 时, 误差持续传播, 其数值不超过其初始值 ε. 当 $r = 1$ 时, 误差持续传播, 其绝对值等于初始值 ε. 当 $r = 2$ 时, 误差持续传播, 并且逐渐增大, 最后误差将变得足够大, 并且最终将破坏 u 的收敛性. 此时, 有限差分算法显然是不稳定的.

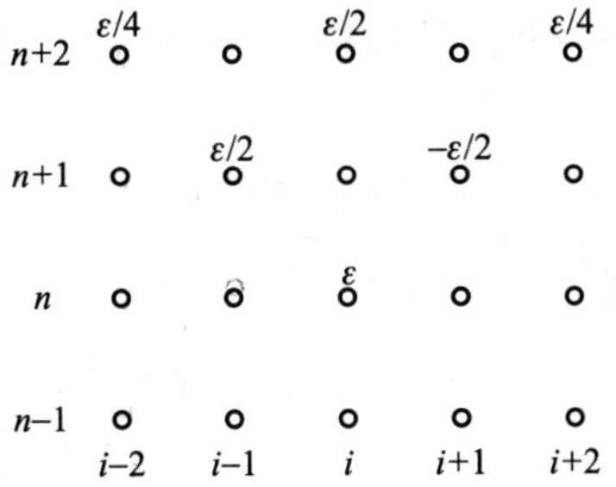

```
       ε/4         ε/2         ε/4
n+2  ○    ○    ○    ○    ○

              ε/2        -ε/2
n+1  ○    ○    ○    ○    ○

                    ε
n    ○    ○    ○    ○    ○

n-1  ○    ○    ○    ○    ○
    i-2  i-1   i   i+1  i+2
```

图 6.7　当 $r = 1/2$ 时, 误差的扩散

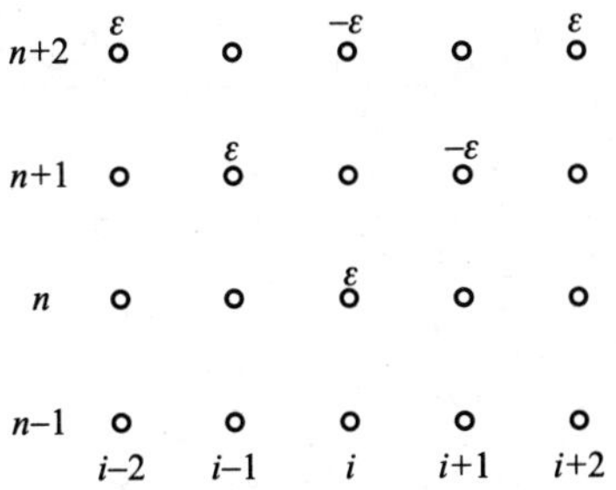

```
     ε               -ε          ε
n+2  ○    ○    ○    ○    ○

          ε          -ε
n+1  ○    ○    ○    ○    ○

                    ε
n    ○    ○    ○    ○    ○

n-1  ○    ○    ○    ○    ○
    i-2  i-1   i   i+1  i+2
```

图 6.8　当 $r = 1$ 时, 误差的扩散

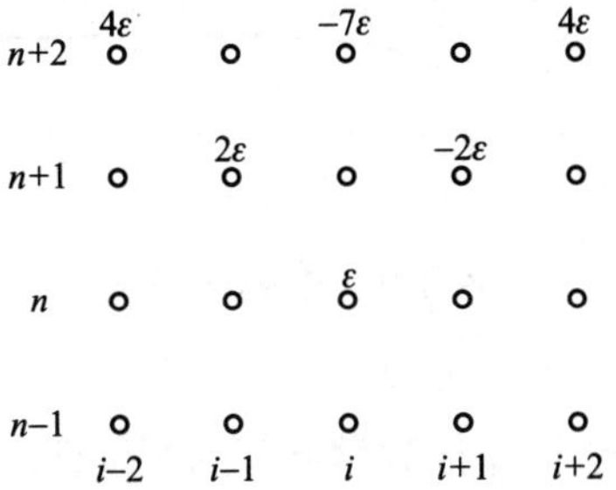

```
     4ε              -7ε         4ε
n+2  ○    ○    ○    ○    ○

          2ε         -2ε
n+1  ○    ○    ○    ○    ○

                    ε
n    ○    ○    ○    ○    ○

n-1  ○    ○    ○    ○    ○
    i-2  i-1   i   i+1  i+2
```

图 6.9　当 $r = 2$ 时, 误差的扩散

6.3　二维声波方程的有限差分法正演

本节主要内容是应用有限差分法解决时域声波方程的正演问题, 我们将对从有限差分算法到编程工作中的关键步骤进行详细介绍.

二维声波方程

$$\frac{\partial^2 u(x,y,t)}{\partial t^2} = a^2 \frac{\partial^2 u(x,y,t)}{\partial x^2} + a^2 \frac{\partial^2 u(x,y,t)}{\partial y^2}, \tag{6-16}$$

其中, a 表示波速, u 表示振幅 (林福民, 2008). 方程 (6-16) 比方程 (6-15) 更常用.

空间变量 x 和 y 构成了一个 $3\,\mathrm{km} \times 3\,\mathrm{km}$ 的二维正方形区域, 在震源位置 (x^*, y^*) 的震源函数为 Ricker 子波

$$u(x^*, y^*, t) = \left(1 - (t-0.95/f)^2 f^2 \pi^2\right) \mathrm{e}^{-(t-0.95/f)^2 \pi^2 f^2},$$

主频 $f = 20\,\mathrm{Hz}$, 其函数图像如图 6.10 所示.

对上述二维声波方程应用二阶导数的中心差分公式 (6-11), 有

$$\frac{u_{i,j}^{n+1} - 2u_{i,j}^n + u_{i,j}^{n-1}}{\tau^2} = a^2 \left(\frac{u_{i+1,j}^n - 2u_{i,j}^n + u_{i-1,j}^n}{h^2} + \frac{u_{i,j+1}^n - 2u_{i,j}^n + u_{i,j-1}^n}{h^2} \right). \quad (6-17)$$

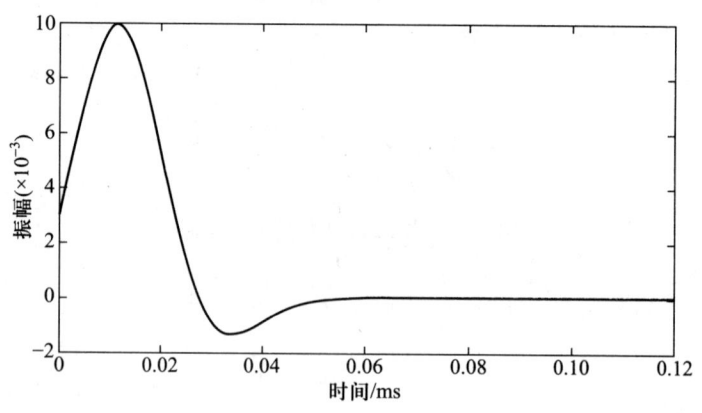

图 6.10 Ricker 子波

编写程序主要包括以下 7 个步骤:
(1) 厘清算法的各个步骤, 保证数学原理的正确性;
(2) 确定输入变量和输出变量, 并为输入变量和输出变量进行初始化赋值;
(3) 根据算法要求, 设置必要的中间变量;
(4) 根据算法要求, 设置必要的子函数 (或子程序);
(5) 建立循环过程;
(6) 输出结果;
(7) 检验与优化程序.

接下来, 我们考虑一个含有两个水平层状结构均匀介质的声波方程正演问题. 其中, 层间界面深度为 $1.5\,\mathrm{km}$, 上层介质的速度为 $4\,\mathrm{km/s}$, 下层介质的速度为 $4.8\,\mathrm{km/s}$. 震源埋深为 $1\,\mathrm{km}$, 位于水平中心位置. 观测点埋深为 $10\,\mathrm{m}$. 下面, 我们将详细介绍解决正演问题的各个步骤中的主要内容.

(1) 首先, 明确有限差分格式是显格式, 即可以通过时域的第 $n-1$ 层和 n 层节点对应的数值, 计算第 $n+1$ 层的节点数值. 值得注意的是, 显格式的稳定性依赖于由 CFL 条件确定的网格比. 由方程的物理意义和数学表达式决定, 震源周围的节点数值将随时间而变化, 借助有限差分方程, 可以为震源周围点的 u 赋值, 并将其依次推演到离震源较远的位置.

(2) 程序的输入变量包括时间分划、空间分划 (对应 x 和 y 变量)、速度参数矩阵 a、空间和时间节点个数、震源位置、接收器位置、Ricker 子波的离散取值向量及主频等. 输出变量为 u 在每个时空节点的值.

由 CFL 条件知, 波动方程的网格比应该小于 1, 甚至小于等于 0.5. 此外, 时空分划的取值依赖于速度参数的取值. 所以, 我们不能先于速度参数矩阵而同时给定时间分划和空间分划. 另外, 速度参数矩阵的赋值与空间中研究区域的节点个数相关, 只有确定了空间节点的数量, 才能为速度参数矩阵赋值. 因此, 我们应该先给定空间节点的数量和空间分划的大小, 再分别确定速度参数和时间分划. 当然, 由于时间分划处于网格比的分子部分, 在给定速度和空间分划的情况下, 我们只需令时间分划足够小, 就可以得到比较准确的数值结果.

我们首先划分空间中的节点数量, 选用横向和纵向各 300 个节点.

```
nx=300; ny=nx; dx=0.01;
```

给出速度的初始值, 并为整个二维正方形区域内的速度系数矩阵赋值,

```
a=4.0;
vel=ones(nx,ny)*a;
vel(nx-round(nx/2):nx,:)= vel(nx-round(nx/2):nx,:)*1.2;
```

然后, 基于 CFL 条件的考虑, 为时间分划和时间采样个数赋值,

```
dt=.5*dx/a; nt=400;
```

震源位置为

```
xs=round(nx/3); ys=round(nx/2);
```

此处, 我们没有将 Ricker 子波写作子函数, 而是直接将其在主程序中定义如下,

```
FRE=20;
t=[0:1:nt-1]*dt-sqrt(0.5)/(pi*FRE);
RICKER=zeros(length(t));
RICKER=0.01*(1-t.*t*FRE^2*pi^2).*exp(-t.^2*pi^2*FRE^2);
```

(3) 设置中间变量以备差分递推公式用，$cns = a*(dt/dx*vel)^2$.

(4) 此处可以设计一个求取 Ricker 子波的离散信号值的子程序，以备调用.

(5) 本问题中应采用循环的方式来描述波场随时间演化的过程，在程序 `Plot611.m` 和 `Plot612.m` 中，循环均以此模式运行. 其中与中心差分格式 (6–17) 对应的命令是

```
p2=2*p1-p0+cns.*del2(p1);
```

这里 `p2` 表示 $n+1$ 时刻的解，`p1` 表示 n 时刻的解，`p` 表示 $n-1$ 时刻的解，`del2` 表示二维空间的 Laplace 算子.

(6) 图 6.11 由程序文件 `Plot611.m` 生成，分别表示 $T = 0.1\,\text{s}, 0.2\,\text{s}, 0.3\,\text{s}$ 和 $0.4\,\text{s}$ 的波场快照. 通过 `Plot612.m`，将观测点在每一个时间采样点上数值的变化记录下来，就得到了图 6.12.

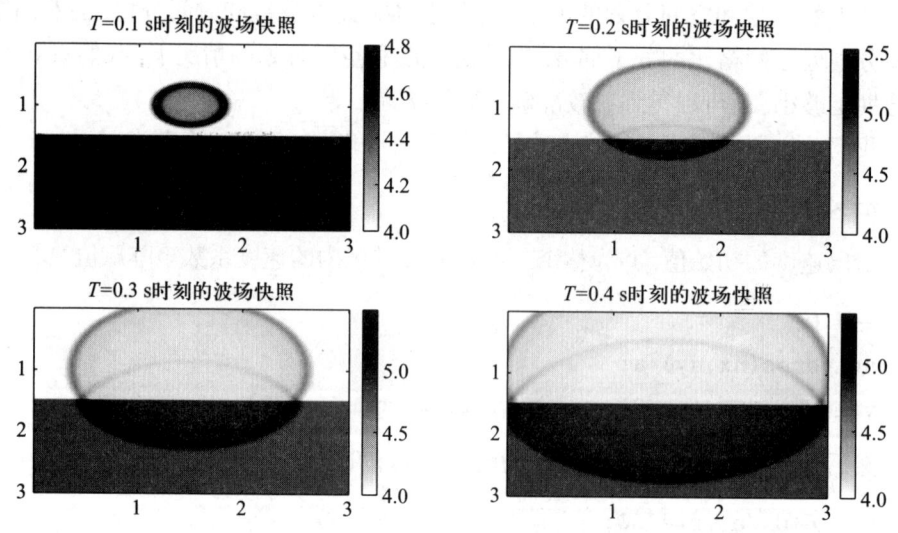

图 6.11 不同时间点的波场快照

(7) 对程序的检验，可以通过与精确解或其他数值解比较. 程序的优化包括完善注释，尽量增强程序的可读性和可移植性等方面. 我们将 `Plot611.m` 中的时间分划减半，时间采样点加倍，记新程序为 `Plot613.m`，再输出与图 6.11 中时刻点相匹配的波场快照 (图 6.13). 由图 6.13 可知，波场快照的形式基本一致，仅存在细微的差异. 这说明当满足 CFL 条件时，我们在不同时空分划下采用中心差分格式求解二维波动方程的数值解，都具有一定的稳定性. 数值结果未见异常.

6.3 二维声波方程的有限差分法正演

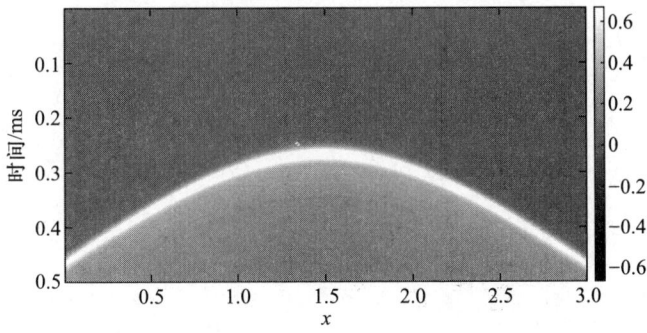

图 6.12 合成地震记录

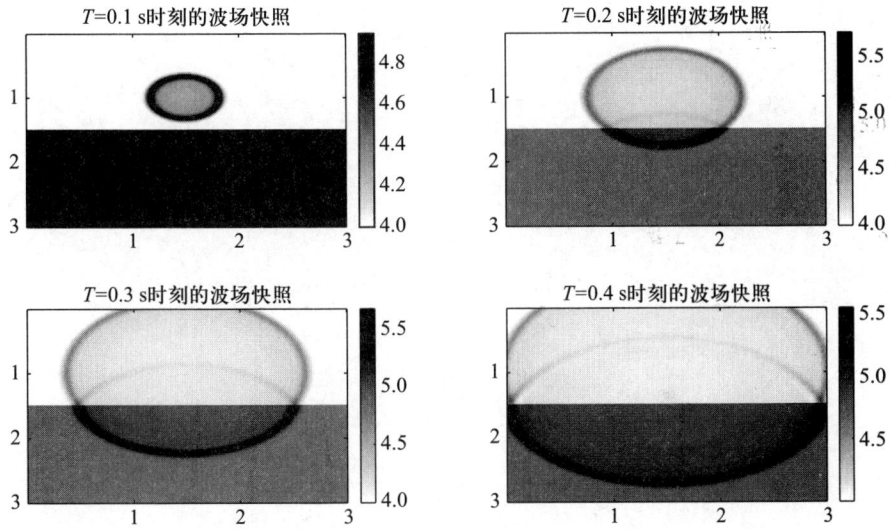

图 6.13 对应时刻的波场快照

第 7 章 一维搜索算法

一维搜索, 又称为线搜索 (line search), 是求解单变量目标函数的最优化算法. 在多变量最优化问题中, 可以通过一维搜索方法确定步长的取值. 例如, 在多变量优化问题中, 迭代格式为

$$x_{k+1} = x_k + \alpha_k d_k,$$

其中, 搜索方向 (下降方向) d_k 和步长因子 α_k 的计算是整个迭代过程的关键环节. 本章的主要内容是在已知 d_k 的条件下, 介绍步长因子 α_k 的计算方法 (袁亚湘和孙文瑜, 1997; 袁亚湘, 2008).

7.1 一维搜索算法概述

按照 α_k 精确程度的区别, 一维搜索方法可以分为精确一维搜索和非精确一维搜索.

(1) 精确一维搜索: 在已知搜索方向 d_k 的前提下, 我们可以通过计算 α_k 的值, 使得

$$f(x_k + \alpha_k d_k) = \min_{\alpha} f(x_k + \alpha d_k), \qquad (7-1)$$

称这样的一维搜索为最优一维搜索, 或精确一维搜索, α_k 是最优步长因子.

实际上, 方程 (7-1) 是用于求一元函数 $\varphi(\alpha) = f(x_k + \alpha d_k)$ 的总体极小点的, 但这很难在实际应用中实现. 在实际计算过程中, 我们往往会求 $\varphi(\alpha)$ 的第一个平

稳点,即取 α_k 使得

$$\alpha_k = \min\left\{\alpha | \nabla f(x_k + \alpha d_k)^{\mathrm{T}} d_k = 0, \alpha > 0\right\}. \tag{7-2}$$

方程 (7-1) 和 (7-2) 都被称为精确一维搜索准则或精确线搜索准则.

(2) 非精确一维搜索: 如果选取 α_k, 使目标函数的取值得到可以接受的改善, 即

$$f(x_k) - f(x_k + \alpha_k d_k) > 0,$$

称这样的一维搜索为近似一维搜索, 或非精确一维搜索.

因为给定的下降方向已经决定了我们在该方向探求目标函数极值的能力, 所以刻意追求每个迭代步的步长因子精确度是有局限性的. 另外, 在实际工程应用中, 精确的最优化步长因子 α_k 是很难求得的, 甚至求解充分接近最优步长的结果都要花费非常大的计算成本. 因此, 计算成本较低的非精确一维搜索才是解决大多数实际问题的常用方法.

一维搜索的主要步骤有二: 其一是确定一个包含问题最优解的搜索区间; 其二是采用某种分割或插值方法使这个区间逐渐缩小, 直至找到最优解 (可能精确, 也可能不精确).

搜索区间的定义如下:

定义 7.1 设 $\varphi : \mathbb{R} \to \mathbb{R}$, $\alpha^* \in [0, \infty)$, 并且 $\varphi(\alpha^*) = \min\limits_{\alpha \geqslant 0} \varphi(\alpha)$, 若存在区间 $[a,b] \subset [0,\infty)$, 使 $\alpha^* \in [a,b]$, 则称 $[a,b]$ 是一维极小化问题 $\min\limits_{\alpha \geqslant 0} \varphi(\alpha)$ 的搜索区间.

定义 7.2 已知函数 $\varphi : \mathbb{R} \to \mathbb{R}$, $[a,b] \in \mathbb{R}$, 若存在 $\alpha^* \in [a,b]$, 使得 $\varphi(x)$ 在 $[a, \alpha^*]$ 上是严格递减的, 在 $[\alpha^*, b]$ 上是严格递增的, 则称区间 $[a,b]$ 为函数 $\varphi(x)$ 的单峰区间, $\varphi(x)$ 是 $[a,b]$ 上的单峰函数.

本章介绍的一维搜索算法都是针对单峰区间和单峰函数的.

由图 7.1, 我们可以直观地感受到, $\alpha = \alpha^*$ 是 $\varphi(x)$ 在区间 $[a,b]$ 上的极小值, $[a,b]$ 相当于圈定的极小点的范围. 因此, 可以通过收缩这个区间的方式以确定极小点的取值.

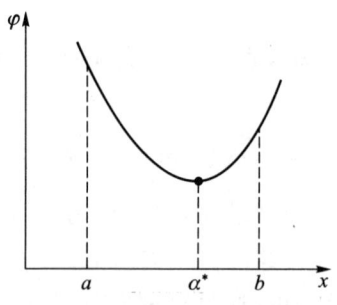

图 7.1 单峰区间与单峰函数

7.2 一维搜索算法的收敛性

借助一维搜索求解步长 α_k, 解决无约束最优化问题的流程可表示为**算法 7.1**:
(1) 给定初始点 $x_1 \in \mathbb{R}^n$, 精度 $\varepsilon \ll 1$, 记数 $k = 1$;
(2) 计算下降方向 d_k;
(3) 计算步长因子 α_k, 使得

$$f(x_k + \alpha_k d_k) = \min_{\alpha \geqslant 0} f(x_k + \alpha d_k);$$

(4) 令 $x_{k+1} = x_k + \alpha_k d_k$;
(5) 如果 $\|\nabla f(x_k)\| \leqslant \varepsilon$, 停止迭代, 结束程序; 否则, 令 $k = k + 1$, 转 (2).

思考题 7.1 算法 7.1 的步骤 (5) 中为什么选用 $\|\nabla f(x_k)\| \leqslant \varepsilon$ 作为是否结束程序的判断依据?

从数值计算角度来看, 已知 d_k 为下降方向, 当向量 $\nabla f(x_k)$ 的模趋于 0 时, 函数 $f(x)$ 的变化趋势较缓慢. 因此, 可认为这时 x_k 是趋于极小点的.

从收敛性角度来看, 极小点 x^* 可视为所有满足 $\nabla f(x_k)^{\mathrm{T}} d_k \leqslant 0$ 的 x_k 组成集合的聚点, 对于下降方向集合 $\{d_k\}$ 的聚点 $\bar{d}$, 可证 $\nabla f(x^*)^{\mathrm{T}} \bar{d} = 0$. 由于 $\nabla f(x^*)^{\mathrm{T}} \bar{d} = \|\nabla f(x^*)\| \cdot \|\bar{d}\| \cdot \cos \theta$, 其中 θ 为 $\nabla f(x^*)$ 与 $\bar{d}$ 所成的角度, 下降方向 $\{d_k\}$ 随着方法的不同而不同, 因此, $\|\nabla f(x^*)\| \leqslant \varepsilon$ 是 $\nabla f(x^*)^{\mathrm{T}} \bar{d} = 0$ 的一个近似替代.

这一结论源于下述定理.

定理 7.1 设 $f(x)$ 是开集 $D \subset \mathbb{R}^n$ 上的连续可微函数, 且任一无约束最优化算法满足 $f(x_{k+1}) \leqslant f(x_k)$, $\forall k \in N$, 设 $\bar{d}$ 是序列 $\{d_k\}$ 的任一聚点, 则有

$$\nabla f(x^*)^{\mathrm{T}} \bar{d} = 0,$$

如果 $f(x)$ 在 D 上二次连续可微, 则还有

$$\bar{d}^{\mathrm{T}} \nabla^2 f(x^*)^{\mathrm{T}} \bar{d} \geqslant 0.$$

图 7.2 是一维搜索的示意图, 它从几何角度说明了求解最优化问题中一维搜索算法的作用, 其中 (x_1, x_2) 表示两个决策变量组成的平面坐标系, $f(x)$ 表示目标函数所对应的坐标轴, 以 $x^{(k)}$ 为初始点, 以 d_k 为下降方向, 而 $\alpha_k d_k$ 为 (x_1, x_2) 平面上的一个向量, 它使得 $(x^{(k)} + \alpha_k d_k)$ 对应的目标函数的值 $f(x^{(k)} + \alpha_k d_k)$ 为从 $x^{(k)}$ 点出发, 目标函数沿 d_k 方向所能达到的极小值.

在下面几节, 我们将分别介绍精确一维搜索和非精确一维搜索的几种算法.

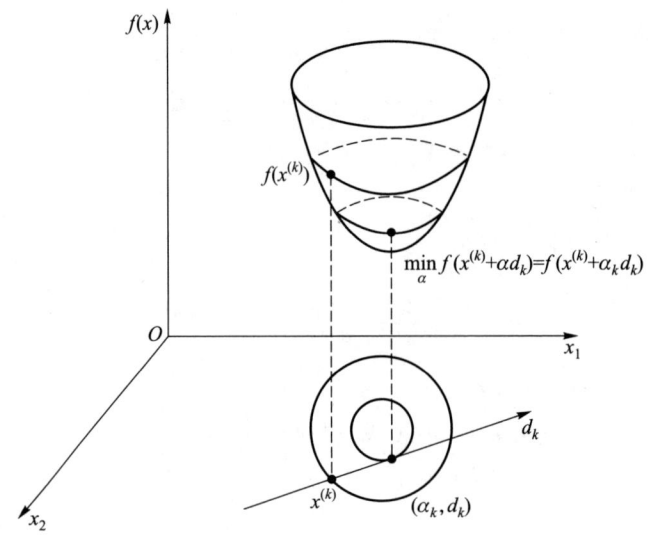

图 7.2　一维搜索的示意图

7.3　精确一维搜索算法

常用的精确一维搜索算法有分割法和插值法两种. 在分割法中, 以二分法最为简单, 以黄金分割法和 Fibonacci 法最为常用; 在插值法中, 以牛顿迭代法最具代表性.

本节将简要介绍黄金分割法和牛顿迭代法.

7.3.1　黄金分割法

黄金分割法 (gold section method) 也称为 0.618 法, 是由美国数学家 J.Kiefer 于 1953 年提出的一种基于区间收缩的线搜索方法.

黄金分割法的思想很直接, 当确定了搜索空间后, 不断地缩小搜索空间, 以使搜索空间的端点逐渐地逼近极小点.

黄金分割法首先需要确定搜索区间 $[a,b]$, 再由黄金分割比例产生两个内点 x_1 和 x_2, 其中 $x_1 < x_2$, 如果 $f(x_1) \leqslant f(x_2)$, 搜索空间变为 $[a, x_2]$; 否则, 搜索区间变为 $[x_1, b]$. 重复, 直至区间的间隔足够小为止, 以任一端点为最优点.

算法 7.2 (黄金分割法) 的具体步骤如下:

(1) 选取初始区间 $[a_1, b_1]$ 及精度 $1 \gg \varepsilon > 0$, 记数 $k = 1$;

(2) 按黄金分割比例计算

$$x_1 = a_1 + 0.382\,(b_1 - a_1),$$
$$y_1 = a_1 + 0.618\,(b_1 - a_1);$$

(3) 若 $b_k - a_k \leqslant \varepsilon$, 停止, 输出最优点 $x^* = a_k$; 否则, 当 $f(x_k) \leqslant f(y_k)$ 时, 转 (4); 当 $f(x_k) > f(y_k)$ 时, 转 (5);

(4) 计算

$$a_{k+1} = a_k, \quad b_{k+1} = y_k,$$
$$x_{k+1} = a_{k+1} + 0.382\,(b_{k+1} - a_{k+1}),$$
$$y_{k+1} = x_k,$$

转 (6);

(5) 计算

$$a_{k+1} = x_k, \quad b_{k+1} = b_k,$$
$$x_{k+1} = y_k, \quad y_{k+1} = a_{k+1} + 0.618\,(b_{k+1} - a_{k+1});$$

(6) 令记数更新为 $k = k + 1$.

黄金分割法的几何意义是, 黄金分割数 $Z = 0.618$ 对应的点在单位区间 $[0,1]$ 中的位置, 恰好相当于其对称点 $1 - Z$ 在区间 $[0, Z]$ 的位置, 即

$$\frac{Z}{1} = \frac{1-Z}{Z},$$

解之, 得 $Z = \dfrac{-1 \pm \sqrt{5}}{2}$. 当 $Z > 0$ 时, $Z = \dfrac{\sqrt{5}-1}{2} \approx 0.618$.

思考题 7.2 应用黄金分割法一定可以找到最优点吗?

实际上, 黄金分割法是一种具有特殊性质的分割法, 这种特殊性质是每次分割得到的新区间均为原区间长度的 0.618 倍. 然而, 这个收缩比例的选取, 并不是算法收敛的根本原因. 分割法寻优之所以成立, 是由以下定理决定的.

定理 7.2 设 $\varphi : \mathbb{R} \to \mathbb{R}$ 是 $[a,b]$ 上的单峰函数, $a \leqslant x_1 < x_2 \leqslant b$, 则 x^* 为最优点, 则有当 $\varphi(x_1) \leqslant \varphi(x_2)$ 时, $x^* \in [a, x_2]$; 当 $\varphi(x_1) > \varphi(x_2)$ 时, $x^* \in [x_1, b]$.

这个定理说明了只要选取搜索空间中的两个内点, 且两点围成的区间包含最优点, 即可通过黄金分割法确定新的搜索空间. 黄金分割法的优点是不要求目标函数是可微的, 在算法的整个执行过程中, 没有用到导数信息, 且每次迭代只需计算两个点的函数值; 其缺点是搜索空间收缩效率较低, 收敛速度较慢.

下面, 我们通过例 7.1 来详细了解算法实现的具体过程.

例 7.1 应用黄金分割法求解

$$\min f(\alpha) = \alpha^2 + 4\alpha, \quad \text{s.t.} \, \alpha \in [-4, 3],$$

精度 $\varepsilon = 0.1$.

解 由黄金分割法的算法步骤可知,

$$a_1 = -4, \quad b_1 = 3,$$
$$x_1 = -4 + 0.382 \times 7 = -1.326,$$
$$y_1 = -4 + 0.618 \times 7 = 0.326,$$

经计算, 得

$$f(x_1) = -3.5457,$$
$$f(y_1) = 1.4103.$$

由于 $f(x_1) \leqslant f(y_1)$, 可得

$$a_2 = a_1 = -4, \quad b_2 = y_1 = 0.326,$$
$$x_2 = -2 + 0.382 \times (0.326 - (-4)) = -0.3475,$$
$$y_2 = x_1 = -1.326.$$

所以, 新搜索空间为 $[-4, 0.326]$, 新黄金分割点为 -0.3475 和 -1.326.

由于搜索空间的长度为 $|0.326 - (-4)| = 4.326$, 远远大于精度 $\varepsilon = 0.1$, 所以, 应继续执行以上过程直到满足精度限制.

我们应用数值模拟, 编写黄金分割法的程序 glodsection.m, 详见附录列表. 在 MATLAB 的执行命令窗口, 输入以下命令,

```
f=@(t) t^2+4*t;
[x_opt, f_opt, k, H] = goldsection(f, -4, 3, 0.1);
```

-4 和 3 分别是可行域的左右端点, 0.1 为精度. 程序在第 10 个迭代步后结束, 输出最优点为 -2.0495, 目标函数的最优值为 -3.9975.

表 7.1 是以上算例在数值计算过程中每个迭代步所产生的搜索区间和黄金分割点. 值得注意的是, 在程序中我们选用的黄金分割率的有效数字更多一些. 这使得由分析计算得到的结果与数值结果略有区别, 如表 7.1 中第一个迭代步的黄金分割点为 -1.3262 和 0.3262 都比分析计算中得到的结果多一位有效数字.

表 7.1 黄金分割法的搜索区间和黄金分割点 (最优点在搜索区间内部)

迭代次数	a_k	x_k	y_k	b_k
1	−4	−1.3262	0.3262	3
2	−4	−2.3475	−1.3262	0.3262
3	−4	−2.9787	−2.3475	−1.3262
4	−2.9787	−2.3475	−1.9574	−1.3262
5	−2.3475	−1.9574	−1.7163	−1.3262
6	−2.3475	−2.1064	−1.9574	−1.7163
7	−2.1064	−1.9574	−1.8653	−1.7163
8	−2.1064	−2.0143	−1.9574	−1.8653
9	−2.1064	−2.0495	−2.0143	−1.9574
10	−2.0495	−2.0143	−1.9926	−1.9574

对于一些特殊的例子, 黄金分割法也是适用的. 例如, 我们在算法执行前, 设置搜索空间为 [−2, 3], 已知目标函数的最优点为 −2, 这种情况下, 最优点不在搜索区间的内部, 而是刚好在该区间的端点上.

将输入内容修改为

```
f=@(t) t^2+4*t;
[x_opt, f_opt, k, H] = goldsection(f, -2, 3, 0.1);
```

经 10 步迭代, 得到最优点接近 −2, 具体计算过程详见表 7.2. 这说明算法对于搜索空间端点为最优点的情况仍然适用.

7.3.2 牛顿迭代法

牛顿迭代法是一种插值方法. 插值法的基本思想是在搜索区间中不断用低次多项式来近似目标函数, 并用插值多项式的极小点来逼近一维搜索问题的极小点.

设 $f(x): \mathbb{R} \to \mathbb{R}$ 是一个连续可微函数, 在 x_0 点附近可用一个二次函数 $\varphi(x)$ 来逼近它, 即由 Taylor 展开式, 得

$$f(x) \approx \varphi(x) = f(x_0) + f'(x_0)(x - x_0) + \frac{1}{2} f''(x_0)(x - x_0)^2.$$

用 $\varphi(x)$ 的极小点 x_1 替代 $f(x)$ 的极小点.

表 7.2　黄金分割法的搜索区间和黄金分割点 (最优点为搜索区间端点)

迭代次数	a_k	x_k	y_k	b_k
1	−2	−0.0902	1.0902	3
2	−2	−0.8197	−0.0902	1.0902
3	−2	−1.2705	−0.8197	−0.0902
4	−2	−1.5492	−1.2705	−0.8197
5	−2	−1.7214	−1.5492	−1.2705
6	−2	−1.8278	−1.7214	−1.5492
7	−2	−1.8936	−1.8278	−1.7214
8	−2	−1.9342	−1.8936	−1.8278
9	−2	−1.9593	−1.9342	−1.8936
10	−2	−1.9749	−1.9593	−1.9342

由一元函数极值点的必要条件, 得

$$\varphi'(x_1) = 0,$$

由此, 得到

$$f'(x_0) + f''(x_0)(x_1 - x_0) = 0,$$

即 $x_1 = x_0 - \dfrac{f'(x_0)}{f''(x_0)}$.

依次进行这个过程, 得到牛顿迭代公式,

$$x_{k+1} = x_k - \frac{f'(x_k)}{f''(x_k)},$$

直到 $|f'(x_k)|$ 充分小时, 停止程序, 输出极小点 $x^* = x_k$.

牛顿法的几何意义是在 x_0 处用抛物线 $\varphi(x)$ 代替曲线 $f(x)$, 由于抛物线 $\varphi(x)$ 的导函数 $\varphi'(x)$ 是一条过 x_0 点的直线, 所以由 $\varphi'(x_1) = 0$ 求取 x_1, 也就相当于寻找切线与 x 轴的交点 x_1, 见图 7.3. 往复这个过程即相当于寻找过 x_k 点的切线与 x 轴的交点 x_{k+1}.

牛顿法的优点是收敛速度快 (二阶), 其缺点主要有如下 3 条:

(1) 需要计算一阶和二阶导数, 这样增加了每次迭代计算的成本;

(2) 对于导数不容易得到解析解的函数 f, 导数的数值解可能引入舍入误差, 并影响牛顿法的收敛速度;

(3) 牛顿法适用于初始点靠近极小点的问题, 当初始点远离极小点时, 可能造成算法不收敛.

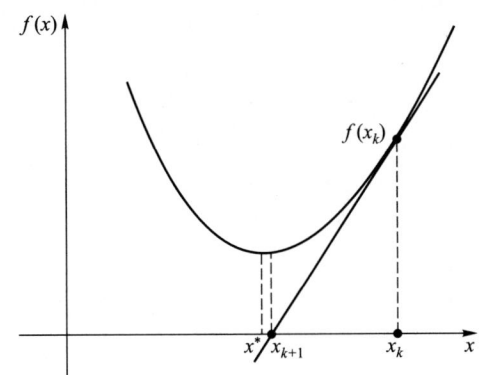

图 7.3 牛顿插值法的示意图

牛顿迭代法可用于求解一维无约束最优化问题, 其算法步骤如下.

算法 7.3 (牛顿迭代法) 的具体步骤:
(1) 给定初始点 $x^{(1)}$, 及精度 $0 < \varepsilon \ll 1$, 记数 $k = 1$;
(2) 若 $|f'(x^{(k)})| \leqslant \varepsilon$, 停止程序, 输出极小点为 $x^{(k)}$, 否则, 转 (3);
(3) 计算 $x^{(k+1)} = x^{(k)} - \dfrac{f'(x^{(k)})}{f''(x^{(k)})}$;
(4) $k = k + 1$, 转 (2).

对于正定函数 $f(x)$, 在第 (2) 步中也可以加入关于 $f''(x^{(k)})$ 的非零判别. 图 7.4 描述了牛顿法经以上修改后的流程图. 牛顿法的全局收敛性受初值的影响, 当初值选取在距极小点很近的小邻域内, 算法通常是收敛的.

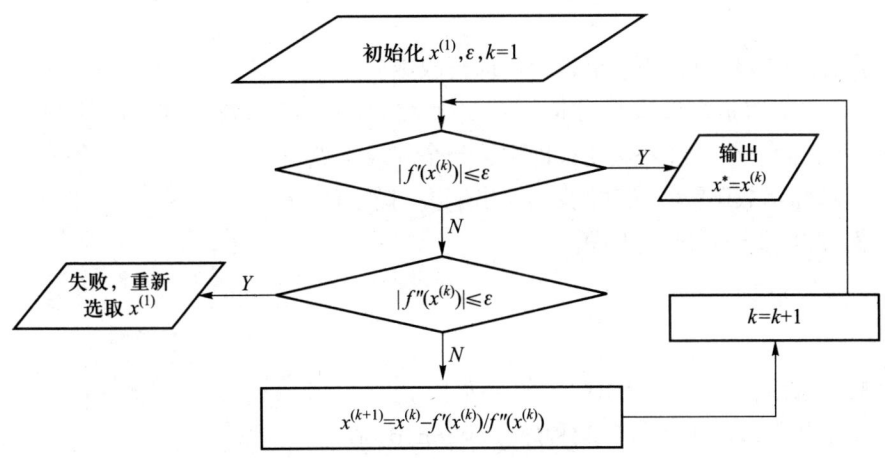

图 7.4 修改后牛顿法的流程图

例 7.2 应用牛顿法求解例 7.1 中的最优化问题，对初始值为 $x^{(1)} = -4$ 或 3 分别进行计算，精度 $\varepsilon = 0.1$.

解 经计算，得

$$f'(\alpha) = 2\alpha + 4,$$
$$f''(\alpha) = 2,$$

当 $\alpha^{(1)} = -4$ 时，

$$\left|f'\left(\alpha^{(1)}\right)\right| = |2 \times (-4) + 4| = 4 > 0.1,$$

则有

$$\alpha^{(2)} = \alpha^{(1)} - f'\left(\alpha^{(1)}\right) / f''\left(\alpha^{(1)}\right)$$
$$= -4 - (-4)/2 = -2.$$

此时，$f'\left(\alpha^{(2)}\right) = 0$，$f''\left(\alpha^{(2)}\right) = 2 > 0$，所以，$\alpha^{(2)} = -2$ 为极小点.

此外，当 $\alpha^{(1)} = 3$ 时，

$$f'\left(\alpha^{(1)}\right) = 2 \times 3 + 4 = 10 > 0.1,$$

则有

$$\alpha^{(2)} = \alpha^{(1)} - f'\left(\alpha^{(1)}\right) / f''\left(\alpha^{(1)}\right) = 3 - 10/2 = -2.$$

同样地，算法只经历一个迭代步即可收敛.

实际上，这是牛顿法对正定一元二次函数的一个特殊性质，即对正定一元二次函数，牛顿法一般只经一次迭代即可达到全局极小点.

当目标函数比较复杂时，我们给出解决问题的程序.

例 7.3 已知最优化问题

$$\min f(\alpha) = \alpha^2 - 2\ln\alpha - 1,$$

用牛顿法求解，精度 $\varepsilon = 0.01$.

这里我们编写了牛顿法的程序 `newton1d.m`.

在 MATLAB 的命令行窗口输入以下命令，

```
syms t
f = t^2-2*log(t)-1;
x0 = 4;
epsilon = 0.01;
[x_opt, f_opt, k, H] = newton1d(f, x0, epsilon);
```

由表 7.3 可知, 程序在 5 个迭代步结束, 输出的最优点为 0.9994, 目标函数的最优解为 6.3645×10^{-7}. 由目标函数的图像 (图 7.5), 我们可以近似地判断数值结果的正确性.

表 7.3 牛顿插值法的主要数值结果

迭代次数	$\alpha^{(k)}$	$f(\alpha^{(k)})$	$f'(\alpha^{(k)})$	$f''(\alpha^{(k)})$
1	4	12.2274	7.5000	2.1250
2	0.4706	0.7290	−3.3088	11.0313
3	0.7705	0.1151	−1.0545	5.3685
4	0.9670	0.0022	−0.1344	4.1390
5	0.9994	6.3645e − 07	−0.0023	4.1390

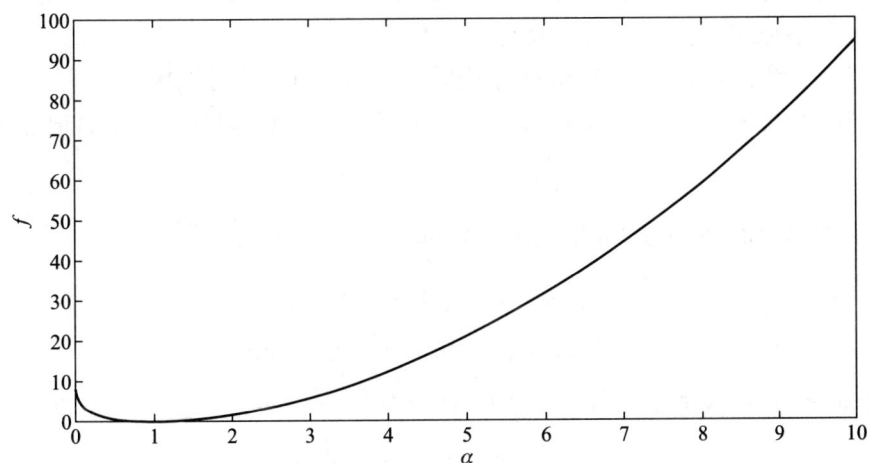

图 7.5 例 7.3 中目标函数的图像

7.4 非精确一维搜索算法

常用的非精确一维搜索主要包括 Armijo-Goldstein 方法和 Wolfe-Powell 方法.

7.4.1 Armijo-Goldstein 方法

Armijo-Goldstein 准则是由 Armijo 和 Goldstein 分别与 1966 年和 1965 年提出的, 其基本形式如下,

$$(1)\ f(x_k + \alpha_k d_k) \leqslant f(x_k) + \alpha_k \rho g_k^T d_k, \tag{7-3}$$

$$(2)\ f(x_k + \alpha_k d_k) \geqslant f(x_k) + \alpha_k (1-\rho) g_k^T d_k, \tag{7-4}$$

其中, f 为目标函数, d_k 为下降方向, α_k 为非精确搜索步长, 梯度 $g_k = \nabla f(x_k)$, 常数 $\rho \in \left(0, \dfrac{1}{2}\right)$. (7-3) 和 (7-4) 称为 Armijo-Goldstein 非精确线搜索准则, 简称为 Armijo-Goldstein 准则. 这个准则的核心思想包括两部分:

(1) 目标函数 f 沿搜索方向 d_k, 获得下降;

(2) 目标函数 f 所获得的下降不能太小.

核心思想的两部分分别与公式 (7-3) 和 (7-4) 对应, 其中第 (1) 部分是为了让极小化问题的下降趋势得以保证, 第 (2) 部分是为了使搜索过程中每个迭代步的可行点不在原地 "打转", 避免浪费计算成本.

当 α_k 满足 Armijo-Goldstein 准则时, 称 α_k 为可接受步长因子.

为了更形象地认识 Armijo 和 Goldstein 准则, 可以将目标函数 f 另记为 $\varphi(\alpha)$,

$$\varphi(\alpha) = f(x_k + \alpha d_k).$$

这时 Armijo-Goldstein 准则 (7-3) 和 (7-4) 可写作,

$$\varphi(\alpha_k) \leqslant \varphi(0) + \alpha_k \rho g_k^T d_k,$$

$$\varphi(\alpha_k) \geqslant \varphi(0) + \alpha_k (1-\rho) g_k^T d_k,$$

又因为 $\varphi'(0) = (\nabla f(x_k))^T d_k = g_k^T d_k$, 所以有

$$\varphi(\alpha_k) \leqslant \varphi(0) + \alpha_k \rho \varphi'(0), \tag{7-5}$$

$$\varphi(\alpha_k) \geqslant \varphi(0) + \alpha_k (1-\rho) \varphi'(0). \tag{7-6}$$

已知 $\varphi'(0) = g_k^T d_k < 0$, $\alpha_{k+1} > 0$, $\rho > 0$, 由于 $0 < \rho < \dfrac{1}{2}$, 有 $\rho < 1-\rho$, 因此,

$$\rho \varphi'(0) > (1-\rho) \varphi'(0),$$

进而有

$$\alpha_k \rho \varphi'(0) > \alpha_k (1-\rho) \varphi'(0),$$

最后得到

$$\varphi(0) + \alpha_k \rho \varphi'(0) > \varphi(0) + \alpha_k (1-\rho) \varphi'(0).$$

以上过程说明, Armijo-Goldstein 准则的两个不等式并不相互矛盾. 当 ρ 充分接近 $\frac{1}{2}$ 时, $\varphi(0) + \alpha_k \rho \varphi'(0)$ 与 $\varphi(0) + \alpha_k (1-\rho) \varphi'(0)$ 的值也充分接近. 这将使得搜索区间狭窄, 造成可行点移动范围过小; 当 ρ 充分接近 0 时, $\alpha_k \rho \varphi'(0)$ 也充分接近 0, 这使得搜索区间对应目标函数值与初始的可行点很接近, 也可能造成可行点移动得很小. 因此, ρ 的取值既不能太大, 也不可太小.

算法 7.4 (Armijo-Goldstein 非精确一维搜索法) 的步骤如下:

(1) 参数初始化: 在搜索区间 $[0, \infty)$ (或 $[0, \alpha_{\max}]$) 中选取初始点 α_1, 计算 $\varphi(0)$ 和 $\varphi'(0)$, 选取 $\rho \in \left(0, \frac{1}{2}\right)$, 令 $a_1 = 0$, $b_1 = +\infty$ (或 $\alpha_{\max}$), 记数 $k = 1$, 伸长因子 $t > 1$ (可令 $t = 2$);

(2) 检验不等式条件 (7-5): 计算 $\varphi(\alpha_k)$, 若 $\varphi(\alpha_k) \leqslant \varphi(0) + \rho \alpha_k \varphi'(0)$, 转 (3); 否则, 令 $a_{k+1} = a_k$, $b_{k+1} = \alpha_k$, 转 (4);

(3) 检验不等式条件 (7-6): 若

$$\varphi(\alpha_k) \geqslant \varphi(0) + (1-\rho) \alpha_k \varphi'(0),$$

停止迭代, 输出 α_k; 否则, 令 $a_{k+1} = \alpha_k$, $b_{k+1} = b_k$. 若 $b_{k+1} < +\infty$, 转 (4); 否则, 令 $\alpha_{k+1} = t\alpha_k$, $k = k+1$, 转 (2);

(4) 更新搜索点: $\alpha_{k+1} = \dfrac{a_{k+1} + b_{k+1}}{2}$, 令 $k = k+1$, 转 (2).

例 7.4 应用 Armijo-Goldstein 算法求解

$$\min f(\alpha) = \alpha^2 - 2\alpha + 7, \quad \text{s.t.} \, \alpha \in [0, 100],$$

初始值为 10.

解 当选取 $\rho = 0.4$ 时, 由算法的步骤进行计算. 依步骤 (1) 进行初始化参数,

得

$$\alpha_1 = 10,$$
$$\varphi(0) = f(0) = 7,$$
$$\varphi'(0) = -2,$$
$$\rho = 0.4,$$
$$a_1 = 0, \quad b_1 = 100,$$
$$k = 1, \quad s = 2.$$

依步骤 (2) 计算, 得

$$\varphi(\alpha_1) = \varphi(10) = 87,$$
$$\varphi(0) + \rho\alpha_1\varphi'(0) = 7 + 0.4 \times 10 \times (-2) = -1,$$

所以,

$$\varphi(\alpha_1) \leqslant \varphi(0) + \rho\alpha_1\varphi'(0),$$

不成立, $a_2 = a_1 = 0, b_2 = \alpha_1 = 10$, 转 (4).

在步骤 (4) 中, 更新搜索点为

$$\alpha_2 = \frac{a_2 + b_2}{2} = 5,$$
$$k = 1 + 1 = 2,$$

再转回 (2), 经计算, 得

$$\varphi(\alpha_2) = \varphi(5) = 22,$$
$$\varphi(0) + \rho\alpha_2\varphi'(0) = 7 + 0.4 \times 5 \times (-2) = 3.$$

所以, 我们有

$$\varphi(\alpha_2) \leqslant \varphi(0) + \rho\alpha_2\varphi'(0)$$

不成立.

由于 $a_3 = a_2 = 0, b_3 = \alpha_2 = 5$, 再转 (4). 依次进行下去, 得到非精确的最优解为

$$k = 6, \quad \alpha_6 = 0.9375, \quad \varphi(\alpha_6) = 6.0039,$$

在运算过程中, ρ 的取值直接影响非精确搜索的结果. 更多的数值结果请参见表 7.4. 生成表格的程序为 `agout.m`.

表 7.4 Armijo-Goldstein 非精确一维搜索的数值结果

序号	k	ρ	x_0	最优点	f
1	1	0.001	0.1000	0.1000	6.8100
2	1	0.0310	0.1000	0.1000	6.8100
3	2	0.0610	0.1000	0.2000	6.6400
4	2	0.0910	0.1000	0.2000	6.6400
5	3	0.1210	0.1000	0.4000	6.3600
6	3	0.1510	0.1000	0.4000	6.3600
7	3	0.1810	0.1000	0.4000	6.3600
8	4	0.0100	10	1.2500	6.0625
9	4	0.0500	10	1.2500	6.0625
10	4	0.0900	10	1.2500	6.0625
11	9	0.4700	50	0.9766	6.0005
12	9	0.4800	50	0.9766	6.0005
13	12	0.4900	50	1.0010	6.0000
14	49	0.5000	50	1.0000	6.0000

表中序号 1–7 的结果可以说明, 当初始值 $x_0 = 0.1000$ 时, 由于 ρ 值比较接近于 0, 使得经一维搜索得到的可行点移动较小, 与真实的最优解差距较大. 序号 8–10 的结果说明上述性质依赖于初始值的选取, 即当 $x_0 = 10$ 时, 虽然 ρ 值很小, 但经一维搜索得到的可行点的移动能力尚可. 序号 11–14 的结果说明当初始点远离最优点时 ($x_0 = 50$), Armijo-Goldstein 算法依然具有较高的精度, 但是当 $\rho = 0.5000$ 时, 算法要历经很多次迭代, 才能收敛.

Armijo-Goldstein 算法的程序是 `ag.m`. 本节将不对 Wolfe-Powell 算法的解析例子进行讨论. 取 $\rho = 0.1$, $\sigma = 0.4$, 其他变量与例 7.4 相同, 这里仅给出算法的程序 `wp.m`.

7.4.2　Wolfe-Powell 方法

Wolfe-Powell 准则给出了一个替代 (7-4) 的不等式条件,

$$g_{k+1}^{\mathrm{T}} d_k \geqslant \sigma g_k^{\mathrm{T}} d_k, \quad \sigma \in (\rho, 1) \tag{7-7}$$

式 (7-3) 和 (7-7) 组成了 Wolfe-Powell 非精确线搜索准则, 简称为 Wolfe-Powell 准则, 如图 7.6, 其可接受区间为 $\alpha \in [e, c]$. 这个条件的几何意义是在可接受点处切线的斜率大于或等于初始点 x_k 处的斜率的 σ 倍.

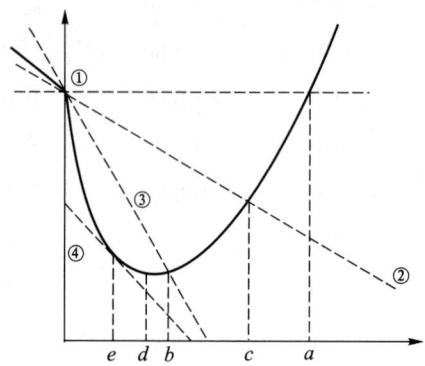

图 7.6　Armijo-Goldstein 准则与 Wolfe-Powell 准则

由 (7-7), 得

$$\begin{aligned}\varphi'(\alpha_k) &= (\nabla f(x_k + \alpha_k d_k))^{\mathrm{T}} d_k = g_{k+1}^{\mathrm{T}} d_k \\ &\geqslant \sigma g_k^{\mathrm{T}} d_k = \sigma \nabla f(x_k)^{\mathrm{T}} d_k.\end{aligned}$$

当 $\sigma \to \rho$ 时, $\lim_{\sigma \to \rho} \sigma g_k^{\mathrm{T}} d_k = \rho g_k^{\mathrm{T}} d_k$.

这说明当 $\sigma \to \rho$ 时, 图 7.6 中的直线 ② 和直线 ④ 是趋于平行的.

在精确一维搜索中, 不等式 (7-7) 的左端 $g_{k+1}^{\mathrm{T}} d_k = 0$ 在这里相当于图 7.6 中的直线 ④ 刚好在极小点处与目标函数曲线相切.

由于不等式 (7-7) 的右端 $\sigma g_k^{\mathrm{T}} d_k$ 是负的, 而左端 $g_{k+1}^{\mathrm{T}} d_k$ 的符号无限制. 因此, (7-7) 可改写为

$$\left| g_{k+1}^{\mathrm{T}} d_k \right| \leqslant -\sigma g_k^{\mathrm{T}} d_k.$$

当 $\sigma \to 0$ 时, 搜索过程可近似为精确线搜索. 这一结论可通过夹挤定理得到, 即

$$0 \leqslant \left| g_{k+1}^{\mathrm{T}} d_k \right| \leqslant -\sigma g_k^{\mathrm{T}} d_k,$$

两边取极限，得

$$\lim_{\sigma \to 0} 0 \leqslant \lim_{\sigma \to 0} \left| g_{k+1}^{\mathrm{T}} d_k \right| \leqslant \lim_{\sigma \to 0} \left(-\sigma g_k^{\mathrm{T}} d_k \right),$$
$$0 \leqslant \lim_{\sigma \to 0} \left| g_{k+1}^{\mathrm{T}} d_k \right| \leqslant 0,$$

因此，$\lim_{\sigma \to 0} \left| g_{k+1}^{\mathrm{T}} d_k \right| = 0$。

实际上，σ 和 ρ 的选取都是基于算法收敛性和计算成本的折中，通常可取 $\rho = 0.1$，$\sigma = 0.4$。

其中①—④分别表示四条直线：

① 表示 $\varphi(\alpha) = f(x_k)$，即目标函数值为 $f(x_k)$ 的一条直线；

② 表示 $\varphi(\alpha) = f(x_k) + \alpha \rho g_k^{\mathrm{T}} d_k$，$\alpha$ 是自变量，$\rho g_k^{\mathrm{T}} d_k$ 为直线②的斜率，即②表示过 $(0, f(x_k))$ 点，以 $\rho g_k^{\mathrm{T}} d_k$ 为斜率的直线，其中 $\rho \in \left(0, \dfrac{1}{2}\right)$；

③ 表示 $\varphi(\alpha) = f(x_k) + \alpha(1-\rho) g_k^{\mathrm{T}} d_k$，与②同理，③表示过 $(0, f(x_k))$ 点，以 $(1-\rho) g_k^{\mathrm{T}} d_k$ 为斜率的直线；

④ 表示与目标函数曲线相切，斜率为 $\sigma g_k^{\mathrm{T}} d_k$ 的直线，其中 $\sigma \in (\rho, 1)$，此外，点 d 为极小点.

算法 7.5 (Wolfe-Powell 非精确一维搜索法)：

(1) 参数初始化：在搜索空间 $[0, \infty)$（或 $[0, \alpha_{\max}]$）中选取初始点 α_0，计算 $\varphi(0)$ 和 $\varphi'(0)$，选取 $\rho \in \left(0, \dfrac{1}{2}\right)$，$\sigma \in (\rho, 1)$ 令 $a_1 = 0$，$b_1 = +\infty$（或 $\alpha_{\max}$），$k = 1$，伸长因子 $t > 1$（可令 $t = 2$）；

(2) 检验不等式条件 (7-5)：计算 $\varphi(\alpha_k)$，若 $\varphi(\alpha_k) \leqslant \varphi(0) + \rho \alpha_k \varphi'(0)$，转 (3)；否则，令 $a_{k+1} = a_k$，$b_{k+1} = \alpha_k$，转 (4)；

(3) 检验不等式 (7-7)：若

$$\varphi'(\alpha_k) \geqslant \sigma \varphi'(0),$$

停止迭代，输出 α_k；否则，令 $a_{k+1} = \alpha_k$，$b_{k+1} = b_k$，若 $b_{k+1} < +\infty$，转 (4)；否则，令 $\alpha_{k+1} = t\alpha_k$，$k = k+1$，转 (2)；

(4) 更新搜索点：$\alpha_{k+1} = \dfrac{a_{k+1} + b_{k+1}}{2}$，令 $k = k+1$，转 (2).

当求解例 7.4 时，仅需在 MATLAB 的执行命令窗口输入以下命令，

```
syms t;
f = t^2-2*t+7;
x0 = 10;
```

```
rho = 0.1;
xmax = 100;
sigma = 0.4;
[x_opt, f_opt, k] = wp(f, x0, rho, xmax, sigma);
```

即可得到以下数值结果

$$k = 4, \quad \alpha_4 = 1.25, \quad \varphi(\alpha_4) = 6.0625.$$

我们总结采用非精确一维搜索的一般下降算法的形式为:
(1) 给出初始点 $x_1 \in \mathbb{R}^n$, 精度 $\varepsilon \in (0,1)$, $k=1$;
(2) 若 $\|\nabla f(x_k)\| \leqslant \varepsilon$, 停止程序; 否则, 求下降方向 d_k, 使其满足 $d_k^{\mathrm{T}} \nabla f(x_k) < 0$;
(3) 求出步长因子 α_k, 满足 Armijo-Goldstein 准则或 Wolfe-Powell 准则;
(4) 令 $x_{k+1} = x_k + \alpha_k d_k$, $k = k+1$, 转 (2).

以上算法在一定条件下, 具有全局收敛性, 并可估算其下降量. 值得注意的是, 经典的 Armijo-Goldstein 算法和 Wolfe-Powell 算法只针对步长因子非负的情况才有效.

第 8 章 最速下降法与牛顿法

8.1 最速下降法

最速下降法 (steepest descent method) 是由著名数学家 Cauchy 于 1847 年提出的, 又称为梯度 (下降) 法、最速上升法 (steepest ascent method) 或爬山法. 最速下降法是一种求解无约束优化问题最简单和最古老的方法. 虽然此方法的实用性已经逐渐减弱, 但是很多有效的算法都是以它为基础进行改进而得到的, 因此透彻理解最速下降法十分必要 (Cheong et al., 2006; Qin et al., 2016).

最速下降法的首要问题是确定最速下降方向, 对于在 x_k 的局部小邻域内, 某一连续可微函数 $f(x) \in \mathbb{R}^1$, 其在点 $x_k \in \mathbb{R}^n$ 的梯度 $\nabla f(x_k)$ 是一个 n 维向量, 其方向是目标函数值 $f(x)$ 增长最快的方向, 其负方向是 $f(x)$ 减少最快的方向. 也就是说, 若想求取函数的极大值, 沿梯度方向搜索, 即可 "最快" 地到达极大值点; 反之, 沿负梯度方向搜索, 即可 "最快" 地到达极小值点.

为什么梯度方向是目标函数值在局部小邻域内增长最快的方向? 我们可以通过以下数学推导过程得到这个结论.

已知函数 $f(x)$ 在 x_k 附近连续可微, 且 $g_k = \nabla f(x_k) \neq 0$. 由 Taylor 展开式,

$$f(x) = f(x_k) + (x - x_k)^\mathrm{T} \nabla f(x_k) + o(\|x - x_k\|),$$

可知, 若记 $x - x_k = \alpha d_k$, 当 $d_k^\mathrm{T} g_k > 0, \alpha > 0$ 时, $f(x) > f(x_k)$, 即函数值增长, 且在 d_k 与 g_k 同向时, 函数值增长效率最高; 否则, 使不等式条件 $d_k^\mathrm{T} g_k < 0$ 的 d_k 是下降方向. 当 $\alpha > 0$ 取定后, $d_k^\mathrm{T} g_k$ 的值越小, 函数值下降的效率越高. 由

Cauchy-Schwartz 不等式知,

$$|d_k^\mathrm{T} g_k| \leqslant \|d_k\| \|g_k\|,$$

故当且仅当 $d_k = -g_k$ 时, $d_k^\mathrm{T} g_k$ 最小, 从而称 $-g_k$ 是最速下降方向.

最速下降法的迭代格式是

$$x_{k+1} = x_k - \alpha_k g_k.$$

算法 8.1 (最速下降法) 的步骤如下:

(1) 给出 $x_1 \in \mathbb{R}^n$, 精度 $0 < \varepsilon \ll 1$, 记数 $k = 1$;

(2) 计算 $d_k = -g_k$, 如果 $\|g_k\| \leqslant \varepsilon$, 则停止并输出 x_k, 否则继续程序;

(3) 由一维搜索求步长因子 α_k, 使得

$$f(x_k + \alpha_k d_k) = \min_{\alpha > 0} f(x_k + \alpha d_k);$$

(4) 计算 $x_{k+1} = x_k + \alpha_k d_k$;

(5) 更新 $k = k+1$, 转 (2).

依据算法 8.1 的过程. 我们应用最速下降法求解以下例题 8.1.

例 8.1 $\min f(x) = 2x_1^2 + x_1 x_2 + x_2^2 + x_1 - x_2 + 1$, 在给定初值 $x^{(1)} = (0,0)^\mathrm{T}$ 时, 应用最速下降法求解极小点 ($\varepsilon = 0.2$).

分析 实际上, $\nabla f(x) = (4x_1 + x_2 + 1, 2x_2 + x_1 - 1)^\mathrm{T}$, 若令 $\nabla f(x) = (0,0)^\mathrm{T}$ 时, 得

$$\begin{cases} 4x_1 + x_2 + 1 = 0 \\ 2x_2 + x_1 - 1 = 0 \end{cases} \Rightarrow \begin{cases} x_1 = -\dfrac{3}{7}, \\ x_2 = \dfrac{5}{7} \end{cases}$$

此时, $\nabla^2 f(x) = \begin{pmatrix} 4 & 1 \\ 1 & 2 \end{pmatrix}$.

因为 $|\nabla^2 f(x)| = 4 \times 2 - 1 = 7$, 所以 $\nabla^2 f(x)$ 为正定的, 由此可知, $\left(-\dfrac{3}{7}, \dfrac{5}{7}\right)^\mathrm{T}$ 是极小化问题的极小点, $\min f = \dfrac{3}{7}$.

对于本例, 直接利用最优解存在的充分必要条件更为简单. 这里是为了说明最速下降法的有效性, 而非解决本例题的最有效率的方法. 下面, 我们应用最速下降法求解例 8.1.

解 由 $\nabla f(x) = (4x_1 + x_2 + 1, 2x_2 + x_1 - 1)^\mathrm{T}$ 知, $\nabla f(x^{(1)}) = (1, -1)^\mathrm{T}$.

令搜索方向为 $d^{(1)} = -\nabla f\left(x^{(1)}\right) = (-1, 1)^{\mathrm{T}}$，从 $x^{(1)}$ 出发，沿 $d^{(1)}$ 方向作一维搜索，令步长为 $\alpha > 0$，最优步长为 α_1，则有

$$x^{(2)} = x^{(1)} + \alpha_1 d^{(1)} = \begin{pmatrix} 0 \\ 0 \end{pmatrix} + \alpha_1 \begin{pmatrix} -1 \\ 1 \end{pmatrix} = \begin{pmatrix} -\alpha_1 \\ \alpha_1 \end{pmatrix},$$

故有

$$\begin{aligned} f\left(x^{(2)}\right) &= f\left(x^{(1)} + \alpha_1 d^{(1)}\right) \\ &= 2(-\alpha_1)^2 + (-\alpha_1)\alpha_1 + \alpha_1^2 - \alpha_1 - \alpha_1 + 1 \\ &= 2\alpha_1^2 - 2\alpha_1 + 1. \end{aligned}$$

当 $\alpha_1 = \dfrac{1}{2}$ 时，$f\left(x^{(2)}\right)$ 具有极小值，即 $\alpha_1 = \dfrac{1}{2}$ 时，由此得到 $x^{(2)} = \begin{pmatrix} -\dfrac{1}{2} \\ \dfrac{1}{2} \end{pmatrix}$，

$f\left(x^{(2)}\right) = \dfrac{1}{2} < f\left(x^{(1)}\right) = 1$，进而有 $\nabla f\left(x^{(2)}\right) = \left(-\dfrac{1}{2}, -\dfrac{1}{2}\right)^{\mathrm{T}}$，令搜索方向为 $d^{(2)} = -\nabla f\left(x^{(2)}\right) = \left(\dfrac{1}{2}, \dfrac{1}{2}\right)^{\mathrm{T}}$，依前述过程，

$$x^{(3)} = x^{(2)} + \alpha_2 d^{(2)} = \begin{pmatrix} -\dfrac{1}{2} \\ \dfrac{1}{2} \end{pmatrix} + \alpha_2 \begin{pmatrix} \dfrac{1}{2} \\ \dfrac{1}{2} \end{pmatrix} = \begin{pmatrix} \dfrac{-1+\alpha_2}{2} \\ \dfrac{1+\alpha_2}{2} \end{pmatrix},$$

故有

$$\begin{aligned} f\left(x^{(3)}\right) &= 2 \times \left(\dfrac{-1+\alpha_2}{2}\right)^2 + \left(\dfrac{-1+\alpha_2}{2}\right)\left(\dfrac{1+\alpha_2}{2}\right) + \left(\dfrac{1+\alpha_2}{2}\right)^2 \\ &\quad + \dfrac{-1+\alpha_2}{2} - \dfrac{1+\alpha_2}{2} + 1 \\ &= \left(2\alpha_2^2 - \alpha_2 + 1\right) \times \dfrac{1}{2} = 0. \end{aligned}$$

当 $\alpha_2 = \dfrac{1}{4}$ 时，$f\left(x^{(3)}\right)$ 具有极小值，即 $\alpha_2 = \dfrac{1}{4}$ 时，由此得到 $x^{(3)} = \left(-\dfrac{3}{8}, \dfrac{5}{8}\right)^{\mathrm{T}}$.

$$f\left(x^{(3)}\right) = \dfrac{7}{16} < f\left(x^{(2)}\right) < \dfrac{1}{2}.$$

此时，$\nabla f\left(x^{(3)}\right) = \left(\dfrac{1}{8}, -\dfrac{1}{8}\right)^{\mathrm{T}}$，

$$\left\|\nabla f\left(x^{(2)}\right)\right\| = \sqrt{\left(\dfrac{1}{8}\right)^2 + \left(-\dfrac{1}{8}\right)^2} = \dfrac{\sqrt{2}}{8} \approx 0.1768 < 0.2,$$

跳出循环，输出极小点为 $\left(-\dfrac{3}{8}, \dfrac{5}{8}\right)^{\mathrm{T}}$，此时目标函数的极小值为 $\dfrac{7}{16}$．

从以上解题过程中，不难看出每一步目标函数的值均有所下降，且逐渐接近于真实的极小值．

下面，我们对例 8.1 进行数值计算，并编写 MATLAB 程序 sd.m. 数值计算结果见表 8.1.

表 8.1　应用最速下降法求解例 8.1 的结果

迭代次数	x_1	x_2	f
1	−0.5000	0.5000	0.5000
2	−0.3750	0.6250	0.4375
3	−0.4375	0.6875	0.4297
4	−0.4219	0.7031	0.4287
5	−0.4297	0.7109	0.4286
6	−0.4277	0.7129	0.4286
7	−0.4289	0.7139	0.4286
8	−0.4285	0.7141	0.4286
9	−0.4286	0.7142	0.4286

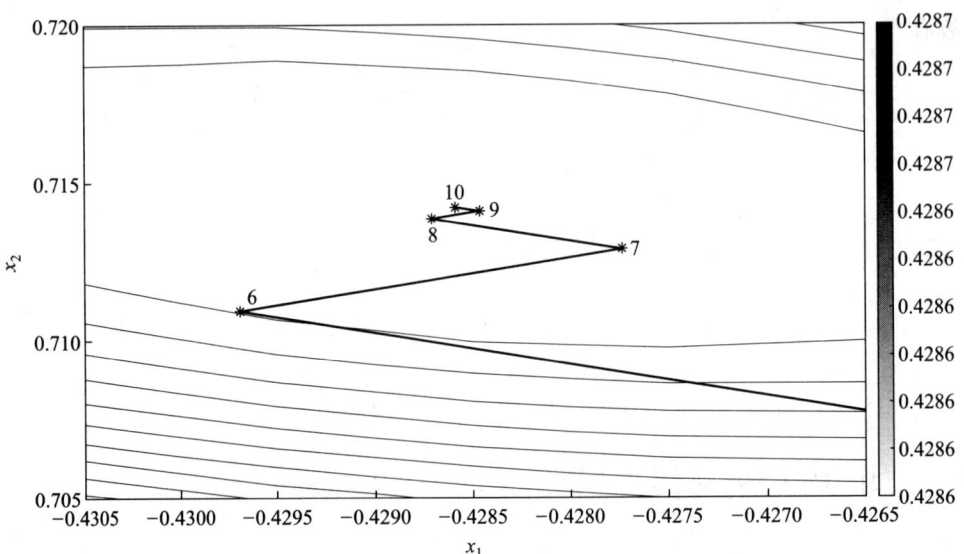

图 8.1　应用最速下降法得到可行点的搜索路径

由 $\min f = \dfrac{3}{7} \approx 0.4286$ 知, 最速下降法在第 5 个迭代步即已逼近于目标函数的极小值 $\min f = \dfrac{3}{7}$; 在第 8 和第 9 步, 极小点的坐标接近于真实的极小点坐标 $\left(-\dfrac{3}{7}, \dfrac{5}{7}\right)^{\mathrm{T}}$. 图 8.1 是最速下降法的搜索路径, 我们可以看出最速下降法总是沿着高等值线向低等值线的方向 (负梯度方向) 搜索的, 但却并不一定直接指向极小点或极小点所在的小邻域. 下一节将介绍的牛顿法, 有效地克服了这个缺点.

8.2 牛顿法

牛顿法又称二次函数法或二阶梯度法. 本节介绍的牛顿法, 与精确一维搜索中介绍的牛顿法有所区别. 本节中, 牛顿法主要用于解多元目标函数的最优化问题, 并应用了 Hesse 矩阵及其逆矩阵.

上一节中, 我们提到最速下降法的缺点是有可能使搜索过程收敛很慢, 如图 8.1 所示的 "Z" 字形折线搜索路径. 牛顿法在计算搜索方向上比最速下降法更复杂, 它不仅利用了目标函数在搜索点处的梯度, 而且还利用了其 Hesse 矩阵, 即利用了搜索点的二阶信息, 使搜索方向能够更好地指向最优点 (Grippo et al., 1986; Epanomeritakis et al., 2008).

在详细介绍牛顿法之前, 我们首先要辨识清楚两个概念, 其一是最速下降方向, 其二是指向最优点的方向. 目标函数在局部光滑的意义下, 负梯度方向是最速下降方向的理论证明我们已经在上一节有所说明. 然而, 在大多数情况下, 目标函数的最速下降方向并不是指向最优点的.

让我们来看一个例子. 对于无约束最优化问题 $\min f(x,y) = x^2 + 2y^2$, $x, y \in \mathbb{R}^1$, 取初始点为 $(x_1, y_1) = (1,1)$. 显然, 这个优化问题的最优点为 $(0,0)$, 因此初始点 (x_1, y_1) 指向最优点的向量为 $(-1, -1)$. 此外, 由梯度公式知, 最速下降方向为 $(-1, -2)$. 很明显, 最速下降方向并不是指向最优点, 它只是用于描述某一点的小局部的下降趋势.

思考题 8.1 如果目标函数变为 $\min f(x,y) = x^2 + y^2$, 初始点 $(1,1)$, 最速下降方向是否指向最优点?

这时最速下降方向就是指向最优点的方向, 但这只是一个特例. 相比于最速下降法中目标函数的一次光滑假设, 这里需要更进一步, 假设 $f(x)$ 是二次可微实函数, 已知点 $x_k \in \mathbb{R}^n$, Hesse 矩阵 $\nabla^2 f(x_k)$ 正定. 我们在 x_k 附近用二次 Taylor 展

开近似 f,
$$f(x_k+s) \approx f(x_k) + \nabla f(x_k)^{\mathrm{T}} s + \frac{1}{2} s^{\mathrm{T}} \nabla^2 f(x_k) s,$$

其中, $s = x - x_k$, 若将上式右端的二次函数极小化, 便有

$$s = -\left[\nabla^2 f(x_k)\right]^{-1} \nabla f(x_k). \tag{8-1}$$

若将 s 视为 x_k 到 x_{k+1} 的搜索向量, 则有牛顿法迭代公式

$$x_{k+1} = x_k - \left[\nabla^2 f(x_k)\right]^{-1} \nabla f(x_k).$$

这与一维搜索中的牛顿公式在形式上的区别是用多元情况下的梯度和 Hesse 矩阵代替了一元函数的一阶导数和二阶导数.

在这个公式中, 步长因子 $\alpha_k = 1$. 令 $G_k = \nabla^2 f(x_k)$, $g_k = \nabla f(x_k)$, 上式可写作

$$x_{k+1} = x_k - G_k^{-1} g_k,$$

其中, $-G_k^{-1} g_k$ 称为牛顿下降方向.

对于正定二次函数, 牛顿法只需一步即可达到最优解. 对于非正定的二次函数, 牛顿法并不能保证经有限次迭代求得最优解. 然而, 由于目标函数在极小点附近可以近似于正定的二次函数, 所以当初始点靠近极小点时, 牛顿法的收敛速度一般是比较快的.

这种解释似乎太过笼统, 让我们从几何角度再进一步认识牛顿法. 由牛顿法的迭代公式知, 牛顿法的搜索方向以最速下降方向为基础, 并通过 Hesse 矩阵对其长度和方向进行调整. Hesse 矩阵描述了多元函数的局部曲率, 可视为梯度的梯度. 因此当梯度中某一个分量的数值变化率较大 (曲线沿该方向较陡时), 其对应的 Hesse 矩阵中的变量值也较大. 当搜索点临近极值点时, 梯度的模逐渐趋于 0, 且数值不明显变化, 进而 Hesse 矩阵中的变量值较小, 使得 Hesse 矩阵的逆对梯度的近似作用效果被放大. 因此牛顿法可使靠近极小点的初始点较快速地收敛.

算法 8.2 (牛顿法) 的步骤如下:

(1) 给出 $x_1 \in \mathbb{R}^n$, 精度 $0 < \varepsilon \ll 1$, 记数 $k = 1$;
(2) 给定步长因子 $\alpha_k = 1$;
(3) 计算 $d_k = -G_k^{-1} g_k$, 如果 $\|d_k\| \leqslant \varepsilon$, 则停止并输出 x_k, 否则继续程序;
(4) 计算 $x_{k+1} = x_k + \alpha_k d_k$;
(5) 更新 $k = k + 1$, 转 (2).

以上算法中, 步骤 (2) 可省略. 此处保留它是为了与后续内容的对应.

例 8.2 将牛顿法应用于求解例 8.1, 已知 $x^{(1)} = (0,0)^{\mathrm{T}}$.

解 由例 8.1 的结论, 知

$$\nabla^2 f(x) = \begin{pmatrix} 4 & 1 \\ 1 & 2 \end{pmatrix},$$

则 $(\nabla^2 f(x))^{-1} = \begin{pmatrix} \dfrac{2}{7} & -\dfrac{1}{7} \\ -\dfrac{1}{7} & \dfrac{4}{7} \end{pmatrix}.$

由于 $\nabla f(0,0) = (1,-1)^{\mathrm{T}}$, 所以牛顿下降方向为

$$-G_k^{-1} g_k = -\begin{pmatrix} \dfrac{2}{7} & -\dfrac{1}{7} \\ -\dfrac{1}{7} & \dfrac{4}{7} \end{pmatrix} \begin{pmatrix} 1 \\ -1 \end{pmatrix} = \begin{pmatrix} -\dfrac{3}{7} \\ \dfrac{5}{7} \end{pmatrix}.$$

这样, 我们得到下一个搜索点

$$x^{(2)} = \begin{pmatrix} 0 \\ 0 \end{pmatrix} + \begin{pmatrix} -\dfrac{3}{7} \\ \dfrac{5}{7} \end{pmatrix} = \begin{pmatrix} -\dfrac{3}{7} \\ \dfrac{5}{7} \end{pmatrix}.$$

此时, 我们有

$$\nabla f\left(x^{(2)}\right) = (4x_1 + x_2 + 1, 2x_2 + x_1 - 1)^{\mathrm{T}} = (0,0)^{\mathrm{T}}.$$

满足牛顿法的终止条件 $\|\nabla f(x^{(2)})\| < \varepsilon$, 因此, 极小点为 $\left(-\dfrac{3}{7}, \dfrac{5}{7}\right)^{\mathrm{T}}$, 极小值 $\min f = 0$. 这说明了牛顿法较之最速下降法的一个优越性, 即对正定二次目标函数收敛快.

我们还应用牛顿法对例 8.1 进行数值计算, 程序为 `newton.m`. 经计算, 得极小点为 $(-0.4286, 0.7143)$, 目标函数的极小值为 0.4286.

目标函数的形式并不局限于二次函数的限制, 虽然在极小点附近, 目标函数的曲线形状也是接近于二次函数曲线的 (由此, 可得该区域点对应的 Hesse 矩阵具有正定性); 但是在远离极小点时, Hesse 矩阵的正定性却无法保证.

下面介绍一个 Hesse 矩阵可能不为正定的非凸目标函数 Rosenbrock 函数, Rosenbrock 函数也称为香蕉函数 (banana function), 于 1960 年由英国控制论专家

H.Rosenbrock 提出, 并成为检验最优化算法性能的一个重要的目标函数. Rosenbrock 函数的基本形式为

$$f(x,y) = (a-x)^2 + b(y-x^2)^2,$$

其中, $a \neq 0, b > 0$, 函数的全局极小点为 (a, a^2), 全局极小值为 0. 通常, 可取 $a = 1$, $b = 100$. 取 $b \gg a$ 的目的是增强 $b(y-x^2)^2$ 项对目标函数极小值的影响, 使全局极小点在一个窄长的谷底.

图 8.2 是 Rosenbrock 函数的图像, 可以清晰地看出深颜色区域是函数 $y = x^2$ 的一个邻域组成的谷底.

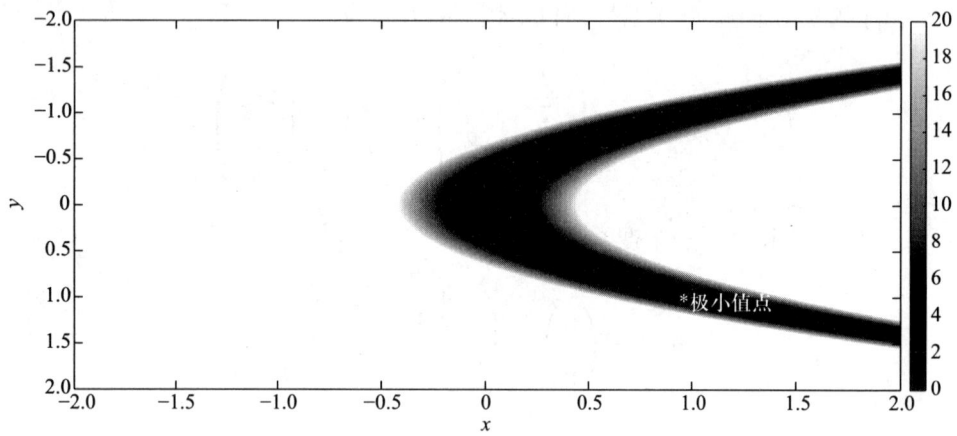

图 8.2　Rosenbrock 函数的图像

通过局部搜索算法, 使可行点达到这个谷底是很容易的 (即到达 $y - x^2 = 0$ 的邻域范围), 但求解全局极小点的准确位置却比较困难.

在一些最优化算法的测试中, 我们将用到 Rosenbrock 函数. 这里, 先以它为例说明远离极小点的决策点, 可使 Hesse 矩阵是负定的. 经计算, 当 $(x, y) = (1, 2)$ 和 $(1, 3)$ 时, Hesse 矩阵是负定的, 其行列式值为 $|\nabla^2 f(1,2)| = -79600$ 和 $|\nabla^2 f(1,3)| = -159600$.

在可行点远离极小点的情况下, 可以通过重新调整步长因子的办法使算法具有全局收敛性. 但值得注意的是, 一般仅当步长因子收敛 α_k 到 1 时, 牛顿法才具有较高的收敛速度. 这时的牛顿迭代法公式为

$$d_k = -G_k^{-1} g_k,$$
$$x_{k+1} = x_k + \alpha_k d_k,$$

其中, α_k 是一维搜索产生的步长因子.

算法 8.3 (带步长因子的牛顿法) 的步骤如下:

(1) 给出 $x_1 \in \mathbb{R}^n$, 精度 $0 < \varepsilon \ll 1$, 记数 $k = 1$,

(2) 计算 g_k, 如果 $\|g_k\| \leqslant \varepsilon$, 则停止, 输出 x_k, 否则继续程序;

(3) 解方程组, 构造牛顿方向, 即解 $G_k d_k = -g_k$, 求出 d_k;

(4) 由一维搜索求步长因子 α_k, 使得

$$f(x_k + \alpha_k d_k) = \min\nolimits_{\alpha > 0} f(x_k + \alpha d_k);$$

(5) 计算 $x_{k+1} = x_k + \alpha_k d_k$;

(6) 更新 $k = k + 1$, 转 (2).

下面我们利用算法 8.3 来求解一个算例.

例 8.3 将带步长因子的牛顿法用于求解以下 Rosenbrock 目标函数的最优化问题

$$\min f(x, y) = (1 - x)^2 + 100(y - x^2)^2,$$

已知 $x^{(1)} = (2, 2)$.

不难看出, 上述问题的最优解是 $(1,1)$. 我们编写了程序 `newton822.m`, 此外 `fun822.m` 是目标函数, `gfun822.m` 和 `Hess822.m` 分别表示梯度和 Hesse 矩阵. 定义最大迭代次数为 5000 次, 跳出条件为牛顿方向的长度大于等于 10^{-6}. 输入初始变量后, 运行程序

```
[x,val,k,xlist]=newton822(maxk,rho,sigma,k,eps,x0);
```

其中, 在输出部分, `x` 是第 `k` 步迭代的最优解, `val` 是最优解对应的目标函数, `xlist` 是前 `k` 步迭代的目标函数以 10 为底数的对数值序列; 在输入部分, `maxk` 是最大迭代次数, `k`, `eps` 是阈值, `x0` 是初始点, `k` 是初始记数, `rho` 和 `sigma` 是用于一维搜索的参数.

程序的运行结果是

```
x=[1.0003,1.0007];
val=1.0836e-07;
k=5000;
```

此外, 我们在程序中编写了绘制 `xlist` 在每个迭代步的变化曲线, 见图 8.3.

由曲线可以看出, 带步长因子的牛顿法使得目标函数值随着迭代步的增加而具有明显的下降趋势, 而这恰恰是牛顿法难以实现的. 如利用牛顿法解决以上例题,

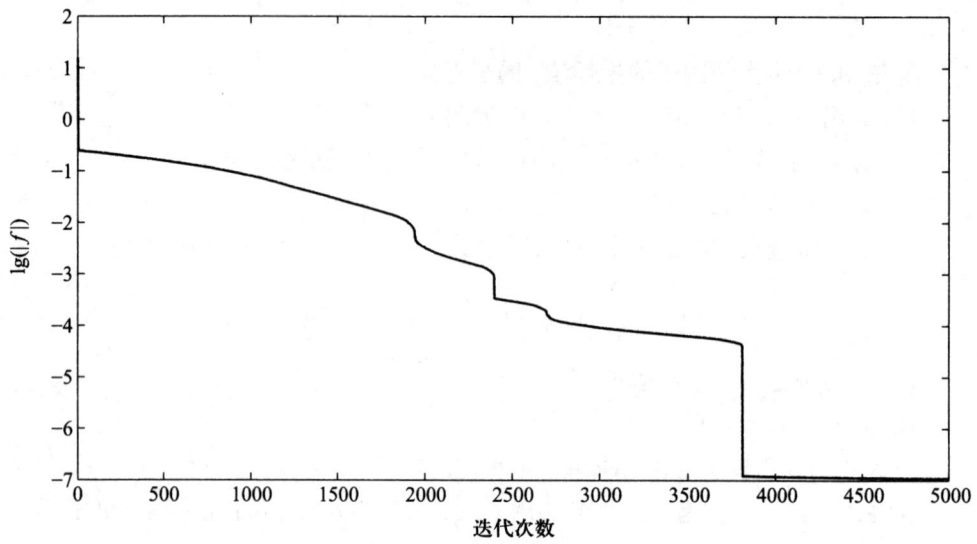

图 8.3 每个迭代步目标函数值的变化情况

Hesse 矩阵的逆可能在若干步后变得奇异矩阵或难以计算,这将使得牛顿方向的计算无法进行,直接导致算法失效.

第 9 章 共轭方向法

9.1 概述

共轭方向法是介于最速下降法和牛顿法之间的一种方法. 它只利用一阶导数信息, 却克服了最速下降法收敛速度慢的缺点, 并且避免了存贮和计算牛顿法所必需的二阶导数信息. 此外, 当目标函数为二次严格凸函数, 且通过精确搜索确定步长时, 共轭方向法还可以保证算法在有限步终止; 当目标函数为非严格二次凸函数或步长由非精确搜索得来时, 无法保证有限步收敛的性质. 共轭梯度法是最著名的共轭方向法, 由 Hestens 和 Stiefel 于 1952 年提出 (Ellis and Oldenburg, 1994; Newman and Alumbaugh, 2000; Rodi and Mackie, 2001; Kim et al., 2007; Dai and Kou, 2013).

虽然在二次严格凸目标函数的限制下, 牛顿法具有一次迭代即可达到极值点的性质, 但共轭梯度法仍然具有不可替代的作用. 这是因为当最优化问题的规模很大时, 牛顿下降方向中 Hesse 矩阵逆的求解问题是非常困难的.

下面介绍共轭方向的相关定义和性质.

定义 9.1 (G-共轭) 设 G 是 $n \times n$ 对称正定矩阵, d_1, d_2 是 n 维非零向量, 如果 $d_1^\mathrm{T} G d_2 = 0$, 则称向量 d_1 和 d_2 是 G-共轭的 (或 G-直交的). 类似地, $d_1, d_2, \cdots, d_m$ 是 $\mathbb{R}^n$ 中任意一组非零向量, 如果

$$d_i^\mathrm{T} G d_j = 0, \ (i \neq j), \tag{9-1}$$

则称 $d_1, d_2, \cdots, d_m$ 是 G-共轭的.

如果 $d_1, d_2, \cdots, d_m$ 是 G-共轭的, 则它们一定是线性无关的. 在精确一维搜索的前提下, 这种线性无关性质可以保证 "搜索" 在每个方向和每个迭代步都几乎发挥出算法的最大效能. 这可以通俗地理解为在搜索过程中不走 "回头路". 上述性质源于共轭方向法基本定理.

定理 9.1 (共轭方向法基本定理) 对正定二次函数, 共轭方向法至多经 n 步精确一维搜索终止, 且每一 x_{i+1} 都是 $f(x)$ 在 x_1 和方向 $d_1, d_2, \cdots, d_i$ 所形成的线性流形 $\left\{x \,\middle|\, x = x_1 + \sum_{j=1}^{i} \alpha_j d_j, \forall \alpha_j\right\}$ 中的极小点.

这个定理说明, 对每一个迭代步的搜索方向 d_j, 其终止点都按其之前 j 步搜索所能达到的最优值.

算法 9.1 (共轭方向法) 的步骤如下:

(1) 给出 $x_1 \in \mathbb{R}^n$, 精度 $0 < \varepsilon \ll 1$;

(2) 计算 x_1 处的梯度 g_1;

(3) 计算初始共轭方向 d_1, 使得 $d_1^\mathrm{T} g < 0$, 记数 $k = 1$;

(4) 计算步长 α_k 和下一步的起始点 x_{k+1}, 使得

$$f(x_k + \alpha_k d_k) = \min_{\alpha > 0} f(x_k + \alpha d_k),$$
$$x_{k+1} = x_k + \alpha_k d_k,$$

如果 $\|\alpha_k\| \leqslant \varepsilon$, 则停止且输出 x_k, 否则, 转 (5);

(5) 计算下一个共轭方向 d_{k+1}, 使得 $d_{k+1}^\mathrm{T} G d_j = 0, j = 1, 2, \cdots, k$;

(6) 更新 $k = k + 1$, 转 (4).

思考题 9.1 对于任一正方体, 如图 9.1, 若仅沿边搜索, 至少需要经几个步骤即可从一个端点 A 到达它的最远端点 C'? 若只沿界面上的线搜索, 至少需经几个

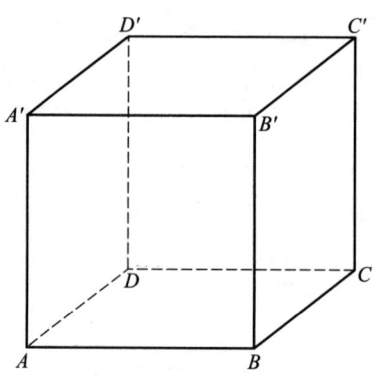

图 9.1　正方体 $ABCD - A'B'C'D'$

步骤?

若只沿边搜索,至少需要三个步骤,如 $AB \to BB' \to B'C'$;若沿界面上的线段搜索,至少需要两个步骤,如 $AB' \to B'C'$. 这两条搜索路径的每一段向量都是线性无关的. 因此在三维空间中也可以通过仅两条线性无关向量,即可达到终止点. 将向量 AB' 和 $B'C'$ 类比于共轭向量,我们可以更好地理解共轭方向法的巧妙之处. 对多维空间的可行变量而言,利用共轭方向搜索可以得到较高的计算效率,避免搜索方向上的重复.

定理 9.1 的推论可以帮助我们更形象地理解共轭方向法.

推论 9.1 梯度 g_{i+1} 沿着流形中的任何直线的斜率为 0,即对所有 $i \leqslant n-1$,有

$$g_{i+1}^{\mathrm{T}} d_j = 0, \quad j = 1, 2, \cdots, i.$$

通过上一章的学习,我们知道梯度 g_{i+1} 的负方向为下降方向,所以推论 9.1 表明流形上的任意方向均不与 $-g_{i+1}$ 线性相关,也就是说 $-g_{i+1}$ 可以作为 d_{i+1} 的一个备选.

9.2 共轭梯度法

实际上,共轭梯度法是最速下降法的升级和改进. 因为只要将最速下降方向赋予共轭性,就可以得到共轭梯度法,从而提高算法的有效性和收敛性. 下面针对目标函数为二次函数的情况,我们给出共轭梯度法的推导过程.

假设

$$f(x) = \frac{1}{2} x^{\mathrm{T}} G x + b^{\mathrm{T}} x + c,$$

其中,G 是 $n \times n$ 对称正定矩阵,b 是 $n \times 1$ 向量,c 是实数,$f(x)$ 的梯度是

$$g(x) = Gx + b.$$

在已知起始点 x_1 的情况下,我们可令 x_1 到 x_2 的搜索方向为 x_1 点的负梯度方向

$$d_1 = -g_1, \qquad (9\text{-}2)$$

则

$$x_2 = x_1 + \alpha_1 d_1,$$

共轭梯度法的这一步骤与最速下降方法是一致的.

由精确一维搜索算法, 得

$$\frac{df(x_1 + \alpha_1 d_1)}{d\alpha_1} = 0,$$

整理, 得

$$\nabla f(x_2)^{\mathrm{T}} d_1 = 0,$$

进而有

$$g_2^{\mathrm{T}} d_1 = 0.$$

下面, 我们构建与向量 d_1 共轭的第二步搜索方向 d_2,

$$d_2 = -g_2 + \beta_1 d_1, \quad \text{s.t.} \, d_2^{\mathrm{T}} G d_1 = 0, \tag{9-3}$$

这可以通过调整因子 β_1 的选取而得到,

$$\beta_1 = \frac{g_2^{\mathrm{T}} G d_1}{d_1^{\mathrm{T}} G d_1} = \frac{g_2^{\mathrm{T}}(g_2 - g_1)}{d_1^{\mathrm{T}}(g_2 - g_1)} = \frac{g_2^{\mathrm{T}} g_2}{g_1^{\mathrm{T}} g_1}.$$

由共轭方向法基本定理, $g_3^{\mathrm{T}} d_i = 0, i = 1, 2$, 再由方程 (9-2) 和 (9-3) 知,

$$g_3^{\mathrm{T}} g_1 = 0, \quad g_3^{\mathrm{T}} g_2 = 0.$$

接下来, 我们继续构造第三个共轭方向 d_3,

$$d_3 = -g_3 + \beta_1 d_1 + \beta_2 d_2,$$

选择恰当的 β_1 和 β_2, 使得 $d_3^{\mathrm{T}} G d_i = 0, i = 1, 2$. 从而有

$$\beta_1 = 0,$$
$$\beta_2 = \frac{g_3^{\mathrm{T}}(g_3 - g_2)}{d_2^{\mathrm{T}}(g_3 - g_2)} = \frac{g_3^{\mathrm{T}} g_3}{g_2^{\mathrm{T}} g_2}.$$

依次进行下去, 在第 $k-1$ 次迭代, 令

$$d_k = -g_k + \sum_{i=1}^{k-1} \beta_i d_i, \tag{9-4}$$

选取恰当的 β_i, 使得 $d_k^{\mathrm{T}} G d_i = 0, i = 1, 2, \cdots, k-1$. 由共轭方向法基本定理知,

$$g_k^{\mathrm{T}} d_i = 0, \quad i = 1, 2, \cdots, k-1, \tag{9-5}$$

从而很容易推得

$$g_k^T g_i = 0, \quad i = 1, 2, \cdots, k-1. \tag{9-6}$$

这个结论说明各点所对应的梯度是正交的. 当梯度 $\{g_i\}$ 为 n 维向量时, 至多存在 n 个正交的梯度方向, 也就是说共轭梯度方向至多经 n 步迭代即可收敛 (在精确一维搜索的前提下). 这是一个不被人注意, 却非常有趣的结论.

对方程 (9-4) 两端左乘 $d_j^T G$, $j = 1, 2, \cdots, k-1$, 由 (9-1), 得

$$\beta_j = \frac{g_{k+1}^T G d_j}{d_k^T G d_j} = \frac{g_{k+1}^T (g_{j+1} - g_j)}{d_j^T (g_{j+1} - g_j)}, \quad j = 1, 2, \cdots, k-1. \tag{9-7}$$

公式 (9-7) 实现了从 "有 G" 到 "无 G" 的转化, 即虽然共轭梯度法的原理是包含 Hesse 矩阵的计算的, 但可以通过以上推导在共轭方向的构造中只利用了梯度和共轭梯度信息, 而不利用 Hesse 矩阵的信息.

由方程 (9-5) 和 (9-6) 知,

$$\beta_{k-1} = \frac{g_k^T (g_k - g_{k-1})}{d_{k-1}^T (g_k - g_{k-1})} = \frac{g_k^T g_k}{g_{k-1}^T g_{k-1}}, \quad \beta_j = 0, \quad j = 1, 2, \cdots, k-2.$$

因此, 共轭梯度法的公式为

$$x_{k+1} = x_k + \alpha_k d_k, \quad d_k = -g_k + \beta_{k-1} d_{k-1}.$$

在二次函数情形, 步长因子 α_k 由精确一维搜索可得,

$$\alpha_k = \frac{-g_k^T d_k}{d_k^T G d_k}.$$

对于一般目标函数, α_k 由精确一维搜索给出, 或由非精确的 Armijo-Goldstein 准则算得. 由于非精确一维线搜索无法满足共轭梯度方向的正交性, 所以在算法执行若干步后, 需要重置搜索方向为负梯度方向, 再重新启动计算过程, 这种方法也称为再开始共轭梯度法.

结合上述推导过程, 我们总结共轭梯度法的基本性质如下:

(1) 搜索方向是 G-共轭的: $d_i^T G d_j = 0, i \neq j$;
(2) 梯度方向与搜索方向具有正交性: 当 $j \leqslant i$ 时, $g_{i+1}^T d_j = 0$;
(3) 梯度方向之间具有正交性: 当 $j \leqslant i$ 时, $g_{i+1}^T g_j = 0$.

随着 β_k 的形式不同, 共轭梯度法具有不同的类型,

$$\beta_k = \frac{g_{k+1}^{\mathrm{T}}(g_{k+1} - g_k)}{d_k^{\mathrm{T}}(g_{k+1} - g_k)}; \quad \text{(Crowder-Wolfe 公式)}$$

$$\beta_k = \frac{g_{k+1}^{\mathrm{T}} g_{k+1}}{g_k^{\mathrm{T}} g_k}; \quad \text{(Fletcher-Reeves 公式)}$$

$$\beta_k = \frac{g_{k+1}^{\mathrm{T}}(g_{k+1} - g_k)}{g_k^{\mathrm{T}} g_k}; \quad \text{(Polak-Ribiere-Polyak 公式)}$$

$$\beta_k = -\frac{g_{k+1}^{\mathrm{T}} g_{k+1}}{d_k^{\mathrm{T}} g_k}. \quad \text{(Dixon 公式)}$$

在精确一维搜索的情况下,上述 β_k 是等价的. 在编程实现算法时, 对于 n 维问题, 从一组 n 个彼此正交的梯度方向, 直接计算出每个方向上的精确搜索步长是相当困难的. 特别是在极小值点附近, 梯度值越来越小, 当存在很小的误差时, 都可能给负梯度方向 (搜索方向) 和步长的计算结果带来很大的改变. 这使得最速下降法在此情况下增加了迭代次数, 降低了实用性. 当负梯度方向改为共轭梯度方向时, 这种现象也得以改进, 算法更容易实现. 以 Fletcher-Reeves 共轭梯度法为例, 共轭梯度算法的流程如图 9.2.

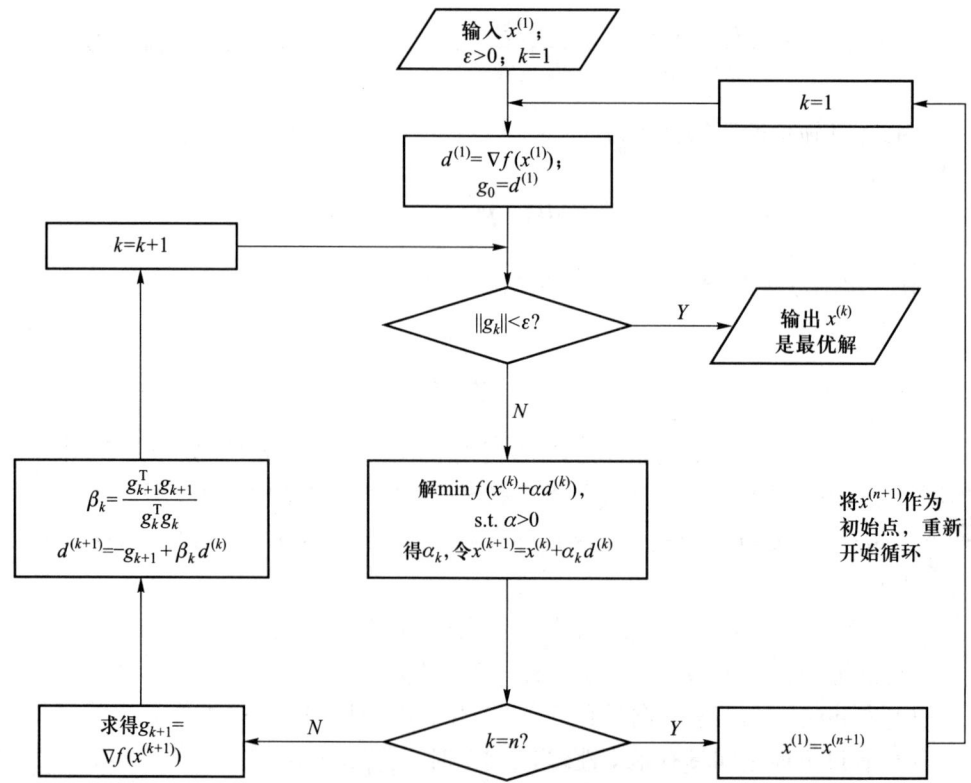

图 9.2　Fletcher-Reeves 共轭梯度算法的流程图

让我们通过下面的例题来更加深入地了解共轭梯度法.

例 9.1 将共轭梯度法应用于求解例 8.1,已知 $x^{(1)} = (0, 0)^{\mathrm{T}}$.

解 与例 8.1 相同,我们有

$$g_1 = \nabla f\left(x^{(1)}\right) = (1, -1)^{\mathrm{T}}.$$

取 $d^{(1)} = (-1, 1)^{\mathrm{T}}$,并沿 $d^{(1)}$ 方向进行一维搜索,得

$$x^{(2)} = x^{(1)} + \alpha_1 d^{(1)} = \begin{pmatrix} 0 \\ 0 \end{pmatrix} + \alpha_1 \begin{pmatrix} -1 \\ 1 \end{pmatrix} = \begin{pmatrix} -\alpha_1 \\ \alpha_1 \end{pmatrix}.$$

其中,最佳步长 α_1 与例 8.1 中求取方式一致,故有 $\alpha_1 = \dfrac{1}{2}$. 经计算得,$x^{(2)} = \left(-\dfrac{1}{2}, \dfrac{1}{2}\right)^{\mathrm{T}}$. 为建立第二个共轭方向 $d^{(2)}$,需计算 $x^{(2)}$ 的梯度和系数 β_1 值,

$$g_2 = \nabla f\left(x^{(2)}\right) = \left(-\frac{1}{2}, -\frac{1}{2}\right)^{\mathrm{T}},$$

再由 Fletcher-Reeves 公式,得

$$\beta_1 = \frac{g_2^{\mathrm{T}} g_2}{g_1^{\mathrm{T}} g_1} = \frac{\left(-\dfrac{1}{2}, -\dfrac{1}{2}\right) \left(-\dfrac{1}{2}, -\dfrac{1}{2}\right)^{\mathrm{T}}}{(1, -1)(1, -1)^{\mathrm{T}}} = \frac{1}{4}.$$

从而得到第二个共轭方向

$$d^{(2)} = -g_2 + \beta_1 d^{(1)} = -\left(-\frac{1}{2}, -\frac{1}{2}\right)^{\mathrm{T}} + \frac{1}{4} \cdot (-1, 1)^{\mathrm{T}} = \left(\frac{1}{4}, \frac{3}{4}\right)^{\mathrm{T}},$$

再沿 $d^{(2)}$ 进行一维搜索,得

$$x^{(3)} = x^{(2)} + \alpha_2 d^{(2)} = \begin{pmatrix} -\dfrac{1}{2} \\ \dfrac{1}{2} \end{pmatrix} + \alpha_2 \begin{pmatrix} \dfrac{1}{4} \\ \dfrac{3}{4} \end{pmatrix} = \begin{pmatrix} -\dfrac{1}{2} + \dfrac{1}{4}\alpha_2 \\ \dfrac{1}{2} + \dfrac{3}{4}\alpha_2 \end{pmatrix},$$

代入目标函数,得

$$\begin{aligned} f\left(x^{(3)}\right) =& 2 \times \left(-\frac{1}{2} + \frac{1}{4}\alpha_2\right)^2 + \left(-\frac{1}{2} + \frac{1}{4}\alpha_2\right)\left(\frac{1}{2} + \frac{3}{4}\alpha_2\right) + \left(\frac{1}{2} + \frac{3}{4}\alpha_2\right)^2 \\ & + \left(-\frac{1}{2} + \frac{1}{4}\alpha_2\right) - \left(\frac{1}{2} + \frac{3}{4}\alpha_2\right) + 1 \\ =& \frac{7}{8}\alpha_2^2 - \frac{1}{2}\alpha_2 + \frac{1}{2}. \end{aligned}$$

当 $\alpha_2 = \dfrac{2}{7}$ 时，$f\left(x^{(3)}\right)$ 具有极小值．由此得到

$$x^{(3)} = \left(-\frac{3}{7}, \frac{5}{7}\right)^{\mathrm{T}},$$

此时，

$$\nabla f\left(x^{(3)}\right) = (0,0)^{\mathrm{T}}.$$

由例 8.1 的分析部分知，

$$\left|\nabla^2 f\left(x^{(3)}\right)\right| = 7 > 0,$$

进而，极小点坐标为 $\left(-\dfrac{3}{7}, \dfrac{5}{7}\right)^{\mathrm{T}}$，极小值为 $\min f = \dfrac{3}{7}$．

下面，我们应用 Fletcher-Reeves 共轭梯度法对例 8.1 进行计算，程序为 `cg.m`，详见主要程序列表．经两次循环计算，得极小点为 $\left(-\dfrac{3}{7}, \dfrac{5}{7}\right)^{\mathrm{T}}$，目标函数的极小值为 $\dfrac{3}{7}$．

9.3 数值算例 (声波方程参数反演)

考虑二维声波方程的波速反演问题，已知波动方程

$$\frac{\partial^2 u(x,y,t)}{\partial t^2} = a^2 \frac{\partial^2 u(x,y,t)}{\partial x^2} + a^2 \frac{\partial^2 u(x,y,t)}{\partial y^2},$$

其中，a 表示波速，u 表示振幅．考虑两层的水平层状均匀介质，上层速度为 4 km/s，下层速度为 5.6 km/s，分界面深度为 140 m，在 x 方向和 z 方向分别取 30 个采样点，空间分划为 $dx = 10$ m．在时间上的采样点为 200 个，时间分划为 $dx/8$．函数 `fd_4inv.m` 为正演程序，

$$[sv] = fd\_4inv(v, dv1, dv2, nx, nz, nt, dx, dt);$$

其中，输出参数 sv 为顶层界面上第 15 个接收点所对应的声波信号，共计 200 个采样点；输入参数 v 是速度参数，包括上下两层，$dv1$ 是上层速度 $v(1)$ 的扰动项，$dv2$ 是下层速度 $v(2)$ 的扰动项，nx 和 nz 是空间采样点总数，nt 是时间采样点总数，dx 和 dt 分别是空间和时间分划．

当 $v0$ 为真实速度参数时,令函数 $s(v0)$ 表示速度参数为 $v0$ 时的真实观测信号,因此反演问题的目标函数可以表示为

$$\min F(v1, v0) = \text{norm}(s(v0) - s(v1)),$$

其中, $v1$ 为待反演的参数值, norm 表示 L_2 范数.

在本算例中,我们分别应用最速下降法和共轭梯度法来解决声波方程的波速反演问题,它们的程序分别为 `WaveInvSD.m` 和 `WaveInvCG.m`. 利用以上两个程序可以分别计算得到每一个迭代步的速度参数和目标函数值.

利用程序 `Plotfun931.m`, 可以得到最优点 $[4.0, 5.60]$ 附近的目标函数值图. 图 9.3 的横纵坐标分别是第一层的速度参数和第二层的速度参数. 图片中心位置对应的坐标为 $(4.0, 5.60)$. 通过观察, 不难得到结论, 目标函数值从中间向四周逐渐增大. 这为应用最优化算法反演得到最优点成为可能.

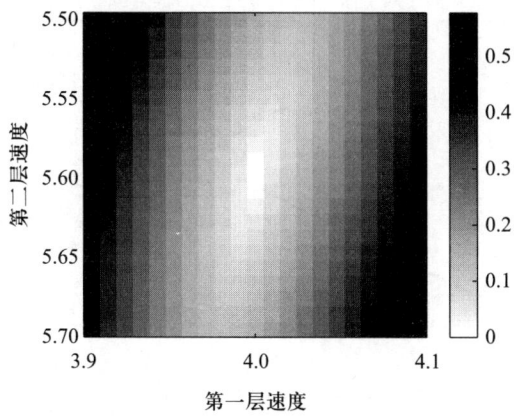

图 9.3 最优点附近的目标函数值

图 9.4 由程序 `Plotfun932.m` 计算得到, 最速下降法的收敛速度稍慢. 在相同的阈值下, 设置当目标函数值小于 0.001 时, 结束程序. 此时, 共轭梯度法经 11 步即可结束程序, 最速下降法需要 17 步才能结束程序.

图 9.5 由程序 `Plotfun933.m` 生成. 由图可见, 利用两种算法从相同的初始点出发, 共轭梯度法可以在两步迭代后, 就使得可行点比较接近最优点; 而最速下降法的收敛效率较差, 从其搜索路径可以看出 "Z" 字形折线的搜索效果.

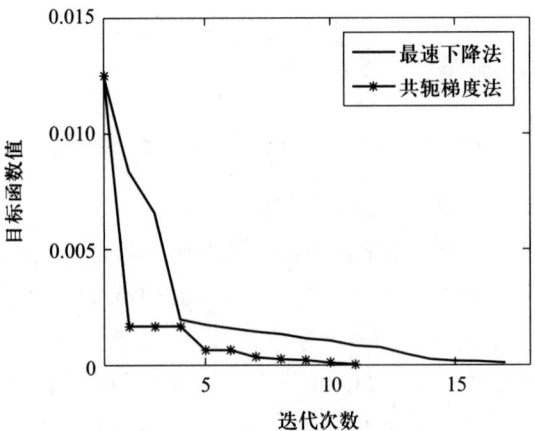

图 9.4　应用最速下降法和共轭梯度法的反演结果对比

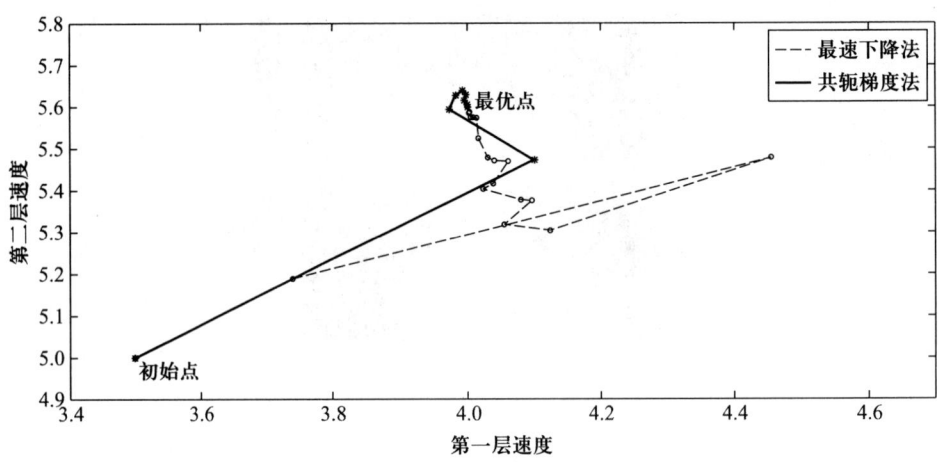

图 9.5　应用最速下降法和共轭梯度法的搜索路径

第 10 章 拟牛顿法

10.1 概述

拟牛顿法 (Quasi-Newton method) 是一种具有局部收敛性的最优化算法, 在一定条件下, 拟牛顿法具有超线性收敛的性质. "拟", 在汉语里是 "类比" 和 "仿照" 的意思. 拟牛顿法只计算其 Hesse 矩阵的近似矩阵, 这点有别于牛顿法 (Loke and Barker, 1996; Bordes et al., 2009; Gance et al., 2012).

拟牛顿法是由美国阿贡国家实验室的物理学家 W.Davidon 在 20 世纪 50 年代提出的. 这在当时的非线性优化领域是非常伟大的发明. 后来, R.Fletcher 和 M.Powell 验证了拟牛顿法较之当时的其他局部最优化算法更快速, 也更可靠. 随后, 基于拟牛顿法的改进和创新层出不穷, 其中比较著名的方法有 DFP 方法、BFGS 方法和 Broyden 族方法等.

实际上, 拟牛顿法的建立和蓬勃发展源于牛顿法理论的有效性与实际应用之间的差距. 牛顿法虽然具有很快的收敛速度, 但在计算过程中却要求初始点离极小点比较近, 并需要计算目标函数的二阶偏导数. 当目标函数非常复杂, 或计算过程中初始点远离极小值点时, Hesse 矩阵的正定性往往是难以保证的, 这将使得在一些迭代步中目标函数的值无法达到令人满意的下降, 从而令牛顿法失效 (田玥和陈晓非, 2006).

拟牛顿法的基本思想是避免计算二阶偏导数, 构造出近似于 Hesse 矩阵逆的正定对称阵, 从而在 "拟牛顿" 条件下优化目标函数. 显然, 拟牛顿法较之牛顿法具有更小的计算复杂度. 这是因为拟牛顿法仅利用目标函数值和一阶导数信息, 即可直接构造出目标函数的曲率近似, 从而避免了求解目标函数的 Hesse 矩阵. 构造方法的不同, 决定了拟牛顿方法的不同分类.

从所需信息角度来看, 拟牛顿法和最速下降法类似, 只需要在每一步迭代中, 求得目标函数的梯度. 从整个迭代过程来看, 拟牛顿法与带步长因子的牛顿法是相同的, 只是对于 Hesse 矩阵的求法有区别.

在收敛性方面, 拟牛顿法也具有牛顿法的二阶收敛性, 并且即使在远离极小值点的情况下, 拟牛顿法仍然可以使目标函数值沿着下降方向 "走下去", 并在最后接近极小值点附近时, 通过构造得到的矩阵与 Hesse 矩阵是 "很相似" 的, 使牛顿法靠近极小点时具有较快收敛速度的性质得以保证. 所以, 拟牛顿法既克服了牛顿法的缺点, 又继承了优点.

如前文牛顿法所述, 假设目标函数 $f(x)$ 是二次可微的, 第 $k+1$ 次迭代的近似极小值点 $x_{k+1} \in \mathbb{R}^n$, 在 x_{k+1} 点附近有二阶近似 Taylor 展开式,

$$f(x_{k+1}+s) \approx f(x_{k+1}) + \nabla f(x_{k+1})^\mathrm{T} s + \frac{1}{2} s^\mathrm{T} \nabla^2 f(x_{k+1}) s,$$

其中, $s = x - x_{k+1}$, 对上式两端关于 s 求导得,

$$\nabla f(x) \approx \nabla f(x_{k+1}) + \nabla^2 f(x_{k+1})(x - x_{k+1}).$$

令 $x = x_k$, $s_k = x_{k+1} - x_k$, $y_k = \nabla f(x_{k+1}) - \nabla f(x_k)$, 得

$$s_k \approx \left(\nabla^2 f(x_{k+1})\right)^{-1} y_k,$$

这里, 选用一个正定矩阵 H_{k+1} 来近似表示 $(\nabla^2 f(x_{k+1}))^{-1}$, 即

$$s_k = H_{k+1} y_k. \tag{10-1}$$

公式 (10-1) 称为拟牛顿条件或拟牛顿方程. 显然, 在整个拟牛顿法的理论推导与实际应用过程中, 对于 H_{k+1} 矩阵的校正是最核心的问题.

下面, 我们从定性和定量两个角度分别介绍 H_{k+1} 的校正问题.

从定性角度来看, 梯度 $\nabla f(x)$ 在 x_{k+1} 处是连续的, 因此对于任意给定的 $\varepsilon > 0$, 存在 $\delta > 0$, 使得只要 $\|x - x_{k+1}\| < \delta$, 就有以下关系式,

$$\left\|\nabla f(x) - \nabla f(x_{k+1}) - \nabla^2 f(x_{k+1})(x - x_{k+1})\right\| \leqslant \varepsilon \|x - x_{k+1}\|.$$

令 $x = x_k$, B_k 表示 Hesse 矩阵 $\nabla^2 f(x_{k+1})$ 的近似矩阵. 这里, 我们令

$$B_{k+1} s_k = y_k \tag{10-2}$$

是合理的, 即找到一个矩阵 B_{k+1}, 使得上述方程组 (10-2) 成立, 或对于一个充分小的常数 ε', 有 $\|B_{k+1}s_k - y_k\| < \varepsilon'$.

从定量角度来说, 可令 $H_{k+1} = H_k + \Delta H_k$, 其中 H_k 和 ΔH_k 为对称矩阵, 进而有

$$s_k = (H_k + \Delta H_k)y_k = H_k y_k + \Delta H_k y_k,$$
$$\Delta H_k y_k = s_k - H_k y_k.$$

由 H_k 和 ΔH_k 的对称性, 得到 ΔH_k 的表达式如下,

$$\Delta H_k = \frac{s_k s_k^{\mathrm{T}}}{s_k^{\mathrm{T}} y_k} - \frac{H_k y_k y_k^{\mathrm{T}} H_k}{y_k^{\mathrm{T}} H_k y_k} + \beta v_k v_k^{\mathrm{T}}, \tag{10-3}$$

其中, β 为常数, $v_k = \left(y_k^{\mathrm{T}} H_k y_k\right)^{1/2} \left[\dfrac{s_k}{s_k^{\mathrm{T}} y_k} - \dfrac{H_k y_k}{y_k^{\mathrm{T}} H_k y_k}\right]$. 只要已知 H_k, 即可计算出 H_k 到 H_{k+1} 的修正量 ΔH_k. 下面介绍拟牛顿法的步骤.

算法 10.1 (拟牛顿法):
(1) 给定初始点 $x_1 \in \mathbb{R}^n$, 精度 $0 < \varepsilon \ll 1$, 记数 $k = 1$;
(2) 计算 H_k 及 $d_k = -H_k \nabla f(x_k)$;
(3) 沿方向 d_k 做线搜索, 确定步长 α_k, 得到 $x_{k+1} = x_k + \alpha_k d_k$;
(4) 依式 (10-3), 由 H_k 计算 H_{k+1}, 更新 $k = k+1$, 返回 (2), 依次进行下去, 直到满足结束程序的条件.

当式 (10-3) 的 $\beta = 0$ 时, 我们有

$$\Delta H_k = \frac{s_k s_k^{\mathrm{T}}}{s_k^{\mathrm{T}} y_k} - \frac{H_k y_k y_k^{\mathrm{T}} H_k}{y_k^{\mathrm{T}} H_k y_k}. \tag{10-4}$$

此时, 拟牛顿法称为 DFP 方法. 这个方法是由 Davidon 提出, 并由 Fletcher 和 Powell 发展的.

当式 (10-3) 的 $\beta = 1$ 时, 我们有

$$\begin{aligned}\Delta H_k =& \frac{s_k s_k^{\mathrm{T}}}{s_k^{\mathrm{T}} y_k} - \frac{H_k y_k y_k^{\mathrm{T}} H_k}{y_k^{\mathrm{T}} H_k y_k} \\ &+ \left(y_k^{\mathrm{T}} H_k y_k\right)\left(\frac{s_k}{s_k^{\mathrm{T}} y_k} - \frac{H_k y_k}{y_k^{\mathrm{T}} H_k y_k}\right)\left(\frac{s_k}{s_k^{\mathrm{T}} y_k} - \frac{H_k y_k}{y_k^{\mathrm{T}} H_k y_k}\right).\end{aligned} \tag{10-5}$$

此时, 拟牛顿法称为 BFGS 方法, 这个方法是由 Broyden, Fletcher, Goldfarl 和 Shanno 分别于 1970 年左右独立提出的. BFGS 方法具有 DFP 方法所具有的各种性质, 并可以保证在一些非精确线搜索时, 算法仍然具有总体收敛性. 这个性

质对于 DFP 方法还未能得到理论上的证明. 因此, 在数值实现方面, BFGS 法是优于 DFP 法的. 效仿 DFP 的主要步骤, 我们可以得到 BFGS 方法的算法流程图 (图 10.1).

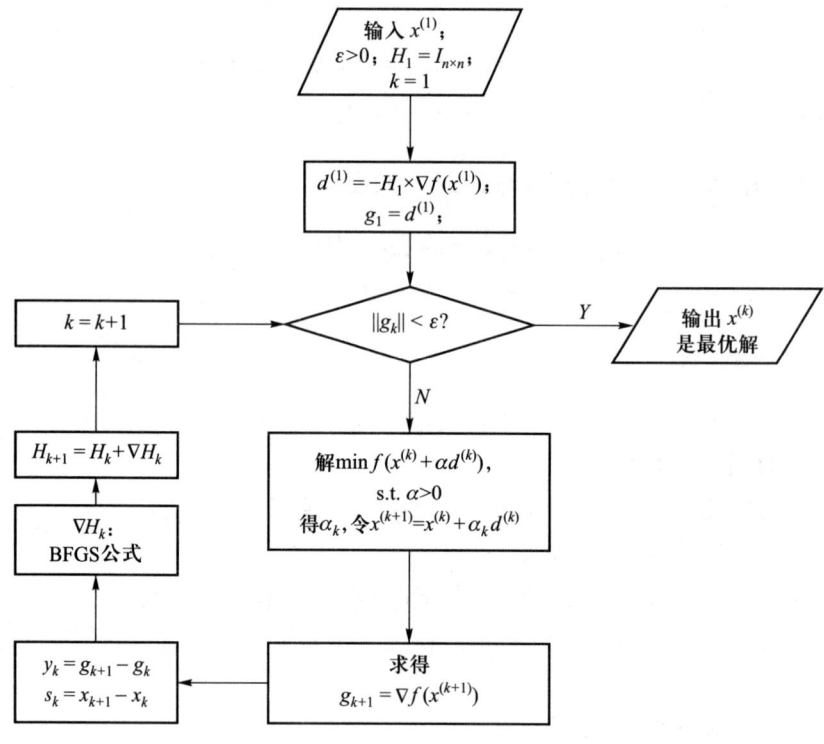

图 10.1 BFGS 拟牛顿算法的流程图

这个流程在求得 $x^{(k+1)}$ 之后, 并没有执行判别语句 $\|\nabla f(x_{k+1})\| < \varepsilon$. 如果执行此语句, 当判别结果为真时, 跳出循环, 得到输出结果; 当结果为非真时, 将执行对 y_k 和 s_k 的赋值语句. 这相当于在完成对 $x^{(k+1)}$ 的赋值后, 额外加一个判别语句, 而不是直接执行原流程中的判别. 这样做的优点是当 $\|\nabla f(x_{k+1})\| < \varepsilon$ 为真时, 可以避免计算后续的 $s_k, y_k, \Delta H_k, H_{k+1}$ 等变量; 缺点在于让流程的形式更加复杂了, 读者可根据各自偏好, 选择不同的编程方式.

例 10.1 将 DFP 和 BFGS 法分别应用于求解例 8.1, 已知 $x^{(1)} = (0,0)^{\mathrm{T}}$.

解 由 $g_1 = \nabla f\left(x^{(1)}\right) = (1,-1)^{\mathrm{T}}$, 得

$$d^{(1)} = -H_1 \cdot \nabla f\left(x^{(1)}\right) = -\begin{pmatrix} 1 & 0 \\ 0 & 1 \end{pmatrix} \begin{pmatrix} 1 \\ -1 \end{pmatrix} = (-1,1)^{\mathrm{T}}.$$

这使得拟牛顿法的第一个迭代步的下降方向为负梯度方向. 计算下一个可行点 $x^{(2)}$, 得 $x^{(2)} = x^{(1)} + \alpha_1 d^{(1)}$.

经一维搜索而得的步长 $\alpha_1 = \dfrac{1}{2}$, 故有 $x^{(2)} = \left(-\dfrac{1}{2}, \dfrac{1}{2}\right)^{\mathrm{T}}$, $g_2 = \nabla f\left(x^{(2)}\right) = \left(-\dfrac{1}{2}, -\dfrac{1}{2}\right)^{\mathrm{T}}$. 此时, DFP 公式和 BFGS 公式中的

$$s_1 = x^{(2)} - x^{(1)} = \left(-\dfrac{1}{2}, \dfrac{1}{2}\right)^{\mathrm{T}} - (0,0)^{\mathrm{T}} = \left(-\dfrac{1}{2}, \dfrac{1}{2}\right)^{\mathrm{T}},$$

$$y_1 = g_2 - g_1 = \left(-\dfrac{3}{2}, \dfrac{1}{2}\right)^{\mathrm{T}}.$$

(1) 由 DFP 公式 (10-4), 得

$$\Delta H_1 = \dfrac{s_1 s_1^{\mathrm{T}}}{s_1^{\mathrm{T}} y_1} - \dfrac{H_1 y_1 y_1^{\mathrm{T}} H_1}{y_1^{\mathrm{T}} H_1 y_1}$$

$$= \begin{pmatrix} \dfrac{1}{4} & -\dfrac{1}{4} \\ -\dfrac{1}{4} & \dfrac{1}{4} \end{pmatrix} - \dfrac{2}{5} \times \begin{pmatrix} \dfrac{9}{4} & -\dfrac{3}{4} \\ -\dfrac{3}{4} & \dfrac{1}{4} \end{pmatrix} = \begin{pmatrix} -\dfrac{13}{20} & \dfrac{1}{20} \\ \dfrac{1}{20} & \dfrac{3}{20} \end{pmatrix},$$

$$H_2 = H_1 + \Delta H_1 = \begin{pmatrix} \dfrac{7}{20} & \dfrac{1}{20} \\ \dfrac{1}{20} & \dfrac{23}{20} \end{pmatrix}.$$

这样, 我们有

$$d^{(2)} = H_2 \cdot \nabla f\left(x^{(2)}\right) = - \begin{pmatrix} \dfrac{7}{20} & \dfrac{1}{20} \\ \dfrac{1}{20} & \dfrac{23}{20} \end{pmatrix} \cdot \begin{pmatrix} -\dfrac{1}{2} \\ -\dfrac{1}{2} \end{pmatrix} = \left(\dfrac{1}{5}, \dfrac{3}{5}\right)^{\mathrm{T}},$$

$$x^{(3)} = x^{(2)} + \alpha_2 d^{(2)} = \begin{pmatrix} -\dfrac{1}{2} \\ \dfrac{1}{2} \end{pmatrix} + \alpha_2 \begin{pmatrix} \dfrac{1}{5} \\ \dfrac{3}{5} \end{pmatrix} = \begin{pmatrix} -\dfrac{1}{2} + \dfrac{1}{5}\alpha_2 \\ \dfrac{1}{2} + \dfrac{3}{5}\alpha_2 \end{pmatrix},$$

代入目标函数, 得

$$f\left(x^{(3)}\right) = 2 \times \left(-\dfrac{1}{2} + \dfrac{1}{5}\alpha_2\right)^2 + \left(-\dfrac{1}{2} + \dfrac{1}{5}\alpha_2\right)\left(\dfrac{1}{2} + \dfrac{3}{5}\alpha_2\right)$$

$$+ \left(\dfrac{1}{2} + \dfrac{3}{5}\alpha_2\right)^2 + \left(-\dfrac{1}{2} + \dfrac{1}{5}\alpha_2\right) - \left(\dfrac{1}{2} + \dfrac{3}{5}\alpha_2\right) + 1$$

$$= \dfrac{14}{25}\alpha_2^2 - \dfrac{2}{5}\alpha_2 + \dfrac{1}{4}.$$

当 $\alpha_2 = \dfrac{5}{14}$ 时, $f(x^{(3)})$ 具有极小值. 由此, 得到 $x^{(3)} = \left(-\dfrac{3}{7}, \dfrac{5}{7}\right)^{\mathrm{T}}$. 此时, $\nabla f(x^{(3)}) = (0,0)^{\mathrm{T}}$. 极小点坐标为 $\left(-\dfrac{3}{7}, \dfrac{5}{7}\right)^{\mathrm{T}}$, 极小值为 $\min f = \dfrac{3}{7}$.

(2) 由 BFGS 公式 (10−5), 得

$$\Delta H_1 = \Delta H_1^{DFP} + (y_1^{\mathrm{T}} H_1 y_1)\left(\dfrac{s_1}{s_1^{\mathrm{T}} y_1} - \dfrac{H_1 y_1}{y_1^{\mathrm{T}} H_1 y_1}\right)\left(\dfrac{s_1}{s_1^{\mathrm{T}} y_1} - \dfrac{H_1 y_1}{y_1^{\mathrm{T}} H_1 y_1}\right)^{\mathrm{T}}$$

$$= \begin{pmatrix} -\dfrac{13}{20} & \dfrac{1}{20} \\ \dfrac{1}{20} & \dfrac{3}{20} \end{pmatrix} + \begin{pmatrix} \dfrac{1}{40} & \dfrac{3}{40} \\ \dfrac{3}{40} & \dfrac{9}{40} \end{pmatrix} = \begin{pmatrix} -\dfrac{5}{8} & \dfrac{1}{8} \\ \dfrac{1}{8} & \dfrac{3}{8} \end{pmatrix},$$

$$H_2 = H_1 + \Delta H_1 = \begin{pmatrix} \dfrac{3}{8} & \dfrac{1}{8} \\ \dfrac{1}{8} & \dfrac{11}{8} \end{pmatrix}.$$

这样我们有

$$d^{(2)} = -H_2 \cdot \nabla f(x^{(2)}) = -\begin{pmatrix} \dfrac{3}{8} & \dfrac{1}{8} \\ \dfrac{1}{8} & \dfrac{11}{8} \end{pmatrix} \begin{pmatrix} -\dfrac{1}{2} \\ -\dfrac{1}{2} \end{pmatrix} = \left(\dfrac{1}{4}, \dfrac{3}{4}\right)^{\mathrm{T}},$$

$$x^{(3)} = x^{(2)} + \alpha_2 d^{(2)} = \begin{pmatrix} -\dfrac{1}{2} \\ \dfrac{1}{2} \end{pmatrix} + \alpha_2 \begin{pmatrix} \dfrac{1}{4} \\ \dfrac{3}{4} \end{pmatrix} = \begin{pmatrix} -\dfrac{1}{2} + \dfrac{1}{4}\alpha_2 \\ \dfrac{1}{2} + \dfrac{3}{4}\alpha_2 \end{pmatrix},$$

代入目标函数, 得

$$f(x^{(3)}) = 2 \times \left(-\dfrac{1}{2} + \dfrac{1}{4}\alpha_2\right)^2 + \left(-\dfrac{1}{2} + \dfrac{1}{4}\alpha_2\right)\left(\dfrac{1}{2} + \dfrac{3}{4}\alpha_2\right)$$
$$+ \left(\dfrac{1}{2} + \dfrac{3}{4}\alpha_2\right)^2 + \left(-\dfrac{1}{2} + \dfrac{1}{4}\alpha_2\right) - \left(\dfrac{1}{2} + \dfrac{3}{4}\alpha_2\right) + 1$$
$$= \dfrac{7}{8}\alpha_2^2 - \dfrac{1}{2}\alpha_2 + \dfrac{1}{2}.$$

当 $\alpha_2 = \dfrac{2}{7}$ 时, $f(x^{(3)})$ 具有极小值. 由此, 得到 $x^{(3)} = \left(-\dfrac{3}{7}, \dfrac{5}{7}\right)^{\mathrm{T}}$. 同理, 得到极小点坐标为 $\left(-\dfrac{3}{7}, \dfrac{5}{7}\right)^{\mathrm{T}}$, 极小值为 $\min f = \dfrac{3}{7}$.

我们分别应用 DFP 拟牛顿法和 BFGS 拟牛顿法对上例进行数值计算, 函数分别为 QN_DFP.m 和 QN_BFGS.m.

运算结果与例 10.1 中第 (1) 和 (2) 部分的结果一致, 即经两步迭代运算, 得到极小点为 $\left(-\frac{3}{7}, \frac{5}{7}\right)$, 目标函数的极小值为 $\frac{3}{7}$.

由 (10-3) 可知, DFP 法和 BFGS 法可以归纳为一个统一的形式,

$$H_{k+1}^{\beta} = H_k + \frac{s_k s_k^{\mathrm{T}}}{s_k^{\mathrm{T}} y_k} - \frac{H_k y_k y_k^{\mathrm{T}} H_k}{y_k^{\mathrm{T}} H_k y_k} + \beta v_k v_k^{\mathrm{T}}. \tag{10-6}$$

其中, $v_k = \left(y_k^{\mathrm{T}} H_k y_k\right)^{1/2} \left[\frac{s_k}{s_k^{\mathrm{T}} y_k} - \frac{H_k y_k}{y_k^{\mathrm{T}} H_k y_k}\right]$.

这个公式统称为 Broyden 族校正公式. 当 $\beta = 0$ 时, 得到 DFP 校正公式 (10-4); 当 $\beta = 1$ 时, 得到 BFGS 校正公式 (10-6). 另外, 当 $\beta = \dfrac{s_k^{\mathrm{T}} y_k}{(s_k - H_k y_k)^{\mathrm{T}} y_k}$, 得到 SRI 校正公式.

10.2 无记忆拟牛顿法

无记忆拟牛顿算法也是一种求解无约束非线性最优化问题的算法, 其可行点的计算公式与拟牛顿方程 (10-1) 很相似. 无记忆拟牛顿法的基本思想是在每个迭代步不存储上一个迭代步中得到的 Hesse 矩阵逆的近似矩阵 H_k, 而用单位矩阵和一阶导数的信息组成 "简单" 矩阵将其替代. 这种思想使得这个方法相对于拟牛顿而言, 简化了对 H_k 的 "记忆" 成本 (Liu et al., 2014).

实际上, 无记忆拟牛顿法的建立始于人们对共轭梯度法的深入研究, 而不只是对拟牛顿法自身的修改. 回顾共轭梯度法, 可行点 x_{k+1} 定义如下

$$x_{k+1} = x_k + \alpha_k d_k, \tag{10-7}$$

$$d_{k+1} = -g_{k+1} + \beta_k d_k, \tag{10-8}$$

其中, $g_k = \nabla f(x_k)$, $f(x)$ 为目标函数, α_k 为步长, d_k 为共轭梯度方向, 常数变量可采用 Crowder-Wolfe 公式, $\beta_k = \dfrac{y_k^{\mathrm{T}} g_{k+1}}{y_k^{\mathrm{T}} d_k}$, $y_k = g_{k+1} - g_k$.

在共轭梯度法中, 我们并不需要计算 Hesse 矩阵逆的近似, 而是以负梯度方向为基础, 对下降方向进行调整. 因此, 共轭梯度法的每个迭代步中只需要计算和存储成本相对较低的梯度信息 (一阶), 而不考虑成本较高的 Hesse 矩阵信息 (二阶).

我们知道公式 (10-7) 和 (10-8) 中 $\beta_k d_k$ 的部分是共轭梯度法有别于最速下降法的关键之处. 其中, 常数 β_k 的计算方式决定了共轭梯度法的类型. 1976 年,

A.Perry 将公式 (10–8) 写作为相似于拟牛顿方程的形式

$$d_{k+1} = -\left(I - \frac{d_k y_k^{\mathrm{T}}}{y_k^{\mathrm{T}} d_k}\right) g_{k+1}. \tag{10–9}$$

我们注意到，上述公式 (10–9) 与公式 (10–8) 是严格等价的，仅仅是形式有别。令 $s_k = \alpha_k d_k$ (实际上 $s_k = x_{k+1} - x_k$)，有 $\dfrac{d_k y_k^{\mathrm{T}}}{y_k^{\mathrm{T}} d_k} = \dfrac{s_k y_k^{\mathrm{T}}}{y_k^{\mathrm{T}} s_k}$。因此公式 (10–9) 可写作

$$d_{k+1} = -\left(I - \frac{s_k y_k^{\mathrm{T}}}{y_k^{\mathrm{T}} s_k}\right) g_{k+1}. \tag{10–10}$$

对公式进行调整，我们有

$$d_{k+1} = -\left(I - \frac{s_k y_k^{\mathrm{T}}}{y_k^{\mathrm{T}} s_k} + \frac{s_k s_k^{\mathrm{T}}}{s_k^{\mathrm{T}} y_k}\right) g_{k+1} = -Q_{k+1} g_{k+1}, \tag{10–11}$$

公式 (10–11) 中，$\dfrac{s_k s_k^{\mathrm{T}}}{s_k^{\mathrm{T}} y_k}$ 为修正项，矩阵 Q_{k+1} 满足以下方程，

$$y_k^{\mathrm{T}} Q_{k+1} = s_k^{\mathrm{T}}. \tag{10–12}$$

公式 (10–12) 与拟牛顿方程类似，但不是等价的。拟牛顿方程通常可表示为

$$H_{k+1} y_k = s_k, \tag{10–13}$$

其中，H_{k+1} 为 Hesse 矩阵逆的近似矩阵。

D.Shanno 于 1978 年在 Perry 工作的基础上对矩阵 Q_{k+1} 做了进一步的修改，

$$Q_{k+1} = I - \frac{s_k y_k^{\mathrm{T}}}{y_k^{\mathrm{T}} s_k} - \frac{y_k s_k^{\mathrm{T}}}{y_k^{\mathrm{T}} s_k} + \frac{s_k s_k^{\mathrm{T}}}{s_k^{\mathrm{T}} y_k}. \tag{10–14}$$

若令 (10–12) 中的 Q_{k+1} 满足拟牛顿方程 (10–13)，还需要进一步调整 Q_{k+1}，并记为 Q_{k+1}^*，使其与公式 (10–14) 的形式类似，

$$Q_{k+1}^* = I - \frac{s_k y_k^{\mathrm{T}} + y_k s_k^{\mathrm{T}}}{y_k^{\mathrm{T}} s_k} + \left(1 + \frac{y_k^{\mathrm{T}} y_k}{s_k^{\mathrm{T}} y_k}\right) \frac{s_k s_k^{\mathrm{T}}}{s_k^{\mathrm{T}} y_k}. \tag{10–15}$$

将 (10–15) 代入 (10–13) 的 H_{k+1} 便可以证明 (10–15) 的正确性。具体过程如下：式 (10–13) 的左端 $= \left[I - \dfrac{s_k y_k^{\mathrm{T}} + y_k s_k^{\mathrm{T}}}{y_k^{\mathrm{T}} s_k} + \left(1 + \dfrac{y_k^{\mathrm{T}} y_k}{s_k^{\mathrm{T}} y_k}\right) \dfrac{s_k s_k^{\mathrm{T}}}{s_k^{\mathrm{T}} y_k}\right] y_k$

$= y_k - \left(\dfrac{s_k y_k^{\mathrm{T}} y_k}{y_k^{\mathrm{T}} s_k} + y_k\right) + s_k + \dfrac{\left(y_k^{\mathrm{T}} y_k\right) s_k s_k^{\mathrm{T}} y_k}{\left(s_k^{\mathrm{T}} y_k\right)\left(s_k^{\mathrm{T}} y_k\right)} = s_k =$ 式 (10–13) 的右端。

公式 (10-15) 与 BFGS 法的 Hesse 矩阵逆的公式

$$H_{k+1} = H_k - \frac{H_k y_k s_k^T + s_k y_k^T H_k}{y_k^T s_k} + \left(1 + \frac{y_k^T H_k y_k}{s_k^T y_k}\right) \frac{s_k s_k^T}{s_k^T y_k} \qquad (10-16)$$

的形式很相近, 但略有区别. 实际上, 当公式 (10-16) 中的 H_k 被单位矩阵 I 替换时, 我们就得到了公式 (10-15). 因此, 当完成这种替换时, 我们也就实现了拟牛顿法向类似于共轭梯度法的形式转换. 随之而来的是, 无须在每个迭代步中计算和存储 Hesse 矩阵逆的近似 H_k, 而只应用一阶的梯度信息, 即搜索方向为

$$d_{k+1} = -Q_{k+1}^* g_{k+1}. \qquad (10-17)$$

实际上, 公式 (10-17) 中的 Q_{k+1}^* 只是一个形式上的表征. 在计算过程中, 我们将应用以下公式

$$d_{k+1} = -g_{k+1} - \left[\left(1 + \frac{y_k^T y_k}{s_k^T y_k}\right) \frac{s_k^T g_{k+1}}{s_k^T y_k} - \frac{y_k^T g_{k+1}}{s_k^T y_k}\right] s_k + \frac{s_k^T g_{k+1}}{s_k^T y_k} y_k. \qquad (10-18)$$

公式 (10-18) 就是无记忆拟牛顿法搜索方向的计算公式.

当我们以 Broyden 族校正公式

$$H_{k+1}^\beta = H_k + \frac{s_k s_k^T}{s_k^T y_k} - \frac{H_k y_k y_k^T H_k}{y_k^T H_k y_k} + \beta v_k v_k^T$$

为基础时, 可以构造出依 β 值变化的多种无记忆拟牛顿方程.

一般来说, 经相同次数迭代, 无记忆拟牛顿法的计算精度较前面的两种拟牛顿法要差一些. 由于迭代次数较多, 且其极小点坐标难以收敛到精确的分数形式, 这里不对算法解析过程进行讨论, 只对前述例题给出数值算例. 无记忆拟牛顿法的函数是 `QN_MLQN.m`.

经 6 个迭代步, 我们得到极小点为 $(-0.4285, 0.7140)$ 和极小值 0.4286. 每个迭代步的结果, 请参见表 10.1.

表 10.1 无记忆拟牛顿法的数值结果

迭代次数	极小点	极小值
1	$(-0.5000, 0.5000)$	0.5000
2	$(-0.3636, 0.5455)$	0.4545
3	$(-0.4119, 0.7156)$	0.4292
4	$(-0.4259, 0.7084)$	0.4286
5	$(-0.4291, 0.7138)$	0.4286
6	$(-0.4285, 0.7140)$	0.4286

第 11 章 信赖域法

11.1 信赖域法与前述方法的区别

信赖域法是 Powell 于 1970 年提出的. 该方法的基本思想是给可行点的位移长度一个上界限制 (信赖域半径), 通过求解该限制区域的二次逼近模型函数子问题的最优解来确定一个可能的位移向量, 再通过对二次逼近函数对原目标函数近似程度的判断, 调整下一次迭代的位移长度的上界限制, 并确定是否更新可行点位置. 如此重复下去, 直到程序满足停止条件.

信赖域方法与前面第 8 ~ 10 章介绍的基于一维搜索的最优化算法是求解非线性最优化问题的两类主要数值方法. 基于一维搜索的最优化算法需要首先确定目标函数的下降方法 d, 再通过一维搜索算法计算可行点应该沿着方向 d 移动的步长 α; 而信赖域方法是通过模型函数的求解, 直接得到可行点的试探步长, 即将下降方向和步长的计算过程合二为一.

基于一维搜索的算法可以看作是信赖域半径充分大时的信赖域法, 而信赖域方法所得出的试探步长可看作是将二次逼近模型加上一个 "惩罚项" 之后所解得的一维搜索方向.

因此, 基于一维搜索的算法是在每一步的搜索方向确定后, 将一个最优化问题转化为一系列一维搜索问题, 而信赖域方法是把最优化问题转化为一系列较简单的可行域小范围内的局部寻优问题 (Wang and Yuan, 2005; Li and Wang, 2014).

较之基于一维搜索的最优化算法, 信赖域法具有以下明显的优点:

(1) 既具有较快的局部收敛速度, 又具有全局收敛性;

(2) 不要求目标函数的 Hesse 矩阵是正定的;

(3) 利用二次逼近函数模型来求解下降位移, 使目标函数的下降比最速下降法、拟牛顿法等方法更有效.

11.2 信赖域法的算法流程

下面, 我们介绍应用信赖域方法求解 n 维无约束最优化问题

$$\min_{x\in\mathbb{R}^n} f(x) \tag{11-1}$$

的基本过程.

设 x_k 是第 k 次迭代的起始点, 记 $f_k = f(x_k)$, $g_k = \nabla f(x_k)$, B_k 是 Hesse 矩阵 $\nabla^2 f(x_k)$ 或其近似, 则在第 k 次迭代中, 信赖域问题的基本形式为

$$\min q_k(s) = f_k + g_k^{\mathrm{T}} s + \frac{1}{2} s^{\mathrm{T}} B_k s, \tag{11-2}$$

$$\text{s.t.} \ \|s\| \leqslant \Delta_k, \tag{11-3}$$

其中, $q_k(s)$ 表示第 k 次迭代的信赖域法的目标函数, $q_k(0) = f_k$, Δ_k 是信赖域半径.

(11-2) 是将原最优化问题 (11-1) 的目标函数进行二次逼近. $q_k(s)$ 可以近似地表示函数 $f(x)$. 当 $s = 0$ 和 $x = x_k$ 时, 函数 $q_k(s)$ 与 $f(x_k)$ 的函数值、梯度和 Hesse 矩阵均相等或近似相等. 这种逼近方式的合理性源于目标函数在极值点附近可近似看作一个二次函数的性质.

信赖域半径 Δ_k 是指可行点 x_k 的一个邻域范围 Ω_k 的半径, 即 $\Omega_k = \{x \in \mathbb{R}^n | \|x - x_k\| \leqslant \Delta_k\}$, 假设信赖域子问题的 (11-2)-(11-3) 的最优解为 s_k, 可定义目标函数 f 在第 k 步迭代过程中的实际下降量为

$$\Delta f_k = f_k - f(x_k + s_k), \tag{11-4}$$

预测下降量为

$$\Delta q_k = q_k(0) - q_k(s_k), \tag{11-5}$$

这两个量的比值为

$$r_k = \frac{\Delta f_k}{\Delta q_k}. \tag{11-6}$$

实际下降量 (11-4) 描述了经信赖域方法计算得到的真实目标函数 f 的下降量, 而预测下降量 (11-5) 则是二次逼近模型函数的下降量, 这个变化量不是最优化问题 (11-1) 的真实变化量, 而只是它的一个近似替代.

两个下降量的比值 r_k 用于衡量二次逼近函数对目标函数的近似程度. 当 r_k 比较接近于 1 或大于 1 时, 表明逼近效果较为理想. 这时可以考虑在下一个迭代步通过增大 Δ_k 来扩大信赖域范围. 当 $r_k > 0$, 但不接近于 1 时, 可保持信赖域半径不变. 当 r_k 接近于 0 时, 说明实际下降量 Δf_k 的取值可能非常小, 因此需要通过减小 Δ_k 来缩小信赖域范围. 一般情况下, 必有 $\Delta q_k > 0$. 若 $r_k < 0$, 则有 $\Delta f_k < 0$, 即目标函数的值不但没有下降, 反而有所增加, 这说明 $x_k + s_k$ 不适合作为下一次迭代的起始点.

求解无约束最优化问题信赖域法步骤如下.

算法 11.1 (信赖域方法):

(1) 给定初始参数的取值, 信赖域半径参数 $0 \leqslant \eta_1 < \eta_2 < 1$, 放缩尺度参数 $0 < \tau_1 < 1 < \tau_2$, 精度 $0 < \varepsilon \ll 1$, 初始可行点 x_1, 初始信赖域半径 Δ_1, 记数 $k = 1$;

(2) 计算 $g_k = \nabla f(x_k)$, 若 $\|g_k\| \leqslant \varepsilon$, 停止程序, 输出最优解为 x_k, 计算矩阵 B_k; 否则, 转 (3);

(3) 求解信赖域子问题 (11-2)-(11-3), 得到其最优解 s_k;

(4) 依 (11-6) 计算 r_k;

(5) 给第 $k+1$ 迭代步的信赖域半径 Δ_{k+1} 赋值,

$$\Delta_{k+1} = \begin{cases} \tau_2 \Delta_k, & \text{当 } r_k \geqslant \eta_2 \text{ 时,} \\ \Delta_k, & \text{当 } \eta_1 < r_k < \eta_2 \text{ 时,} \\ \tau_1 \Delta_k, & \text{当 } r_k \leqslant \eta_1 \text{ 时;} \end{cases}$$

(6) 若 $r_k > \eta_1$, $x_{k+1} = x_k + s_k$, 重新计算矩阵 B_{k+1}, $k = k+1$, 转 (2); 否则, $x_{k+1} = x_k$, $k = k+1$, 转 (2).

以上算法步骤中, 可以选取参数为

$$\eta_1 = 0.25, \quad \eta_2 = 0.75, \quad \tau_1 = 0.5, \quad \tau_2 = 2.$$

初始点 x_1 和初始信赖域半径 Δ_1 可依具体问题而定. 在实际计算过程中, 以上参数均可调整.

思考题 11.1 信赖域方法的子问题目标函数 (11-2) 与牛顿法的推导过程中二阶 Taylor 公式十分相似, 可以认为这两种算法是等价的吗?

从求解方法, 可行域范围和收敛性三个方面可以说明, 信赖域法和牛顿法不是等价的.

首先，牛顿法和信赖域法都是在一个小局部做了二阶近似展开，并且经典的牛顿法与信赖域法都是将步长和下降方向转化为一个位移变量进行计算的，但是牛顿法是以 $-(\nabla^2 f(x_k))^{-1} \cdot \nabla f(x_k)$ 作为位移变量的，而信赖域法的子问题求解方式有很多种，如折线法、双折线法等.

其次，牛顿法的可行域范围可以是整个实数域范围，并且这在每个迭代步中是没有变化的，但是信赖域法子问题的可行域在每个迭代步中被限制在信赖域半径所圈定的范围内. 值得注意的是，当无约束最优化问题的正定二次目标函数，且初始点靠近极小点时，牛顿法只经一次迭代即可收敛，但是子问题 (11-2)-(11-3) 具有约束条件，因此子问题的最优解可能超过了该步的信赖域范围.

最后，牛顿法的全局收敛性是无法保证的，特别是当初始可行点远离最优点时，Hesse 矩阵可能不正定，算法也就不具有全局收敛性. 一般情况下，信赖域法是具备全局收敛性的.

信赖域算法 11.1 的全局收敛性定理 11.1 如下：

定理 11.1 假设函数 $f(x)$ 有下界，且对任意 $x_1 \in \mathbb{R}^n$，f 在水平集 $L(x_1) = \{x \in \mathbb{R}^n | f(x) \leqslant f(x_1)\}$ 上连续可微，如果 s_k 是子问题 (11-2)-(11-3) 的解，且矩阵序列 $\{B_k\}$ 一致有界，即存在常数 $m > 0$ 使对任意的 k 满足 $\|B_k\| \leqslant M$，那么，若 $g_k \neq 0$，则必有

$$\lim_{k \to \infty} \inf \|g_k\| = 0.$$

在一般性的无约束最优化信赖域方法中，信赖域半径可在一个区间内取值 (袁亚湘, 1994). 详见以下算法 11.2.

算法 11.2：

(1) 给定初始参数的取值，初始可行点 $x_1 \in \mathbb{R}^n$，精度 $0 < \varepsilon \ll 1$，放缩尺度参数 $0 < C_3 < C_4 < 1 < C_1$，信赖域半径参数 $0 \leqslant C_0 \leqslant C_2 < 1$，初始信赖域半径 Δ_1，记数 $k = 1$；

(2) 计算 $g_k = \nabla f(x_k)$，若 $\|g_k\| \leqslant \varepsilon$，停止程序，输出最优解为 x_k；否则，转 (3)；

(3) 求解信赖域子问题 (11-2)-(11-3)，得到其最优解 x_k；

(4) 依 (11-6) 计算 r_k；

(5) 给 x_{k+1} 赋值，

$$x_{k+1} = \begin{cases} x_k, & \text{当 } r_k \leqslant C_0, \\ x_k + s_k, & \text{其他}; \end{cases}$$

(6) 给 Δ_{k+1} 赋值,

$$\Delta_{k+1} \in \begin{cases} [C_3 \|s_k\|_2, C_4\Delta_k], & \text{当 } r_k < C_2 \\ [\Delta_k, C_1\Delta_k], & \text{其他;} \end{cases}$$

$k = k+1$, 转 (2).

算法步骤中 C_0 通常可以取 0 或一个极小的正数. 取 $C_0 = 0$ 的优点是保证任何使目标函数值下降的试探步长都会被接受, 这在目标函数值不易求取时是很好的性质. 不足之处是 $C_0 = 0$ 时, 算法的全局收敛性较弱, 仅能证明

$$\lim_{k\to\infty}\inf \|g_k\|_2 = 0, \tag{11-7}$$

在 $C_0 > 0$ 时, 可证得

$$\lim_{k\to\infty} \|g_k\|_2 = 0. \tag{11-8}$$

一般来说, (11-7) 和 (11-8) 的细微差别并不影响算法在有限次迭代后满足终止条件 $\|g_k\|_2 \leqslant \varepsilon$.

例 11.1 应用信赖域方法算法 11.1 求解以下最优化问题

$$\min f(x) = x_1^4 + x_1^2 + x_2^2 - 4x_2 + 3,$$

其中, 初始点为 $x^{(1)} = (0,0)^\mathrm{T}$, 初始信赖域半径为 $\Delta_1 = 1$, 精度 $\varepsilon = 0.001$, $\eta_1 = 0.25$, $\eta_2 = 0.75$, $\tau_1 = 0.5$, $\tau_2 = 2$.

解 令 $k = 1$, 将初始点 $x^{(1)} = (0,0)^\mathrm{T}$ 带入目标函数, 得 $f(x^{(1)}) = 3$. 目标函数的梯度和 Hesse 矩阵分别为

$$\nabla f(x) = \begin{pmatrix} 4x_1^3 + 2x_1 \\ 2x_2 - 4 \end{pmatrix}, \quad \nabla^2 f(x) = \begin{pmatrix} 12x_1^2 + 2 & 0 \\ 0 & 2 \end{pmatrix}.$$

所以,

$$\nabla f(x^{(1)}) = \begin{pmatrix} 0 \\ -4 \end{pmatrix}, \quad \nabla^2 f(x^{(1)}) = \begin{pmatrix} 2 & 0 \\ 0 & 2 \end{pmatrix}.$$

此迭代步的信赖域法子问题为

$$\min q_1(s) = f(x^{(1)}) + \nabla f(x^{(1)})^\mathrm{T} s + \frac{1}{2}s^\mathrm{T}\nabla^2 f(x^{(1)}) s, \quad \text{s.t. } \|s\|_2 \leqslant 1,$$

即求解问题

$$\min q_1(s) = 3 - 4s_2 + s_1^2 + s_2^2, \quad \text{s.t. } s_1^2 + s_2^2 \leqslant 1,$$

解得最优解为
$$s^{(1)} = \begin{pmatrix} 0 \\ 1 \end{pmatrix},$$

目标函数值为 $f\left(x^{(1)} + s^{(1)}\right) = 0$, 模型函数值为 $q_1\left(s^{(1)}\right) = 0$.

由此可知, $r_1 = (f(x^{(1)}) - f(x^{(1)} + s^{(1)}))/(q_1(0) - q_1(s^{(1)})) = 1 > 0.75$, 二次逼近模型对目标函数的近似效果较理想, $x^{(2)} = x^{(1)} + s^{(1)} = \begin{pmatrix} 0 \\ 1 \end{pmatrix}$, $\Delta_2 = 2$, 进入第 2 个迭代步, 经计算得

$$\nabla f\left(x^{(2)}\right) = \begin{pmatrix} 0 \\ -2 \end{pmatrix}, \quad \nabla^2 f\left(x^{(2)}\right) = \begin{pmatrix} 2 & 0 \\ 0 & 2 \end{pmatrix}.$$

此迭代步的信赖域子问题为

$$\min q_2(s) = -2s_2 + s_1^2 + s_2^2, \quad \text{s.t. } s_1^2 + s_2^2 \leqslant 4,$$

解得最优解为

$$s^{(2)} = \begin{pmatrix} 0 \\ 1 \end{pmatrix},$$

目标函数值为 $f\left(x^{(2)} + s^{(2)}\right) = -1$, 模型函数值为 $q_2\left(s^{(2)}\right) = -1$.

由此, 得到 $r_2 = 1 > 0.75$, $x^{(3)} = x^{(2)} + s^{(2)} = \begin{pmatrix} 0 \\ 2 \end{pmatrix}$, $\Delta_3 = 2 \cdot \Delta_2 = 4$. 经计算, 得

$$\nabla f\left(x^{(3)}\right) = \begin{pmatrix} 0 \\ 0 \end{pmatrix},$$

得到最优解为

$$x^{(3)} = \begin{pmatrix} 0 \\ 2 \end{pmatrix}.$$

实际上, 信赖域的子问题具有几类特定的方法, 它们可以有效地计算出信赖域范围内的最优点. 我们将在下一节进行详细介绍.

11.3 信赖域子问题的求解

在实际应用中, 信赖域法需要解决以下几个关键问题:
(1) 模型函数的构造;
(2) 子问题的求解;
(3) 参数的设置.

本质上, 信赖域子问题是一个带有不等式约束的最优化问题. 因此, 若直接采用前文中介绍的无约束最优化算法求解这类问题, 将使得最优解不满足约束条件的限制. 1970 年, Powell 通过组合最优曲线路径和信赖域的思想, 提出了解决这类子问题的单折线法. 所谓最优曲线, 是指子问题的最优解通过应用单折线法构造得到最优曲线的近似曲线, 并得到子问题的解. 此外, 双折线法是在单折线法基础上的改进算法, 对子问题的求解也较有效.

图 11.1 展示了单折线法和双折线法的几何解释. 其中 x_{k+1}^{SD} 是在无约束假设下通过最速下降法计算得到的极小点, 也称为柯西点; x_{k+1}^{N} 是在无约束假设下通过牛顿法计算得到的极小点, x_k 是初始点.

单折线法是通过连接点 x_{k+1}^{SD} 与点 x_{k+1}^{N}, 其连线与信赖域的边界的交点记为 $x_{k+1}^{(1)}$. 这个交点满足,

$$\left\| x_{k+1}^{(1)} - x_k \right\| = \Delta_k,$$

其中, Δ_k 为信赖域半径, 从点 x_k 到点 x_{k+1}^{SD}, 再到点 x_{k+1}^{N} 的折线称为单折线. 另记, 最速下降法的位移为 s_k^{SD}, 牛顿法的位移为 s_k^{N}. 在图 11.1 中, 所展示的情况是 $\left\| s_k^{SD} \right\| < \Delta_k$ 且 $\left\| s_k^{N} \right\| > \Delta_k$ 的情况.

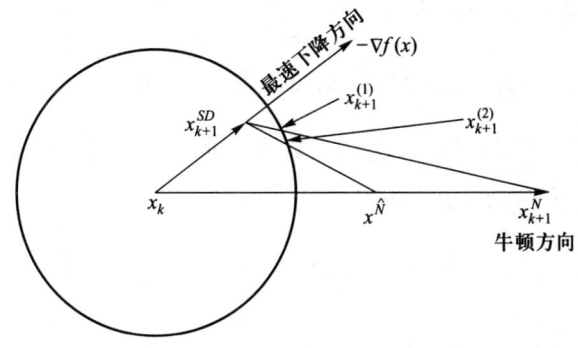

图 11.1　单折线法与双折线法的几何解释

初始点 x_k 的位移 s_k 的取值分三种情况:

(1) 当 $\|s_k^{SD}\| \geqslant \Delta_k$ 时, 取 $s_k = -\dfrac{\Delta_k g_k}{\|g_k\|_2}$, 即可行点移至最速下降方向与信赖域边界的交点;

(2) 当 $\|s_k^{SD}\| < \Delta_k$ 且 $\|s_k^N\| \leqslant \Delta_k$ 时, 取 $s_k = s_k^N$, 即可行点为应用牛顿法得到的结果;

(3) 当 $\|s_k^{SD}\| < \Delta_k$ 且 $\|s_k^N\| > \Delta_k$ 时, 取 $s_k = s_k^{SD} + \lambda(s_k^N - s_k^{SD})$, 其中 λ 是以下方程的解,

$$\|s_k^{SD} + \lambda(s_k^N - s_k^{SD})\| = \Delta_k.$$

其中, $s_k^{SD} = -\dfrac{g_k^{\mathrm{T}} g_k}{g_k^{\mathrm{T}} B_k g_k} \cdot g_k$, $s_k^N = -B_k^{-1} g_k$.

综上, 可得基于单折线法的可行点计算方式,

$$x_{k+1}^{(1)} = \begin{cases} x_k - \dfrac{\Delta_k g_k}{\|g_k\|_2}, & \text{当} \|s_k^{SD}\| \geqslant \Delta_k \text{ 时;} \\ x_k - B_k^{-1} g_k, & \text{当} \|s_k^{SD}\| < \Delta_k \text{ 且 } \|s_k^N\| \leqslant \Delta_k \text{ 时,} \\ x_k + s_k^{SD} + \lambda(s_k^N - s_k^{SD}), & \text{当} \|s_k^{SD}\| < \Delta_k \text{ 且 } \|s_k^N\| > \Delta_k \text{ 时.} \end{cases}$$

双折线法是 1979 年由 Dennis 和 Mei 提出的, 其基本思想是在牛顿方向另取一点 $x^{\hat{N}}$, 再将点 x_{k+1}^{SD} 与点 $x^{\hat{N}}$ 连接起来, 其连线与信赖域的边界的交点记为 $x_{k+1}^{(2)}$, 这个交点也满足

$$\|x_{k+1}^{(2)} - x_k\| = \Delta_k.$$

与单折线法类似, 双折线法中 s_k 的取值也分为三种情况:

(1) 当 $\|s_k^{SD}\| \geqslant \Delta_k$ 时, 取 $s_k = -\dfrac{\Delta_k g_k}{\|g_k\|_2}$;

(2) 当 $\|s_k^{SD}\| < \Delta_k$ 且 $\|s_k^{\hat{N}}\| \leqslant \Delta_k$ 时, 取 $s_k = s_k^{\hat{N}}$;

(3) 当 $\|s_k^{SD}\| < \Delta_k$ 且 $\|s_k^{\hat{N}}\| > \Delta_k$ 时, 取 $s_k = s_k^{SD} + \lambda(s_k^{\hat{N}} - s_k^{SD})$, 其中 $s_k^{\hat{N}} = x^{\hat{N}} - x_k$, λ 是以下方程的解,

$$\|s_k^{SD} + \lambda(s_k^{\hat{N}} - s_k^{SD})\| = \Delta_k.$$

此外, $s_k^{\hat{N}} = \eta s_k^N$, $\eta \in (\gamma, 1)$,

$$\gamma = \dfrac{\|g_k\|_2^4}{(g_k^{\mathrm{T}} B_k g_k)(g_k^{\mathrm{T}} B_k^{-1} g_k)}.$$

当 $\eta=1$ 时,双折线法即为单折线法. 一般来说,取 $\eta=0.8\gamma+0.2$.

综上,可得基于双折线法的可行点计算方式,

$$x_{k+1}^{(2)}=\begin{cases} x_k-\dfrac{\Delta_k g_k}{\|g_k\|_2}, & \text{当 } \|s_k^{SD}\|\geqslant \Delta_k \text{ 时,} \\ x_k-\eta B_k^{-1}g_k, & \text{当 } \|s_k^{SD}\|<\Delta_k \text{ 且 } \|s_k^{\hat{N}}\|\leqslant \Delta_k \text{ 时,} \\ x_k+s_k^{SD}+\lambda\left(s_k^{\hat{N}}-s_k^{SD}\right), & \text{当 } \|s_k^{SD}\|<\Delta_k \text{ 且 } \|s_k^{\hat{N}}\|>\Delta_k \text{ 时.} \end{cases}$$

例 11.2 已知最优化问题

$$\min f(x)=100\left(x_1^2-x_2\right)^2+(x_1-1)^2,$$

初始点为 $x=(0,0)^{\mathrm{T}}$, $\Delta_k=1$,试用单折线法和双折线法对其信赖域子问题进行数值求解,并得到最终的最优解 $(1,1)^{\mathrm{T}}$.

在命令行窗口输入

```
x=[0;0];
fk=fun1131(x);
gk=gfun1131(x);
Bk=Hesse1131(x);
eps=0. 001;
deltak=1;
[xk, vxk, k, f_gk]=TR_DZX(fk, gk, Bk, deltak, x, eps)
```

其中,`TR_DZX.m` 是单折线法求解信赖域子问题的程序,`x` 是初始点,`fk`,`qk` 和 `Bk` 分别是目标函数、梯度和 Hesse 矩阵,`eps` 是阈值,`deltak` 是信赖域半径 Δ_k 的取值;输出变量中 `xk` 是最优解,`vxk` 是目标函数的最优值,`k` 是迭代的次数,`f_gk` 是梯度的模. 当 `f_gk` 小于 `eps` 时,结束程序,并输出结果.

运行结果显示,程序经 $k=3$ 次迭代结束,最优解近似为 $(1,1)^{\mathrm{T}}$,目标函数值为 4.9304×10^{-30}.

在相同的输入变量下,运行双折线法程序

```
[xk, vxk, k, f_gk]=TR_SZX(fk, gk, Bk, deltak, x, eps)
```

得到与单折线法相同的结论.

当我们改变初始点为 $x=(11,11)^{\mathrm{T}}$ 时,单折线法需要经过 27 次才能收敛,其结果接近最优解 $(1,1)^{\mathrm{T}}$,目标函数值为 4.1005×10^{-12}. 这时,双折线法只需要经过 20 次就可以收敛,结果同样接近最优解,目标函数值为 9.8665×10^{-11}.

无论是单折线法, 还是双折线法, 其效率都比例 8.2 中的带步长因子的牛顿法效率高. 当取初始值为 $(2,2)^{\mathrm{T}}$, 单折线法和双折线法分别需要经历 29 次和 23 次即可收敛, 而带步长的牛顿法可能要经历数千次运算才能得到满意的结果.

第 12 章 最小二乘法

12.1 概述

最小二乘法, 通过使误差的平方和最小化, 来寻找数据的最佳函数匹配. "最小二乘" 这个术语源于日语, "二乘", 即 "乘二", 是平方的意思, 所以最小二乘法也称为最小平方法.

最小二乘法的研究始于 1801 年, 是高斯为了求解星体的轨道而尝试建立的新方法. 1809 年, 高斯将最小二乘法收录于他的著作《天体运动论》中, 虽然在 1806 年法国科学家勒让德也曾经独立发现了最小二乘法, 但在当时这一结论并不为人所知. 这也引发了关于两人谁是最小二乘法的发明者的争论.

最小二乘问题是指, 已知 m 个数据点 $x_1, x_2, \cdots, x_m$ 和 $y_1, y_2, \cdots, y_m$, 以及基函数 $\{\varphi_j(x)\}_{j=1}^n$, 通过构造拟合函数 $s_i(x, \alpha) \in \text{span}\{\varphi_1(x), \varphi_2(x), \cdots, \varphi_n(x)\}$, $i = 1, 2, \cdots, m$, α 是待定参数, 使得 $\sum_{i=0}^{m}[y_i - s_i(x, \alpha)]^2 = \min$, 其中 n 通常是小于 m 的, 即基函数的数量小于数据的数量 (否则, 基函数可能冗余) (Lines and Treitel, 1984; 黄建平等, 2016).

当我们将 $r_i(\alpha) = y_i - s_i(x, \alpha)$ 视为误差时, 上述最小二乘问题可以写作,

$$\min_{\alpha \in \mathbb{R}^n} f(x) = \frac{1}{2}\|r(\alpha)\|^2 = \frac{1}{2}\sum_{i=1}^{m}[r_i(\alpha)]^2, \qquad (12-1)$$

当 $r(\alpha)$ 是线性函数时, 即 $r(\alpha) = A\alpha - b$ 时, 称上述问题 (12-1) 为线性最小二乘问题. 其中,

$$A = \begin{pmatrix} a_{11} & a_{12} & \cdots & a_{1n} \\ a_{21} & a_{22} & \cdots & a_{2n} \\ \vdots & \vdots & \vdots & \vdots \\ a_{m1} & \cdots & \cdots & a_{mn} \end{pmatrix}, \quad \alpha = \begin{pmatrix} \alpha_1 \\ \alpha_2 \\ \vdots \\ \alpha_n \end{pmatrix}, \quad b = \begin{pmatrix} y_1 \\ y_2 \\ \vdots \\ y_m \end{pmatrix}.$$

当 $r(\alpha)$ 是非线性函数时,称最优化问题 (12-1) 为非线性最小二乘问题.

最小二乘问题是一类非常典型的最优化问题,统计学中的回归分析问题和代数学中的方程组求解问题都可以归纳为最小二乘问题.

(1) 从回归分析角度认识最小二乘问题:

已知 m 个实验点数据 $\left[t_1^{(i)}, t_2^{(i)}, \cdots, t_l^{(i)}, y^{(i)}\right]^{\mathrm{T}}$, $i = 1, 2, \cdots, m$, 设 $t_1, t_2, \cdots, t_l$ 是 l 个物理量与 y 满足函数关系,

$$y = F(t_1, t_2, \cdots, t_l, x_1, x_2, \cdots, x_n), \tag{12-2}$$

其中, $x_1, x_2, \cdots, x_n$ 是方程中待定的 n 个参数, 通过计算参数来确定 $t_1, t_2, \cdots, t_l$ 与 y 之间关系的过程称为回归分析.

当实验点个数大于方程中待定参数的个数, 即 $m > n$ 时, 由 (12-2) 组成的方程组是一个超定方程组.

在几何上, 当参数为已知时, 方程 (12-2) 是一个光滑曲面, 而数据点 $(t_1^{(i)}, t_2^{(i)}, \cdots, t_l^{(i)}, y^{(i)})$ 散落于曲面周围, 将数据点到曲面距离的平方和最小的那个曲面作为所求曲面, 从而得到曲面方程 (12-2) 的参数值, 即求解最小二乘问题,

$$\min \sum_{i=1}^{m} \left[F\left(t_1^{(i)}, t_2^{(i)}, \cdots, t_l^{(i)}, x_1, x_2, \cdots, x_n\right) - y^{(i)}\right]^2. \tag{12-3}$$

(2) 从求解代数方程组角度认识最小二乘问题:

代数方程组的求解问题也可以转化为求解最小二乘问题. 已知含有 n 个未知数和 m 个方程的方程组

$$\begin{cases} f_1(x_1, x_2, \cdots, x_n) = 0, \\ f_2(x_1, x_2, \cdots, x_n) = 0, \\ \quad \vdots \\ f_m(x_1, x_2, \cdots, x_n) = 0, \end{cases} \tag{12-4}$$

求解方程组 (12-4) 的问题可转化为求解最小二乘问题,

$$\min \sum_{i=1}^{m} F = f_i^2(x_1, x_2, \cdots, x_n). \tag{12-5}$$

在本质上，极小化问题 (12-3) 和 (12-5) 是一致的.

最小二乘问题的特别之处在于目标函数的形式是由一组平方和表达式组成的，这为求解最优化问题所常用的梯度和 Hesse 矩阵的表达式带来了特殊性，因此建立适用于该问题的更有效的解法是合理的.

12.2 线性最小二乘问题的求解

由 (12-1) 可知，线性最小二乘问题可写作

$$\min \|Ax - b\|^2, \tag{12-6}$$

其中，A 为 $m \times n$ 矩阵，b 为 $m \times 1$ 向量，x 为 $n \times 1$ 向量. 最优化问题 (12-6) 的求解依赖于以下定理.

定理 12.1 x^* 是线性最小二乘问题 (12-6) 的极小点的充要条件是 x^* 满足

$$A^T Ax = A^T b. \tag{12-7}$$

证明 (i) 必要性

令 $g(x) = \|Ax - b\|^2$，则有

$$\begin{aligned} g(x) &= (Ax - b)^T (Ax - b) \\ &= (x^T A^T - b^T)(Ax - b) \\ &= x^T A^T Ax - x^T A^T b - b^T Ax + b^T b. \end{aligned}$$

因为标量 $x^T A^T b = (x^T A^T b)^T = b^T Ax$，所以目标函数可记为

$$g(x) = x^T A^T Ax - 2b^T Ax + b^T b,$$

其梯度为

$$\nabla g(x) = 2A^T Ax - 2A^T b.$$

如果 x^* 为 $g(x)$ 的极小点，则必有 $\nabla g(x) = 0$，亦即

$$A^T Ax = A^T b.$$

(ii) 充分性

任取一向量 e，令 $\delta = x^* + e$，并将其代入 (12-6)，得

$$\begin{aligned}
\|A\delta - b\|^2 &= \|A(x^* + e) - b\|^2 \\
&= (A(x^* + e) - b)^{\mathrm{T}} (A(x^* + e) - b) \\
&= (A(x^* - b) - Ae)^{\mathrm{T}} (A(x^* - b) - Ae) \\
&= (Ax^* - b)^{\mathrm{T}} (Ax^* - b) + (Ae)^{\mathrm{T}} (Ae) - 2e^{\mathrm{T}} A^{\mathrm{T}} (Ax^* - b) \\
&= \|Ax^* - b\|^2 + \|Ae\|^2 - 2e^{\mathrm{T}} A^{\mathrm{T}} (Ax^* - b).
\end{aligned}$$

由于 $A^{\mathrm{T}} A x^* = A^{\mathrm{T}} b$，所以

$$A^{\mathrm{T}} A x^* - A^{\mathrm{T}} b = 0,$$
$$A^{\mathrm{T}} (Ax^* - b) = 0.$$

进而有 $2e^{\mathrm{T}} A^{\mathrm{T}} (Ax^* - b) = 0$，由于

$$\|Ae\|^2 \geqslant 0$$

恒成立. 因此，我们有

$$\|A\delta - b\|^2 \geqslant \|Ax^* - b\|^2.$$

由 δ 的任意性可知，x^* 是线性最小二乘问题的极小点.

依以上定理知，求解线性最小二乘问题等价于求解方程 $A^{\mathrm{T}} A x = A^{\mathrm{T}} b$，这个方程也称为线性最小二乘问题的法方程. 该方程解的形式并不是唯一的.

当 A 是 $m \times n$ 矩阵，且 $m > n$ 时，$A^{\mathrm{T}} A$ 正定的充要条件是 A 的秩为 n. 此时，法方程为超定方程，可通过在方程 (12-7) 两边乘以 $(A^{\mathrm{T}} A)^{-1}$，直接得到表达式

$$x = (A^{\mathrm{T}} A)^{-1} A^{\mathrm{T}} b, \tag{12-8}$$

其中，$(A^{\mathrm{T}} A)^{-1} A^{\mathrm{T}}$ 称为最小二乘算子. 此时，法方程具有唯一解，即 (12-8) 是最小二乘问题具有的唯一解.

A 的秩数为 r，当 $m = n = r$ 时，法方程为适定方程，并且 A 为方阵，我们在法方程 $A^{\mathrm{T}} A x = A^{\mathrm{T}} b$ 的两边乘以 $(A^{\mathrm{T}})^{-1}$，得

$$(A^{\mathrm{T}})^{-1} A^{\mathrm{T}} (Ax) = (A^{\mathrm{T}})^{-1} A^{\mathrm{T}} b,$$
$$Ax = b,$$

两边再乘以 A^{-1}，得到解为

$$x = A^{-1} b.$$

当 $m < n$ 时，法方程为欠定方程，可能存在无穷多个解.

12.3　非线性最小二乘问题的求解

当 (12-5) 中 f_i 是非线性函数时, 可通过计算梯度等于 0 得到一个非线性方程组. 一般地, 这个方程组不具备法方程 (12-7) 的基本形式, 很难直接写出求解公式.

通常的思想是将非线性最小二乘问题转化为若干个线性最小二乘问题, 再通过求解线性化问题, 以得到非线性问题的最优解.

对于 (12-5) 形式的非线性最小二乘问题, 设 $x^{(k)}$ 是解的第 k 次近似, 在 $x^{(k)}$ 处将函数 $f_i(x)$ 线性化,

$$f_i(x) \approx \varphi_i(x) = f_i\left(x^{(k)}\right) + \nabla f_i\left(x^{(k)}\right)^{\mathrm{T}}\left(x - x^{(k)}\right), \qquad (12-9)$$

并得到线性最小二乘问题,

$$\min \Phi(x) = \sum_{i=1}^{m} \varphi_i^2(x). \qquad (12-10)$$

解之, 得到最优化问题 (12-10) 的解, 并记为 $x^{(k+1)}$; 再从 $x^{(k+1)}$ 点开始, 重复以上过程, 直至达到程序的停止条件.

由线性化表示 (12-9) 可以得到, 在 (12-10) 中 $\Phi(x)$ 可写作

$$\Phi(x) = (A_k x - b)^{\mathrm{T}}(A_k x - b), \qquad (12-11)$$

其中, A_k 是 Jacobi 矩阵,

$$A_k = \begin{pmatrix} \nabla f_1\left(x^{(k)}\right)^{\mathrm{T}} \\ \nabla f_2\left(x^{(k)}\right)^{\mathrm{T}} \\ \vdots \\ \nabla f_m\left(x^{(k)}\right)^{\mathrm{T}} \end{pmatrix} = \begin{pmatrix} \dfrac{\partial f_1\left(x^{(k)}\right)}{\partial x_1} & \dfrac{\partial f_1\left(x^{(k)}\right)}{\partial x_2} & \cdots & \dfrac{\partial f_1\left(x^{(k)}\right)}{\partial x_n} \\ \dfrac{\partial f_2\left(x^{(k)}\right)}{\partial x_1} & \dfrac{\partial f_2\left(x^{(k)}\right)}{\partial x_2} & \cdots & \dfrac{\partial f_2\left(x^{(k)}\right)}{\partial x_n} \\ \vdots & \vdots & \cdots & \vdots \\ \dfrac{\partial f_m\left(x^{(k)}\right)}{\partial x_1} & \dfrac{\partial f_m\left(x^{(k)}\right)}{\partial x_2} & \cdots & \dfrac{\partial f_m\left(x^{(k)}\right)}{\partial x_n} \end{pmatrix},$$

$$b = \begin{pmatrix} \nabla f_1\left(x^{(k)}\right)^{\mathrm{T}} x^{(k)} - f_1\left(x^{(k)}\right) \\ \nabla f_2\left(x^{(k)}\right)^{\mathrm{T}} x^{(k)} - f_2\left(x^{(k)}\right) \\ \vdots \\ \nabla f_n\left(x^{(k)}\right)^{\mathrm{T}} x^{(k)} - f_m\left(x^{(k)}\right) \end{pmatrix} = A_k x^{(k)} - f^{(k)}.$$

这里, $f^{(k)} = \left(f_1\left(x^{(k)}\right), f_2\left(x^{(k)}\right), \cdots, f_m(x^{(k)})\right)^{\mathrm{T}}$.

根据 (12-11) 的形式, 由上一节法方程的表达式, 得

$$A_k^{\mathrm{T}} A_k x = A_k^{\mathrm{T}} \left(A_k x^{(k)} - f^{(k)}\right), \tag{12-12}$$

(12-12) 是最小二乘算法迭代求解的一个基础公式, 当令 $x = x^{(k+1)}$ 时, 可得到

$$A_k^{\mathrm{T}} A_k x^{(k+1)} = A_k^{\mathrm{T}} \left(A_k x^{(k)} - f^{(k)}\right),$$

若 $A_k^{\mathrm{T}} A_k$ 非奇异, 则有

$$x^{(k+1)} = \left(A_k^{\mathrm{T}} A_k\right)^{-1} A_k^{\mathrm{T}} \left(A_k x^{(k)} - f^{(k)}\right),$$

整理, 得

$$x^{(k+1)} = x^{(k)} - \left(A_k^{\mathrm{T}} A_k\right)^{-1} A_k^{\mathrm{T}} f^{(k)}.$$

思考题 12.1 为什么要将非线性最小二乘问题进行线性化处理?

直接求解非线性最小二乘问题的难点在于其 Hesse 矩阵是难以计算的. 当非线性问题转化为线性问题后, 目标函数实际上是一个多元二次函数, 其 Jacobi 矩阵与原非线性问题的 Jacobi 矩阵相同, 其 Hesse 矩阵的形式较非线性问题的 Hesse 矩阵更为简单, (12-3) 中目标函数的梯度在 $x^{(k)}$ 点的

$$\left(\nabla F\left(x^{(k)}\right)\right) = \left(\frac{\partial f_i}{\partial x^{(k)}}\right)_{n \times m} \left(\frac{\partial F_i}{\partial f_i}\right)_{m \times 1} = 2 A_k^{\mathrm{T}} f^{(k)}. \tag{12-13}$$

目标函数的 Hesse 矩阵 $\nabla^2 F(x)$ 是难以计算的, 但线性最小二乘问题 (12-10) 的 Hesse 矩阵 H_k 很容易得到,

$$H_k = \left.\frac{\partial^2 \Phi(x)}{\partial^2 x}\right|_{x=x^{(k)}} = 2 A_k^{\mathrm{T}} A_k. \tag{12-14}$$

将 (12-12) 写作,

$$A_k^{\mathrm{T}} A_k \left(x - x^{(k)}\right) = -A_k^{\mathrm{T}} f^{(k)}, \tag{12-15}$$

令 $x = x^{(k+1)}$, 并记 $x^{(k+1)} - x^{(k)} = d^{(k)}$, 再将 (12-13) 和 (12-14) 代入 (12-15), 得

$$H_k d^{(k)} = -\nabla f\left(x^{(k)}\right). \tag{12-16}$$

求解非线性最小二乘问题有两种主要方法,一种是 Gauss-Newton 法,另一种是 Levenberg-Marquardt 法.

(12-16) 的表达形式与牛顿法中 (8-1) 的形式类似,区别在于 (12-16) 采用线性化之后的目标函数 Φ 的 Hesse 矩阵,而牛顿法用的是原目标函数 F 的 Hesse 矩阵. 由 (12-16) 计算得到的 $d^{(k)}$ 称为 Gauss-Newton 方向,以此为搜索方向的最优化算法称为 Gauss-Newton 法 (Pratt et al., 1998; Loke and Dahlin, 2002; Bae et al., 2012).

若直接对非线性最小二乘问题 (12-5) 应用牛顿法,则有牛顿公式

$$\left(H_k + R\left(x^{(k)}\right)\right)\left(x^{(k+1)} - x^{(k)}\right) = -\nabla F\left(x^{(k)}\right), \qquad (12-17)$$

在公式 (12-17) 中,$R\left(x^{(k)}\right) = \nabla^2 F\left(x^{(k)}\right) - H_k$.

由于 $R\left(x^{(k)}\right)$ 中含有 $\nabla^2 F\left(x^{(k)}\right)$ 项,难以计算,所以将 $R\left(x^{(k)}\right)$ 舍掉,便得到了公式 (12-16),经整理,得到 Gauss-Newton 迭代公式,

$$x^{(k+1)} = x^{(k)} - \left(A_k^{\mathrm{T}} A_k\right)^{-1} A_k^{\mathrm{T}} f^{(k)}. \qquad (12-18)$$

算法 12.1 (Gauss-Newton 算法) 的步骤如下:

(1) 取初始点 $x^{(1)}$,精度 $0 < \varepsilon \ll 1$,记数 $k = 1$;

(2) 分别计算函数值 $f_i\left(x^{(k)}\right)$, $i = 1, 2, \cdots, m$,得到向量 $f^{(k)}$,再计算一阶导数

$$a_{ij} = \frac{\partial f_i(x^{(k)})}{\partial x_j}, \quad i = 1, 2, \cdots, m, \quad j = 1, 2, \cdots, n,$$

得到 Jacobi 矩阵 $A_k = (a_{ij})_{m \times n}$;

(3) 若 $\left\|A_k^{\mathrm{T}} f^{(k)}\right\| \leqslant \varepsilon$,输出 $x^{(k)}$ 的最优解,停止程序;否则,解方程组

$$A_k^{\mathrm{T}} A_k d^{(k)} = -A_k^{\mathrm{T}} f^{(k)}, \qquad (12-19)$$

得到 Gauss-Newton 方向 $d^{(k)}$;

(4) 由 (12-18),可记 $x^{(k+1)} = x^{(k)} + d^{(k)}$;

(5) 令 $k = k + 1$,转 (2).

参照带步长的 Newton 法的想法,也可以为 Gauss-Newton 方向乘以一个步长因子,再通过一维搜索来确定步长的取值.

Gauss-Newton 法的优点是具有较快的局部收敛速度,缺点是不具备全局收敛性,并且当 $A_k^{\mathrm{T}} A_k$ 不可逆时,算法失效.

前面提到了只有在矩阵 $A_k^{\mathrm{T}} A_k$ 是非奇异的情况下,方程 (12-19) 才可能有唯一解. 然而矩阵 $A_k^{\mathrm{T}} A_k$ 也可能是病态的或奇异的,此时用常规方法求解方程组 (12-

19) 很难得到稳定的解, 解决这一问题的基本方法是对该矩阵进行正则化或采用截断奇异值方法.

Levenberg-Marquardt 方法是基于正则化思想, 求解正则化方程. 对应于公式 (12-19), 我们利用

$$\left(A_k^{\mathrm{T}} A_k + \alpha I\right) d^{(k)} = -A_k^{\mathrm{T}} f^{(k)}, \tag{12-20}$$

来确定下降方向 $d^{(k)}$. 其中 α 是一个常数, 称为正则化因子, α 的取值不能太小, 否则矩阵 $(A_k^{\mathrm{T}} A_k + \alpha I)$ 仍然可能是病态的; α 的取值亦不能太大, 这是因为

$$\lim_{\alpha \to \infty} \|d^{(k)}\| = \lim_{\alpha \to \infty} \left\| -\left(A_k^{\mathrm{T}} A_k + \alpha I\right)^{-1} A_k^{\mathrm{T}} f^{(k)} \right\| = 0,$$

即相邻迭代点的位移长度太小, 算法收敛慢. 从以上分析过程可见, 正则因子 α 的取值是一个折中的选择.

Levenberg-Marquardt 方法是由 Levenberg 和 Marquardt 分别与 1944 年和 1963 年提出的, 简称 L-M 方法, 信赖域方法就是借助 L-M 方法的思想产生的 (Hanke, 1997; Pujol, 2007; Finsterle and Kowalsky, 2011).

实际上, 从信赖域法的角度出发, 构造以下带约束的极小化问题,

$$\min \sum_{i=1}^{m} \left\| f_i\left(x^{(k)}\right) + \nabla f_i\left(x^{(k)}\right)^{\mathrm{T}} \left(x - x^{(k)}\right) \right\|^2, \tag{12-21}$$

$$\text{s.t. } \|x - x^{(k)}\| \leqslant h_k. \tag{12-22}$$

其中, h_k 为信赖域半径.

极小化问题 (12-21)-(12-22) 的解可通过求解方程

$$\left(A_k^{\mathrm{T}} A_k + \alpha I\right) \left(x - x^{(k)}\right) = -A_k^{\mathrm{T}} f^{(k)} \tag{12-23}$$

来确定, 从而得到迭代公式,

$$x^{(k+1)} = x^{(k)} - \left(A_k^{\mathrm{T}} A_k + \alpha I\right)^{-1} A_k^{\mathrm{T}} f^{(k)}.$$

α 的取值可以随着迭代的进行而改变. 当 $\left\|\left(A_k^{\mathrm{T}} A_k + \alpha I\right)^{-1} A_k^{\mathrm{T}} f^{(k)}\right\| \leqslant h_k$ 时, 仅需取 $\alpha_k = 0$, 即可使 $\|x^{(k+1)} - x^{(k)}\| \leqslant h_k$; 否则, 取 $\alpha_k > 0$. 这里, 当 $\alpha_k = 0$ 时, 由方程 (12-23) 解得的下降方向 $d^{(k)} = \left(x^{(k+1)} - x^{(k)}\right)$ 就是 Gauss-Newton 方向, 当取 $\alpha_k > 0$ 时, 随着 α_k 的增大, 该下降方向逐步接近负梯度方向. 当 α_k 充分大时, 下降方向近似于负梯度方向. 我们给出 Levenberg-Marquardt 算法的步骤.

算法 12.2 (Levenberg-Marquardt 算法):

(1) 取初始点 $x^{(1)}$, 精度 $0 < \varepsilon \ll 1$, 初始正则化因子 α_1, 放大因子 $s > 1$, 记数 $k = 1$;

(2) 分别计算函数值 $f_i\left(x^{(k)}\right)$, $i = 1, 2, \cdots, m$, 得到向量 $f^{(k)}$, 再计算一阶导数

$$a_{ij} = \frac{\partial f_i(x^{(k)})}{\partial x_j}, \quad i = 1, 2, \cdots, m, \quad j = 1, 2, \cdots, n,$$

得到 Jacobi 矩阵 $A_k = (a_{ij})_{m \times n}$, 记 $\alpha = \alpha_k$;

(3) 解线性方程组

$$\left(A_k^{\mathrm{T}} A_k + \alpha I\right) d^{(k)} = -A_k^{\mathrm{T}} f^{(k)},$$

得到 $d^{(k)}$;

(4) 可记 $x^{(k+1)} = x^{(k)} + d^{(k)}$;

(5) 计算 $F\left(x^{(k+1)}\right)$, 若 $F\left(x^{(k+1)}\right) < F\left(x^{(k)}\right)$, 转 (6); 否则, 转 (7);

(6) 若 $\left\|A_k^{\mathrm{T}} f^{(k)}\right\| \leqslant \varepsilon$, 程序停止, 输出 $x^{(k+1)}$ 是极小点; 否则, 记 $k = k + 1$, 转 (2);

(7) 若 $\left\|A_k^{\mathrm{T}} f^{(k)}\right\| \leqslant \varepsilon$, 程序停止, 输出 $x^{(k+1)}$ 是极小点; 否则, 令 $\alpha = s\alpha$, 转 (3).

例 12.1 已知最优化问题

$$\min f(x) = 100\left(x_1^2 - x_2\right)^2 + (x_1 - 1)^2,$$

初始点为 $x = (0, 0)^{\mathrm{T}}$, 试用 L-M 法求解该问题.

我们首先编写了 L-M 法的主程序 `LM1231.m`, 在主程序中包含算法 12.2 的所有步骤, 以及绘制可行点与最优点 $(1, 1)^{\mathrm{T}}$ 之间差的 2-范数, 随迭代次数发生变化的情况. 函数的输入为 α 的起始值. 随着 α 输入值的变化, 算法的计算效率有所改变. 我们建立了函数 `plot1231.m`, 用于描述 α 值分别取 0.01, 0.001, 0.0001 和 0.00001 时, 计算结果的变化情况.

如单独运行程序

```
alpha=0.00001;
LM1231(alpha);
```

则可得到可行解经 12 次迭代即可达到收敛, 其取值为 $(0.9972, 0.9942)^{\mathrm{T}}$ (图 12.1).

当初始点为 $(0, 0)^{\mathrm{T}}$ 时, G-N 方法将对本问题失效, 这主要是由 $A_k^{\mathrm{T}} A_k$ 的奇异性造成的. 当改变程序 `LM1231.m` 中的初始点 $x_0 = (2, -2)^{\mathrm{T}}$ 时, 运行命令

```
alpha=0;
LM1231(alpha);
```

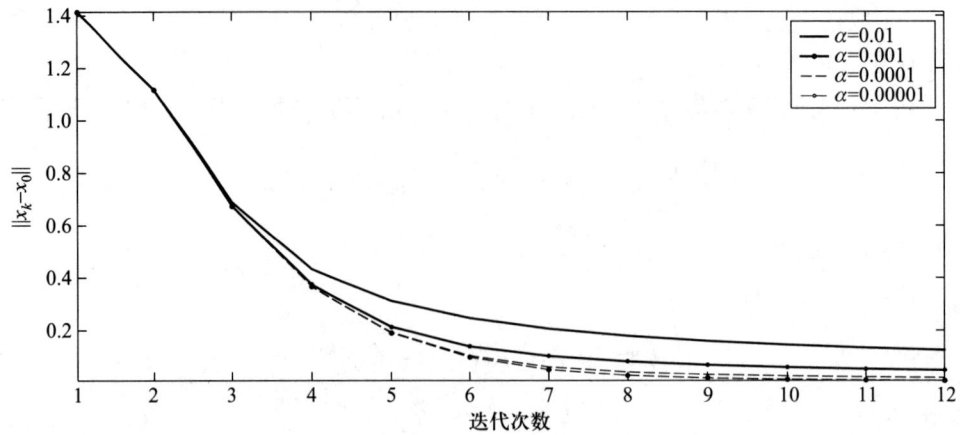

图 12.1 L-M 算法中计算结果对不同 α 值的响应

可以在第 15 步迭代得到最优点取值 $(1.0000, 0.9998)^T$.

第 13 章 模拟退火算法

13.1 概述

模拟退火算法 (simulated annealing, SA) 的思想最早可以追溯到美国洛斯阿拉莫斯国家实验室的 N.Metropolis 等人于 1953 年提出的 Metropolis 算法 (Metropolis et al., 1953). 这一算法曾被遴选为 20 世纪的十个最重要的算法之一.

常规的模拟退火算法是由 S.Kirkpatrick 等人于 1983 年提出的, 并成功应用于解决组合优化问题 (Kirkpatrick et al., 1983; Kirkpatrick, 1984). 目前, 模拟退火算法已成为一种通用的概率演化算法, 主要用于求解非线性全局优化问题. 算法的主要思想是将优化问题的求解过程类比于固体物质的物理退火过程, 即在一定温度下, 物质从一个状态 "随机" 的 (也可能同时具备确定性和随机性) 变化到另一个状态, 随着温度的不断下降, 状态也相应改变, 直至达到最低温度. 一般来说, 模拟退火算法具有渐近收敛性. 这在理论上已经得到证明, 即模拟退火算法是一种依概率 1 收敛于全局最优解的全局优化算法 (Deutsch and Cockerham, 1994; Deutsch and Journel, 1994).

由于状态之间的随机变化过程结合了概率突跳的特性, 这使得模拟退火算法可以有效避开陷入局部最优解的情况, 最终在解空间中找到全局最优解. 因此, 这种算法在地球物理反问题中有着广泛的应用 (Sen and Stoffa, 1991; 孙思敏和彭仕宓, 2007).

13.1.1 物理退火和模拟退火

物理退火是指将固体加热到一个足够高的温度，使分子呈现随机排列状态，再逐步降温使之冷却，最后分子以低能状态排列，固体也随之达到一种稳定状态. 如图 13.1，物理退火的过程分为三个组成部分:

(1) 加温过程: 其目的是增强粒子的热运动，使其偏离平衡位置，消除原先可能存在的稳定状态. 当温度足够高时，固体将熔为液体，从而消除系统原先存在的非均匀状态.

(2) 等温过程: 对于环境交换热量而温度不变的封闭系统，系统状态的自发变化总是向着自由能减少的方向进行. 当自由能达到最小值时，系统达到平衡状态.

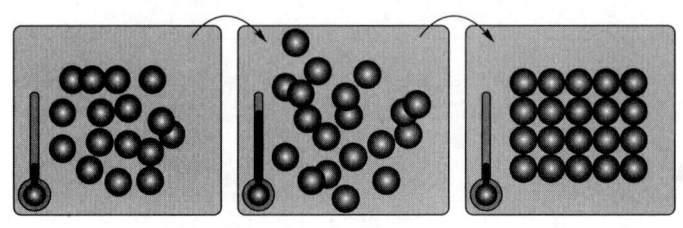

图 13.1 模拟退火算法的原理

(3) 冷却过程: 使粒子运动减弱并逐渐趋于有序，系统的能量下降，从而得到低能状态的晶体结构.

在以上过程中，系统的某一状态对应模拟退火算法计算过程中的一个可行解，状态的能量对应于目标函数值 (当最优化问题为极小化问题时)，粒子的迁移率为可行解的转移概率，各温度数值为整个算法的控制参数.

因此，比照物理退火过程，模拟退火算法的步骤如下 (图 13.2).

算法 13.1 (模拟退火算法)

(1) 初始化: 取一个充分大的初始温度 T_0，令 $T = T_0$，任取一个初始解 x_0，设置在每个温度下的最大迭代次数为 L (Metropolis 链长)，记 $i = 0$;

(2) 对当前温度 T 的解 x_i 随机扰动，产生一个新解 x_{i+1}，也可以采用某个状态生成函数确定新解 x_{i+1};

(3) 计算 x_{i+1} 的增量 $\Delta J = J(x_{i+1}) - J(x_i)$，其中 $J(\cdot)$ 为目标函数;

(4) 若 $\Delta J < 0$，将 x_{i+1} 作为新的当前解; 否则，计算 x_{i+1} 的状态转移概率 p. 如果 $p \geqslant \text{rand}$，也接受 x_{i+1} 作为新的当前解; 如果 $p < \text{rand}$，保留 x_i 为当前解. 其中，p 的计算方式将在下面内容中介绍，rand 为 $(0, 1)$ 之间的随机数. 经以上判别后，如可行解满足内循环的跳出条件，则进入外循环过程，否则跳转至 (2);

13.1 概述

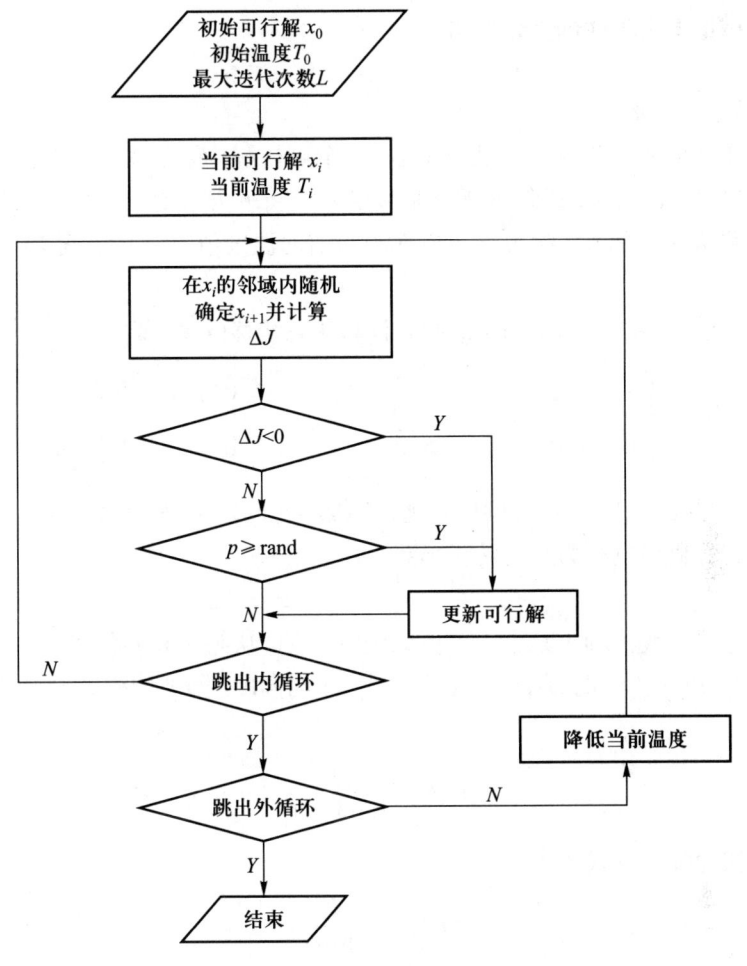

图 13.2 模拟退火算法的流程图

(5) 当可行解满足外循环的跳出条件时，结束程序；否则降低当前温度，跳转至 (2).

内循环的跳出条件可以是在连续若干个 Metropolis 链中新可行解都没有被接受；外循环的跳出条件可以是达到预设的结束温度，或达到外循环的最大迭代次数限制. 值得注意的是，当经历多次可行解的选取后，程序仍陷入内循环时，需要对可行解进行比较大的扰动. 我们可以通过限制内循环的迭代次数来限定解的试探次数，待进入外循环后再调整温度，因此实际操作过程中温度 T 与可行解 x 的更新次数很可能不是一致的.

13.1.2 模拟退火算法的技术细节

(1) 状态转移概率:

状态转移概率是指从一个状态 x_{old} (一个可行解) 变为另一个状态 x_{new} (另一个可行解) 的转移概率. 通俗的理解是接受一个新解为当前解的概率. 因此状态转移概率也称为接受概率. 状态转移概率与当前的温度值 T 有关, 随温度下降而减小.

一般来说, 采用 Metropolis 准则来计算状态转移概率, 即

$$p = \begin{cases} 1, & E(x_{\text{new}}) < E(x_{\text{old}}); \\ \exp\left(-\dfrac{E(x_{\text{new}}) - E(x_{\text{old}})}{T}\right), & E(x_{\text{new}}) \geqslant E(x_{\text{old}}). \end{cases}$$

其中, $E(x)$ 表示状态 x 对应的能量值, 在极小化问题中 E 等价于目标函数 $J(\cdot)$. 这个状态转移概率也称为状态转移函数.

(2) 降温方式:

降温方式一般依赖于某个温度更新函数 $T(t)$, 从某一高温状态 T_0 向低温状态冷却. 其中, $T(t)$ 为 t 时刻 (或第 t 个迭代步) 的温度. 经典的模拟退火算法的降温方式为

$$T(t) = \frac{T_0}{\lg(1+t)},$$

也可采用快速降温方式,

$$T(t) = \frac{T_0}{1+t},$$

或

$$T(t) = q^t T_0,$$

其中, q 表示降温速度, 且 $0 \ll q < 1$.

以上降温方式都有助于模拟退火算法收敛于全局极小点.

(3) 初始温度的确定:

虽然 T_0 较大时, 获得高质量解的概率也较高, 但是花费的计算时间也会随之增加. 因此, 并不能一味地依赖于增大初始温度提高最优解的获取能力, 而应该折中考虑优化质量和优化效率.

常用的初始温度选择办法主要有两种: 其一, 均匀抽样一组状态 (可行解), 以各状态目标函数值的方差为初始温度; 其二, 随机生成一组状态, 确定两两状态之间的最大目标值差 $|\Delta \max|$, 取 $T_0 = |\Delta \max|/p_0$, 其中 p_0 为初始的状态转移概率.

(4) 程序的终止:

程序的终止条件包括两个类别, 其一是内循环终止, 其二是外循环终止.

内循环终止是指在某一温度的不同状态下, 达到某一候选解的数目时, 选择进入下一温度. 常用的准则有三种:

① 目标函数的均值变化比较稳定;

② 连续若干步的目标值变化较小;

③ 达到一定的计算步数 (如 Metropolis 链长).

外循环终止是指算法的终止. 这里常用的判断准则包括:

① 达到预设终止温度;

② 达到外循环迭代次数, 即历经了足够多的温度;

③ 最优值连续若干步保持不变;

④ 检验系统熵是否稳定.

13.1.3　模拟退火算法的优点和缺点

模拟退火算法具有诸多优点, 包括:

(1) 可用于求解多种非线性优化问题, 甚至对于不连续的目标函数, 仍然能以较大概率求取其全局最优解;

(2) 算法的收敛性与初始状态 (初始可行解) 无关;

(3) 多个参数能对算法产生可控性, 如初始温度和降温方式等;

(4) 计算过程简单, 通用性强.

模拟退火算法也有一些缺点, 包括:

(1) 算法需要计算或给定较高的初始温度、较慢的降温速度、较低的终止温度, 以及各温度下足够多的抽样, 因此优化过程较长;

(2) 在保证一定精度的前提下, 内循环和外循环结构使算法的效率降低了;

(3) 多个参数需要调节: 因算法所需参数较多, 所以较之其他全局优化算法, 参数的协调也就更加困难, 如初始温度、终止温度和降温方式等因素的确定.

综上, 模拟退火算法包括 3 个函数和 2 个准则: 状态产生函数、状态接受函数、温度更新函数; 内循环终止准则和外循环终止准则. 因此, 模拟退火算法的改进具有多个切入点.

13.2 模拟退火算法的改进

上一节,我们已经对内循环终止准则、外循环终止准则、温度更新函数,包括初始温度的选择等因素进行了分析. 这一节,我们将重点讨论状态产生函数和状态接受函数的改进,以及对算法效率的影响.

为了保证算法的全局搜索能力,状态接受函数一般被定义为概率的表达形式,因此不同状态接受函数的区别在于其接受概率的形式不同. 然而,状态接受函数具体定义的不同,对算法性能的影响并不显著 (Szu and Hartley, 1987; 姚姚, 1995; Zhao et al., 1996; 王山山等, 1995; 蒋龙聪和刘江平, 2007).

状态产生函数由两部分组成,即产生新解的方式和产生新解的概率分布. 前者是指决定新解生成的公式或者原理; 后者是指新解依据的概率分布. 二者都可以是多样化的. 比如,对于常规的模拟退火算法,产生新解的方式可以是在某个邻域范围内的一个随机变量,而产生新解的概率可以是均匀分布、高斯分布、柯西分布等.

对于一种常用的模拟退火算法的改进形式——非常快速模拟退火算法 (very fast simulated annealing, VFSA), Ingber 给出了状态产生函数如下:

$$\Delta m_i = \eta_i \left(m_{i\,\max} - m_{i\,\min} \right), \tag{13-1}$$

$$\eta_i = \text{sign}\left(u_i - 0.5\right) T_i \left[\left(1 + \frac{1}{T_i}\right)^{|2u_i - 1|} - 1 \right], \tag{13-2}$$

其中, $m_{i\,\max}$ 和 $m_{i\,\min}$ 分别为状态参数 m_i 的上界和下界, u_i 是在 $[-1, 1]$ 区间上的随机数, η_i 的取值范围也介于 $[-1, 1]$. 公式 (13-1) 描述了每一步状态的变化规律,公式 (13-2) 为这种规律带来了随机性 (Ingber and Rosen, 1992).

思考题 13.1 试确定 (13-2) 中 η_i 的取值范围.

考虑 $T_{(i)} \to 0$ 和 $T_{(i)} \to \infty$ 的两种情况:

(1) $T_{(i)} \to 0$ 时,

$$\lim_{T_{(i)} \to 0} |\eta_i| = \lim_{T_{(i)} \to 0} T_{(i)} \cdot \left[\left(1 + 1/T_{(i)}\right)^{|2u-1|} - 1 \right],$$

由于上述极限随着 $|2u - 1|$ 的增大而增大.

当 $|2u - 1| = 1$ 时,

$$\lim_{T_{(i)} \to 0} |\eta_i| = \lim_{T_{(i)} \to 0} T_{(i)} \cdot \left[\left(1 + 1/T_{(i)}\right) - 1 \right] = 1;$$

当 $|2u - 1| = 0$ 时,

$$\lim_{T_{(i)} \to 0} |\eta_i| = \lim_{T_{(i)} \to 0} T_{(i)} \cdot \left[\left(1 + 1/T_{(i)}\right)^0 - 1 \right] = 0.$$

所以, 此时 $|\eta_i| \in [0, 1]$.

(2) $T_{(i)} \to \infty$ 时, 与 (1) 类似, 我们仍然可以得到 $|\eta_i| \in [0, 1]$.

我们将在下一节, 分别应用常规的模拟退火算法和非常快速模拟退火算法计算地震反射率反演问题.

13.3 数值算例 (地震反射系数序列反演)

地震波阻抗反演是利用地震数据对地下介质的阻抗剖面进行估计, 并使之满足测井数据的约束条件 (姚振兴和张霖斌, 1999).

常用的波阻抗反演方法包括直接反演、广义线性反演和非线性反演. 本节将应用模拟退火算法来计算地震波阻抗反演 (Mosegaard and Vestergaard, 1991).

首先, 我们介绍地震波阻抗反演的一般流程.

叠后地震数据可采用褶积模型来表示,

$$S(t) = W(t) * R(t), \qquad (13\text{-}3)$$

其中, $S(t)$ 表示地震记录, $W(t)$ 表示地震子波, $R(t)$ 表示反射系数序列 (陆基孟和王永刚, 2009).

公式 (13-3) 的离散形式如下,

$$S_i = \sum_{j=0}^{N_r} W_{i-j}(z_{j+1} - z_j)/(z_{j+1} + z_j) = \sum_{j=0}^{N_r} W_{i-j} \cdot R_j, \quad i = 0, 1, \cdots, N_t \qquad (13\text{-}4)$$

其中, z_j 表示第 j 层的波阻抗, N_r 表示地层的总层数, N_t 表示地震记录样点个数.

假设 $S^*(t)$ 是已知的地震观测记录, $S(t)$ 是通过公式 (13-3) 和 (13-4) 得到的正演数据, 将二者离散化, 取 $t = 0, \Delta t, 2\Delta t, \cdots, n\Delta t$, 并建立目标函数为

$$F(S^*(t), S(t)) = \sum_{i=0}^{n} |S^*(i\Delta t) - S(i\Delta t)|^2. \qquad (13\text{-}5)$$

将 $S(t)$ 用 (13-3) 代换, 并另记目标函数为

$$G(W, R) = \|S^*(t) - W(t) * R(t)\|^2. \qquad (13\text{-}6)$$

由于 (13-6) 中含有两组未知变量, 所以一般的波阻抗反演都需要对子波 $W(t)$ 估计, 再对反射系数序列 $R(t)$ 进行反演从而得到阻抗结果, 或者不计算反射系数序列, 而直接对阻抗数据进行反演.

在本算例中, 为了简化计算流程, 假设子波是已知的, 然后利用模拟退火算法对反射系数序列 $R(t)$ 进行反演. 算例将不考虑利用递归反演公式

$$Z_{j+1} = Z_j \cdot \frac{1+R_j}{1-R_j},$$

对阻抗数据直接反演, 使得目标函数 (13–5) 或 (13–6) 取值尽可能小.

我们选择主频为 15 Hz 的 Ricker 子波作为已知子波 (图 13.3).

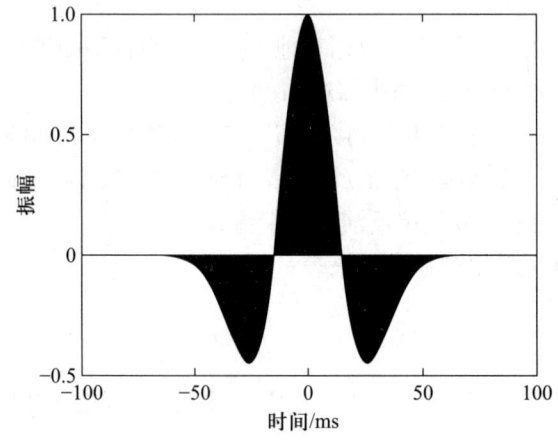

图 13.3 Ricker 子波

在反射系数序列 $R(t)$ 的反演过程中, 我们分别选用了常规的模拟退火算法和非常快速模拟退火算法进行计算. 两种算法的 Metropolis 链长都记为 $k_{\max}$, 即在每个温度下只迭代 $k_{\max}$ 次.

例 13.1 应用常规的模拟退火算法, 求解地震波阻抗反演问题. 已知一个 5 层的均匀水平介质, 自上而下其每一层的层深分别为 200 m, 300 m, 500 m, 200 m 和 200 m, 每一层的速度分别为 2400 m/s, 2600 m/s, 3000 m/s, 3100 m/s 和 3200 m/s, 每一层的密度分别为 1750 kg/m^3, 2050 kg/m^3, 2200 kg/m^3, 2400 kg/m^3 和 2800 kg/m^3. 由速度和密度可求得每一层介质的阻抗值, 并由此得到实际的反射系数序列. 观测数据由褶积模型 (13–3) 给出.

调用函数文件 `refc.m` 可以计算得到真实的反射系数序列为

$$R^* = [0.1186, 0.1065, 0.0598, 0.0927].$$

经褶积得到单道地震观测数据, 运行程序 `seismogram_single.m` 得到结果, 如图 13.4.

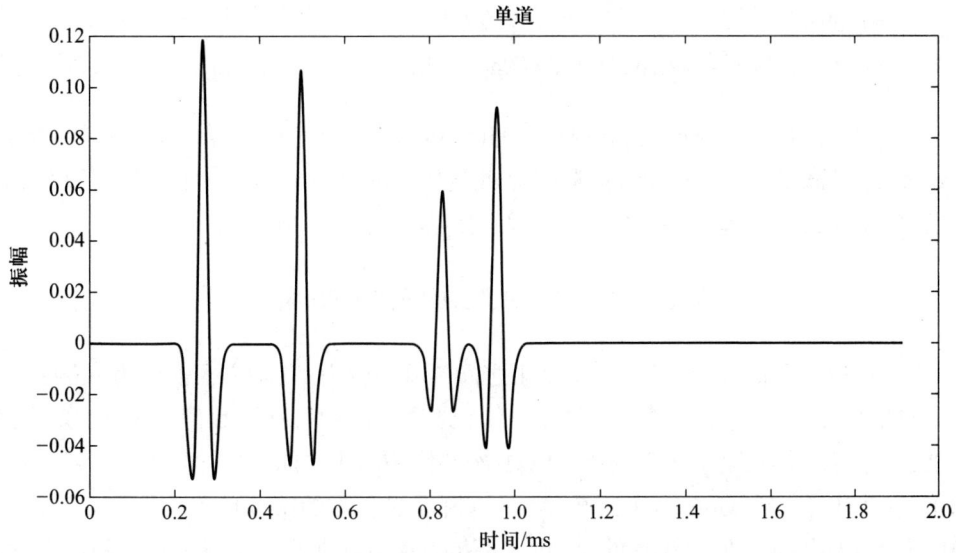

图 13.4　单道地震观测数据

下面对反射系数序列进行反演计算, 令初始的反射系数序列为

$$R_0 = [0.05, 0.05, 0.05, 0.05].$$

再令初始温度 $T_i = 0.5$, 退火因子 $q = 0.99$, 降温公式为

$$T(k) = T_i \cdot q^k,$$

$T(k)$ 表示第 $k+1$ 步的温度. 令最大迭代次数 $k_{\max} = 100$, 反射系数序列中各变量的范围为 $[0.01, 0.15]$, 即上界 $\sup = 0.15$, 下界 $\inf = 0.01$. 设置结束程序的阈值 $v = 0.05$, 即当基于实际地震数据和理论数据偏差的目标函数值小于 0.05 时, 结束程序.

调用函数文件 `ImpInv1D.m`, 在 Matlab 命令行窗口输入,

```
index=1;
R0=[0.05 0.05 0.05 0.05];
kmax=1000;
Ti=0.5;
q=0.9;
sup=0.15;
inf=0.01;
```

```
v=0.05;
[f1,count,xb]=ImpInv1DVFSA(index,R0,kmax,Ti,q,sup,inf,v);
```

这里，`index=1` 表示我们选择了 Metropolis 准则来约束可行点的更新，即当 $\Delta f > 0$，且满足 Metropolis 准则时，在此迭代步的目标函数值并不下降，但仍然更新下一个迭代步的起始点. 经计算，我们得到反射系数序列为

$$R = [0.1118, 0.1079, 0.0577, 0.0863].$$

经比较，可知反演结果与真实结果之间的差距较小，其均方根误差为 0.0048.

图 13.5 是我们得到的运算结果. 这个结果对应的目标函数值为 0.0404, 历经 1321 步迭代，得到以上运算结果. 1321 次迭代相当于在前 13 个温度下，各进行了 100 次迭代 (达到 Metropolis 链长)，并在降温过程中的第 14 个温度下运算了 21 次，便输出了结果. 值得注意的是，由于模拟退火算法在步长选择上具有随机性，所以执行程序 `ImpInv1DVFSA.m` 时，得到的结果可能不尽相同. 但是，由于阈值的控制作用，程序可以保证我们输出一个相对比较合理的结果.

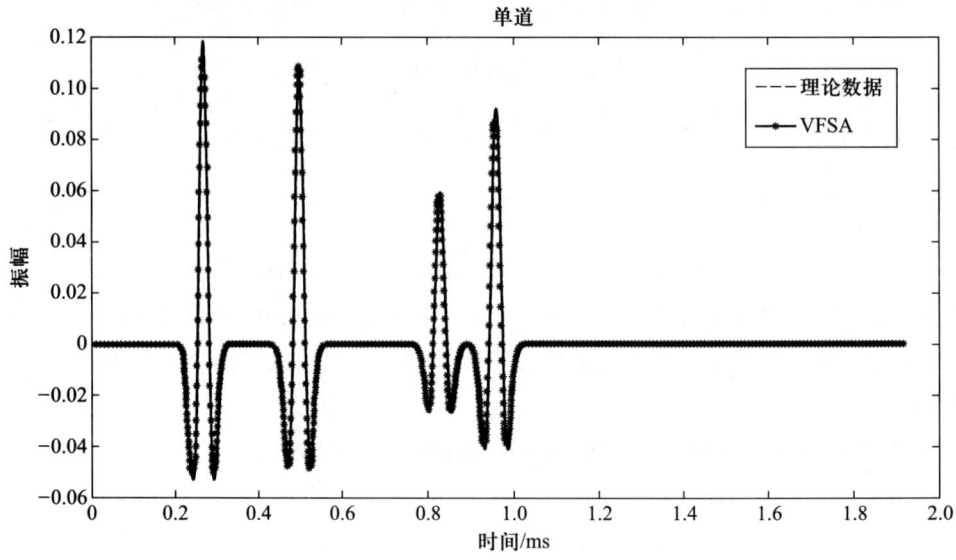

图 13.5 非常快速模拟退火算法的结果

基于 Metropolis 准则的优化策略是常规的模拟退火算法常选用的，但是虽然历经了 $k_{\max}+1$ 个迭代步，我们却无法保证最后输出的结果对应的目标函数值是这 $k_{\max}+1$ 个迭代步中最小的. 因此，必须用阈值 $v=0.05$ 对其迭代过程进行控制.

也可以调用程序 ImpInv1DSA.m 来求解这个反问题. 一些数值实验的结果表明, 当 kmax 取值较低时, 程序会运行很多次而不输出结果. 这是因为相对于 kmax 的取值, 温度下降过快使得整个最优化过程更趋近于随机搜索. 因此, 我们在应用常规的模拟退化算法解决以上反演问题时, 还应该考虑到算法参数之间的匹配关系.

当算法受 Metropolis 准则限制的程度较低时, 模拟退火算法转化为一种纯粹的随机搜索算法. 通过输入 index=2 来替代 index=1, 其他输入条件不变, 即可实现. 这里不再过多讨论.

以某一次数值计算得到的结果为例, 我们得到反射系数序列为 [0.1260, 0.1085, 0.0575, 0.0932], 目标函数值为 0.0360, 温度为 0.0197, 迭代次数为 3196. 这一结果显示, 通过常规的模拟退火算法和非常快速模拟退火算法都得到比较理想的结果, 但常规方法的迭代次数可能会更多一些.

我们应用每种算法, 各进行 10 次数值计算. 总体来看, 非常快速模拟退火算法比常规的模拟退火算法更加高效. 图 13.6 是应用非常快速模拟退火算法, 经历 10 次反演计算得到的结果; 图 13.7 是应用常规的模拟退火算法, 经历 10 次反演计算得到的结果.

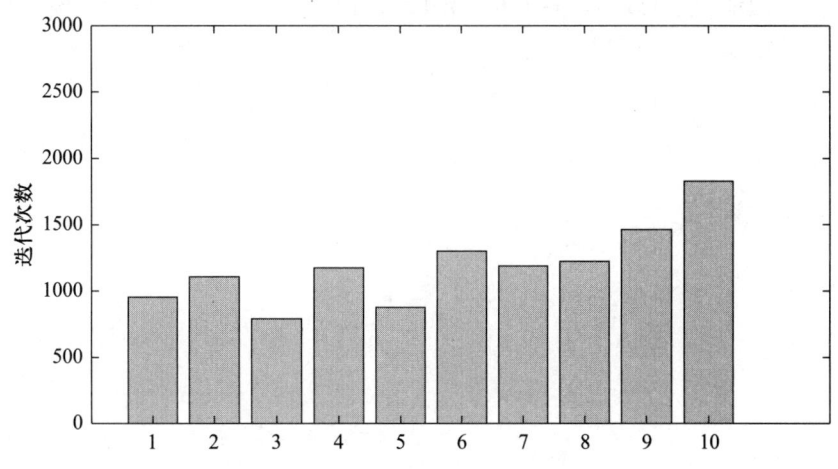

图 13.6　10 次反演计算结果 (非常快速模拟退火算法)

由图 13.6 和图 13.7 的结果对比可知, 非常快速模拟退火算法效果更好. 关于模拟退火算法的改进, 还有多种方式可以参考.

当 Metropolis 准则的约束效果不够好时, 使得 $\Delta f \geqslant 0$ 的某些可行点被过多地接受, 并更新为下一个迭代步的起始点. 这种缺陷可以通过缩小 Metropolis 不等式的解集范围来克服. 例如将 ImpInv1DSA.m 和 ImpInv1DVFSA 中的 rand <

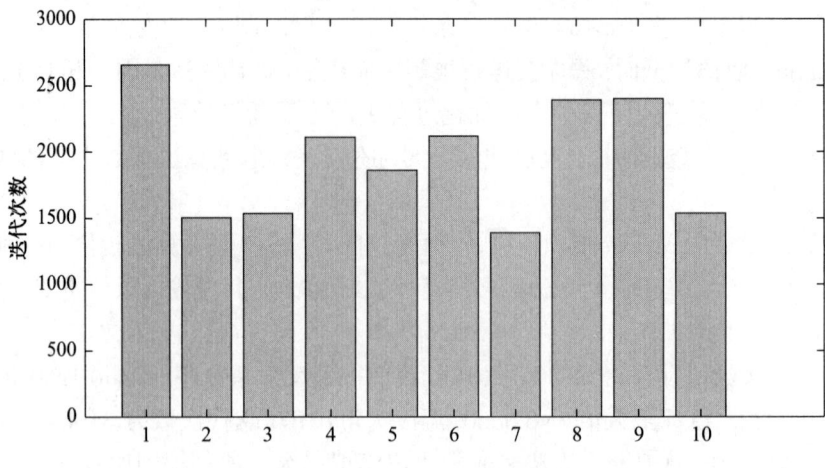

图 13.7　10 次反演计算结果 (常规的模拟退火算法)

$\exp(-df/T(i))$ 改变为 $\mathrm{rand} < 0.01\exp(-df/T(i))$ 等, 以使得 $\Delta f \geqslant 0$ 时, 被接受的可行点数量减少, 从而使得下一个迭代步的起始点中所对应的目标函数值增大的可能性降低了.

与之类似地, 也可以通过降低初始温度值, 使得 $\Delta f \geqslant 0$ 时, 减少被接受的可行点数量.

第 14 章 粒子群算法

14.1 概述

粒子群算法 (particle swarm optimization) 简称为 PSO 算法, 是由 Eberhart 和 Kennedy 提出的一种智能优化算法. 算法的思想源于对鸟群捕食行为的研究. 当鸟群发现食物时, 鸟群中的绝大部分个体可能受到自己判断的最佳位置和同伴位置的双重影响, 来决定自己的移动方式. 这样, 随着群体的移动, 该个体逐渐调整移动方式, 并最终到达食物附近的位置 (Chatterjee and Siarry, 2006; Shaw and Srivastava, 2007; 易远元和王家映, 2009; 崔益安等, 2013).

在 PSO 算法中, 我们将个体每一次移动记为每一个迭代步, 将经个体判断得到的最佳位置抽象为个体经若干个迭代步所能暂时确定的最优解 (pbest), 将群体中所有个体的最佳位置抽象为所有个体具有的最优解 (即所有 pbest) 中的最佳位置 (gbest). 所谓最优, 是对目标函数值最优的简述. 在 PSO 算法中, 目标函数也记为适应度函数 (fitness).

两组参数 pbest 和 gbest 是算法具有智能性的体现, 它们将共同影响粒子的移动方式, 即决定粒子的位移 (在一些 PSO 算法的文献中, 也称为粒子的速度). 此外, 粒子在上一个迭代步的位移, 也具有一定的惯性作用. 因此, 粒子的位移和位置的更新公式为

$$v(t+1) = wv(t) + C_1 r_1 \left[\text{pbest} - x(t)\right] + C_2 r_2 \left[\text{gbest} - x(t)\right], \quad (14-1)$$

$$x(t+1) = x(t) + v(t+1), \quad (14-2)$$

其中，$v(t+1)$ 是第 t 个迭代步粒子应产生的位移，$x(t+1)$ 是第 $t+1$ 个迭代步的粒子位置，w 是惯性权重，C_1 和 C_2 是学习因子 (大于 0)，r_1 和 r_2 是 $(0,1)$ 之间均匀分布的随机数，pbest 是经 t 个迭代步得到的个体最优解，gbest 是所有 pbest 元素中的最佳选择.

14.1.1 参数的选取

算法的性能取决于参数的选取，包括粒子的个数、最大位移、粒子的范围、学习因子和惯性权重等. 此外，待求问题的维度，即粒子的维度，也对算法的性能具有很大的影响. 各参数的选取原则如下:

(1) 粒子的个数: 粒子个数的设置是由问题的复杂程度决定的，对于比较复杂的问题，粒子个数可以设为大于 10. 对于一般的最优化问题，将粒子个数设为 $20 \sim 40$，即可得到较好的运算结果；对于特别简单的问题，也可以将粒子数缩小为 10 左右.

(2) 最大位移: 与模拟退火算法中的随机扰动类似，粒子的最大位移一般设为粒子范围的最大宽度.

(3) 粒子的范围: 由最优化问题决定，不同的维度可以设定不同的范围.

(4) 学习因子: 学习因子用于描述粒子向自身和种群中的优秀个体学习的能力，当取 $C_1 \geqslant C_2$ 时，说明粒子更重视自我总结；反之，说明粒子更注重向其他优秀粒子学习. 同时，学习能力的强弱还受到随机数 r_1 和 r_2 的影响. 一般取 C_1 和 C_2 等于 2，也可以取其为 0 和 4 之间的值.

(5) 惯性权重: 惯性权重描述粒子对上一个迭代步中可行解的继承能力. 恰当地选取惯性权重可以使粒子的移动方式同时具有确定性和随机性，从而既保持良好的搜索能力，又兼具一定的发现能力. 惯性权重的选取方式很多，将在下一节详细介绍.

14.1.2 算法的流程

对于最优化问题

$$\min f(x), \quad \text{s.t.} \, x \in D,$$

PSO 算法的步骤如下.

算法 14.1 (粒子群算法):
(1) 初始化每个粒子: 随机初始化每个粒子的位置和位移;
(2) 评价每个粒子: 评价每个粒子的适应度 (即目标函数);

(3) 找到每个粒子的历史最佳位置 (pbest): 对于每个粒子, 将 (2) 中计算得到的适应度值, 与历史最优值做比较, 并更新历史最优值和最佳位置 (pbest);

(4) 找到所有粒子决定的全局最优位置 (gbest): 对于每个粒子, 将 (3) 得到的 pbest 对应的适应度值, 与当前全局最优适应度值做比较, 并更新全局最优值和最佳位置 (gbest);

(5) 对照公式 (14−1) 和 (14−2) 更新每个粒子的位移和位置:

$$v_{i,j}(t+1) = wv_{i,j}(t) + C_1 r_1 \left[\text{pbest}_{i,j} - x_{i,j}(t)\right] + C_2 r_2 \left[\text{gbest}_{i,j} - x_{i,j}(t)\right], \quad (14-3)$$

$$x_{i,j}(t+1) = x_{i,j}(t) + v_{i,j}(t+1); \quad (14-4)$$

(6) 如果满足结束条件 (可预设为运算精度或最大迭代次数等), 停止搜索, 并输出结果; 否则, 返回 (2).

PSO 算法的流程图, 如图 14.1.

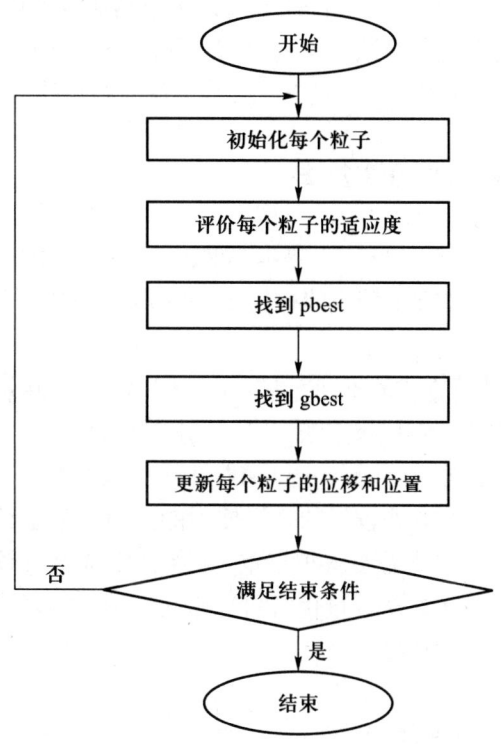

图 14.1　PSO 算法的流程图

14.2 算法的改进

14.2.1 三种改进方式

除标准的粒子群算法外, 算法还具有多种改进形式. 算法改进的出发点是提升算法的计算效率, 而这些改进的直接结果是改善算法的全局搜索和局部搜索能力.

常见的算法改进方式有三种: 其一是对位置和位移更新公式中参数的修改, 包括惯性权重和学习因子等; 其二是对更新公式中所有位置数据的修改, 如二阶粒子群算法中还考虑引入变量 $x_{i,j}(t-1)$, 使 $t+1$ 时刻的位移同时受到 t 和 $t-1$ 时刻的位置影响, 并将公式 (14–3) 变为

$$v_{i,j}(t+1) = wv_{i,j}(t) + C_1 r_1 \left[\text{pbest}_{i,j}(t) - 2x_{i,j}(t) + x_{i,j}(t-1) \right] + \\ C_2 r_2 \left[\text{gbest}_{i,j}(t) - 2x_{i,j}(t) + x_{i,j}(t-1) \right], \qquad (14-5)$$

并保持公式 (14–4) 不变; 其三是将粒子群算法与其他智能优化算法相结合, 形成兼具各算法优点的混合优化算法, 如 PSO-GA, PSO-SA, PSO-NN 等算法.

这一节, 我们主要介绍更新公式中几类基于参数调整的改进粒子群算法.

14.2.2 基于改进权重的粒子群算法

惯性权重 w 是整个粒子群算法中非常重要的参数. 较大的权重 w 意味着算法的全局搜索能力得到了提高; 较小的权重 w 意味着算法的局部搜索能力得到了增强.

根据权重 w 的计算方式的不同, 可以提出不同的粒子群算法, 如线性递减权重法、非线性递减权重法、随机权重法、自适应权重法等.

(1) 线性递减权重法: 在此算法中, 随着迭代次数的增加, 权重将减少. 在迭代开始阶段, 较大的权重意味着较强的全局搜索能力. 随着迭代次数的增加, 算法所探索的区域也将增多, 因此需要减小权重, 以保证算法具有较强的局部探索能力. 这使得每次迭代的可行解在全局最优解附近移动, 并越来越接近全局最优解. 这里, 权重可以依线性递减方式计算,

$$w(k) = w_{\max} - \frac{k \cdot (w_{\max} - w_{\min})}{k_{\max}}, \qquad (14-6)$$

其中, $w_{\max}$ 是最大权重, $w_{\min}$ 是最小权重, $k_{\max}$ 是最大迭代次数, 通常取 $w_{\max} = 0.9$, $w_{\min} = 0.4$. $k_{\max}$ 可依具体问题而定.

(2) 非线性递减权重法: 考虑到在算法搜索的各阶段, 线性递减惯性权重并不能真实反映算法搜索能力对惯性权重提出的要求. 例如, 在初始阶段, 算法会要求惯性权重的下降较慢; 在临近结束的阶段, 算法会要求惯性权重快速下降. 因此, 以非线性方式使惯性权重减少, 将更加满足算法的实际需要.

我们可以选择多种非线性函数, 描述这一下降过程, 如利用指数函数, 得到

$$w(k) = w_{\min} + (w_{\max} - w_{\min}) \cdot \exp\left(-25 \times \left(\frac{k}{k_{\max}}\right)\right)^3; \quad (14-7)$$

利用二次函数, 得到

$$w(k) = \frac{w_{\max} - w_{\min}}{k_{\max}^2}(k - k_{\max})^2 + w_{\min}; \quad (14-8)$$

利用 N 次函数, 得到

$$w(k) = \left(\frac{k_{\max} - k}{k_{\max}}\right)^N (w_{\max} - w_{\min}) + w_{\min}. \quad (14-9)$$

(3) 随机权重法: 将一般的粒子群算法的惯性权重设置为服从某种随机分布的随机数, 就得到了随机权重法.

这种算法的优势是, 当可行点充分接近全局最优点时, 惯性权重 w 有机会取到非常小的值; 反之, 当可行点不够接近全局最优点时, 惯性权重 w 也有机会取到非常大的值. 因此, 算法无论在靠近或远离全局最优点时, 都有机会进一步接近目标. 随机权重的计算公式可为

$$w = 0.5 + \frac{\mathrm{rand}(0,1)}{2}, \quad (14-10)$$

其中, $\mathrm{rand}(0,1)$ 表示 $(0,1)$ 之间的随机数.

(4) 自适应权重法: 为了平衡粒子群算法的全局搜索和局部搜索能力, 也可采用动态自适应权重计算公式,

$$w = \begin{cases} w_{\min} + \dfrac{(w_{\max} - w_{\min}) \cdot (f - f_{\min})}{(f_{\mathrm{avg}} - f_{\min})}, f \leqslant f_{\mathrm{avg}}, \\ w_{\max}, f > f_{\mathrm{avg}}, \end{cases} \quad (14-11)$$

其中, $w_{\max}$ 和 $w_{\min}$ 分别表示 w 的最大值和最小值, f 表示粒子当前的目标函数值, f_{avg} 表示当前所有粒子的目标函数平均值, $f_{\min}$ 表示当前所有粒子的最小值.

算法的核心是根据粒子的目标函数值来调整粒子的惯性权重. 当 $f \leqslant f_{\mathrm{avg}}$ 时, 说明目标函数值较小, 该可行点较所有粒子的平均水平更接近最优点, 应采用较小的权重; 当 $f > f_{\mathrm{avg}}$ 时, 说明目标函数值较大, 该可行点较所有粒子的平均水平更

远离最优点, 应采用较大的权重. 此外, 还有很多种改进的粒子群算法被应用于广泛的地球物理反问题研究中 (Ratnaweera et al., 2004; 师学明等, 2009b; 朱童等, 2011; Tang et al., 2011; 邵洪涛等, 2012; Ghamisi and Benediktsson, 2015).

14.3 数值算例 (地震子波提取)

地震子波提取是波阻抗反演的基础和关键. 在反演问题中, 正确地估计子波, 可以保证阻抗估值的正确性, 从而为后续的速度反演奠定基础. 在正演问题中, 需要通过波动方程或褶积模型, 结合地震子波来形成地震数据的正演模拟结果 (Cheng et al., 1996; 杨培杰和印兴耀, 2008; 袁三一和陈小宏, 2008).

地震子波是地震记录中的基本单元, 具有确定的起始时间、有限的延续长度和能量. 一般来说, 一个地震子波具有若干个相位的延续长度 (如 2、3 个相位). 在炸药震源激发的瞬间产生的地震波仅是一个延续时间极短的尖脉冲, 随着尖脉冲在介质中传播, 尖脉冲的高频成分很快衰减, 波形变宽, 便形成了地震子波.

常用的子波提取算法有两种类型: 其一是确定性子波提取方法, 先计算反射系数序列, 再对子波进行估计; 其二是统计性子波提取方法, 以统计相关性为基础, 主要包括二阶统计量法和高阶统计量法.

本节采用 PSO 算法对子波的主频参数进行了估计, 同时也求解出反射系数序列的估计值. 在算法的执行过程中, 我们采用主频和反射系数序列相互修正的方法. 采用 PSO 算法的一个重要原因是目标函数中的褶积算子比较复杂, 不适合应用梯度类算法.

下面我们给出地震子波提取问题的具体参数如下. 5 层的水平层状介质的层厚度由浅至深分别为 200 m, 300 m, 500 m, 200 m 和 200 m, 速度分别为 2400 m/s, 2600 m/s, 3000 m/s, 3100 m/s 和 3200 m/s, 密度分别为 1750 kg/m^3, 2050 kg/m^3, 2200 kg/m^3, 2400 kg/m^3 和 2800 kg/m^3, 关于 y 轴对称的雷克子波的主频为 30 Hz, 真实地震数据由褶积模型得到. 在假设已知真实地震记录和层厚度的情况下, 求解雷克子波的主频.

首先, 建立适应度函数,

$$F(R^*, f^*, R, f) = \|S(R^*, f^*) - S(R, f)\|_2^2, \tag{14-12}$$

其中, R^* 表示真实的反射系数序列, f^* 表示真实的主频 30 Hz, R 表示反射系数序列的估计值, f 表示主频的估计值, $S(\cdot, \cdot)$ 表示通过褶积运算得到的地震正演结果.

设置公式 (14–5) 中的惯性参数 $w = 0.8$, 学习因子 $C_1 = C_2 = 0.8$, r_1 和 r_2

为 [0,1] 区间上均匀分布的随机数. 我们将最大迭代次数 $k_{\max}$ 设置为 10 至 100 的范围内, 由图 14.2 可知, 目标函数值随着最大迭代次数的增加而呈现较为明显的下降趋势.

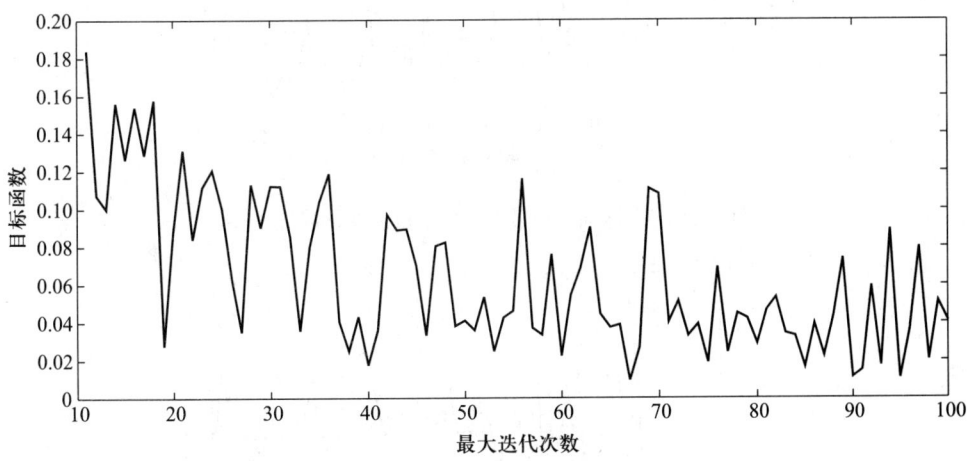

图 14.2 目标函数随最大迭代次数的变化趋势 (一)

将主频估计值的范围限定在 20 ~ 40 Hz, 我们得到主频估计值随最大迭代次数的变化趋势, 主频的估计值可以达到 30 Hz 附近一个比较小的范围内 (图 14.3). 我们调整主频的范围为 25 ~ 35 Hz, 可以得到更好的结果, 目标函数值的衰减速度明显加快 (图 14.4); 总体上来看, 主频的估计值也更接近于 30 Hz (图 14.5). 这说明, 当收缩可行域取值范围时, 反演的结果一般会更趋近于最优值.

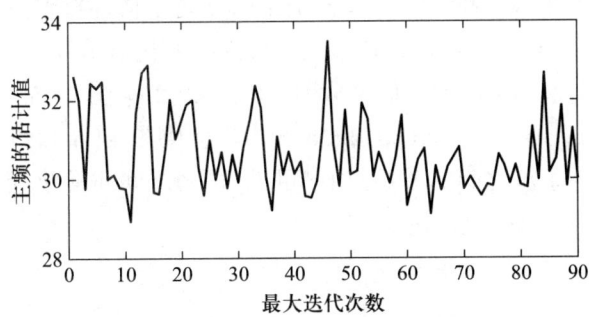

图 14.3 主频估计值随最大迭代次数的变化趋势 (一)

在 PSO 算法的程序包中, 主要程序为 `pso_WaveletExtr.m`, 在其命令 `function [xb,error]=pso_WaveletExtr(fitness,R0max,R0min,r0max,r0min,N,m,c1,c2,w,kmax)` 中, `xb` 表示计算得到的最优可行点, `error` 表示目标函数的值, `fitness`

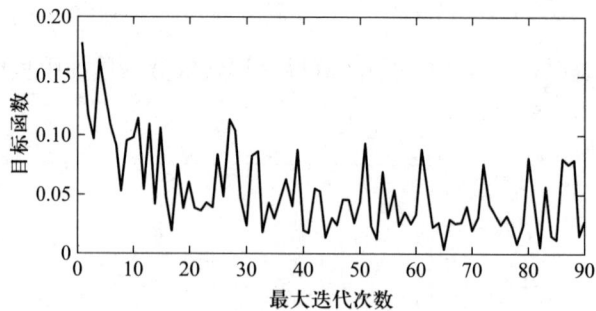

图 14.4　目标函数随最大迭代次数的变化趋势 (二)

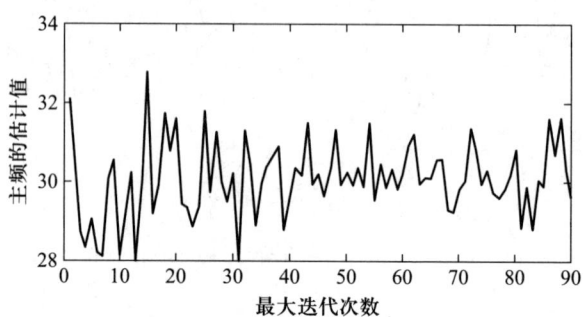

图 14.5　主频估计值随最大迭代次数的变化趋势 (二)

表示适应度函数,R0max 表示反射系数序列值的上限,R0min 表示反射系数序列值的下限,r0max 表示频率值的上限,r0min 表示频率值的下限,N 表示粒子的总数,m 表示可行变量的个数,c1 和 c2 表示学习因子,w 表示惯性权重,kmax 表示最大迭代次数. FreqIterRelation.m 是依最大迭代次数变化显示计算效果的程序,可以通过调整频率的上限和下限的取值来分别生成图 14.2 ∼ 图 14.5.

调用程序 pso_WaveletExtrSingle.m 可以生成图 14.6 和图 14.7. 图 14.6 表示真实子波和估计子波之间的关系,由图可见,两者之间非常接近. 图 14.7 表示地震数据的真实值和估计值之间的关系.

14.3 数值算例 (地震子波提取)

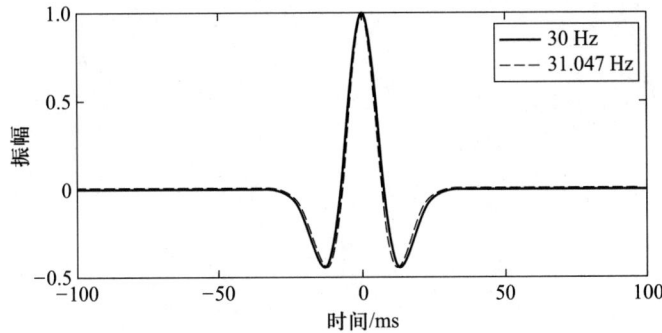

图 14.6 子波的真实波形与估计波形

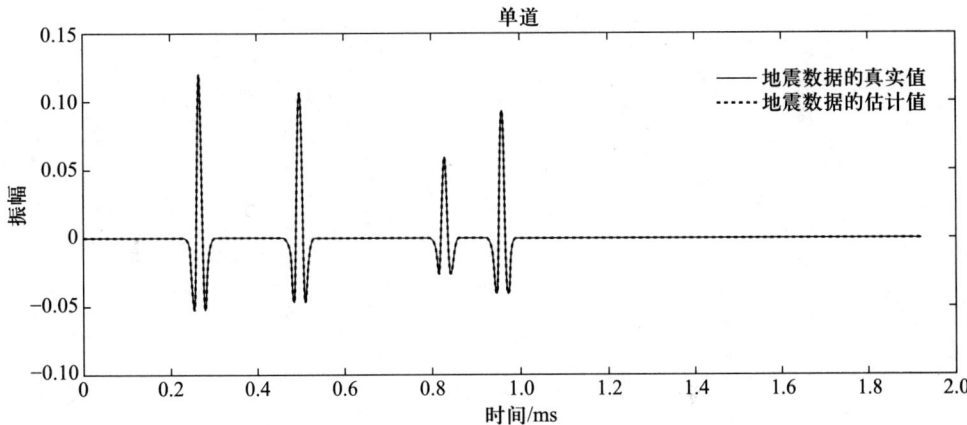

图 14.7 地震数据的真实值与估计值

第 15 章 遗传算法

15.1 概述

遗传算法是一种模拟生物界自然选择和遗传机制的随机搜索算法,适用于求解非常复杂的非线性规划问题 (杨文采, 1995a; Mallick, 1995; Gerstoft, 1995; Boschetti et al., 1996; Sambridge and Kennett, 1996; 谭永基和王金莲, 2005; 程勃和底青云, 2012; Padhi and Malick, 2013).

所谓自然选择,即通过达尔文 "优胜劣汰, 适者生存" 的原理, 激励好的串体结构; 所谓遗传机制, 即通过孟德尔遗传变异理论, 在迭代过程中保持已有的串体结构, 同时寻找更好的结构.

遗传算法的思想最早是由一些生物学家于 20 世纪 50 年代在通过计算机模拟生物遗传功能的尝试中提出的. 后来, 美国的 J.H.Holland 教授在研究适应系统时, 对演化算法进行了进一步的思考, 并在专著《自然与人工系统中的适应》(*Adaptation in Natural and Artificial Systems*) 中全面介绍了遗传算法 (Holland, 1992).

与传统的确定型搜索算法不同, 遗传算法从随机产生的种群 (多个初始可行解) 开始搜索, 通过选择、交叉和变异三个步骤, 逐步依据适应度进行迭代, 产生新的解. 种群中的每个个体代表问题的一个解, 称为染色体. 经过若干代 (迭代步) 的迭代后, 算法收敛于 "最好" 的染色体, 即问题的最优解或近似最优解. 综上, 遗传算法的主要内容包括种群初始化、建立适应度函数、选择操作、交叉操作和变异操作. 下面, 详细介绍这些内容.

(1) 种群的初始化

遗传算法不是直接对问题空间的参数进行处理，而是对原问题空间中的可行解进行编码，进而将其表示为遗传空间中的串体结构——染色体.

最常见的编码方式为二进制编码. 二进制编码方法是使用整数集合 $\{0,1\}$ 构造染色体. 因此，每个染色体就是一个二进制编码符号串. 二进制编码的符号串长度与问题所要求的精度有关. 例如：我们令非线性规划问题解的可行域为 $[-1,1]$，所需精度达到小数点后三位 (10^{-3}). 首先将可行域划分为 $(1-(-1)) \times 10^3 = 2 \times 10^3$ 个等份. 这时，通过满足不等式条件 $2 \times 10^3 \leqslant 2^n - 1$，选择最小的整数 $n=11$. 因此，这时表示该问题的染色体需要长度为 11 的符号串来表示，如 10110001011. 在编码的过程中，只需要将得到的 11 位二进制数字对应十进制的数字即可. 除此以外，还有互换代码、树形代码、值代码等编码方式.

在开始遗传算法的迭代过程之前，还需要确定种群的大小. 种群的大小直接决定了种群的多样性. 一般来说，种群中个体的初始化是随机选取的. 在已知个体概率分布的情况下，也可以依据概率分布来实现初始化.

(2) 适应度函数的建立

适应度函数是用来区分种群中个体好坏的标准，是进行自然选择的唯一依据. 一般地，适应度函数与目标函数是密切相关的. 当求解目标函数极小化问题时，通常将目标函数的倒数作为适应度函数，即当 $f(x)$ 为目标函数时，适应度函数为

$$F(x) = \frac{1}{f(x)}.$$

如果目标函数值大于 0，当其取值越小时，适应度函数的值就越大，个体越优秀.

(3) 选择操作

遗传算法通过选择操作从旧的群体中对个体进行优胜劣汰的操作，以繁殖得到下一代个体. 适应度高的个体被遗传到下一代的概率大，适应度低的个体被遗传到下一代的概率小. 常用的选择操作方法是轮盘赌法. 轮盘赌法又称为比例选择算法，即个体被选中的概率与其适应度大小成正比. 当 F_i 为个体 i 的适应度，N 为种群个体数目，则个体 i 被选中的概率为

$$p_i = \frac{F_i}{\sum_{j=1}^{N} F_j}.$$

具体操作方式如下：令累计概率为 $PP_i = \sum_{j=1}^{i} p_j$，$PP_0 = 0$，转轮 N_p 次 (N_p 为种群个体数)，每次转轮时随机生成 0 到 1 之间的随机数 r，当 $PP_{i-1} \leqslant r < PP_i$ 时，选择个体 i.

(4) 交叉操作

交叉操作是对两个相互配对的染色体,依据交叉概率,按某种方式互相交换其字符串中的元素,从而生成新的优秀个体. 交叉的方式也有很多种,如单点交叉法、双点交叉法、基于"与/或"的交叉法、部分匹配交叉法、顺序交叉法和循环交叉法等. 交叉操作可以增强算法的全局搜索能力. 如果两个父系个体分别为 10011 0111 和 11010 0000,从左起第五位开始交叉操作,得到两个新个体分别为 10010 0000 和 11011 0111.

(5) 变异操作

变异操作的目的是为了维持种群的多样性,并且增强算法的局部搜索能力. 变异是指依据概率将个体编码串中的某些染色体值用其他值替换,从而形成了新的染色体.

常用的变异方式有基本位变异和逆转变异等. 基本位变异是指个体中的某一位置的数值发生变异,如 110 1 0111 经左起第四位变异,得到 1100 0111. 逆转变异是指个体中某两个位置的数值发生变换,如 1 1 0 1 0 111 的左起第二位和第五位经交换后,得到 1 0 0 1 1111.

交叉操作和变异操作的相互作用,共同完成了对空间的局部搜索和全局搜索. 生物进化和遗传算法两个领域中的概念可以一一类比,见表 15.1.

表 15.1　生物进化与遗传算法的类比

生物进化	遗传算法
生存能力	适应度函数
适者生存	如果可行解的适应度函数值越大,其被选择保留的概率越大
个体	优化问题的可行解
染色体	可行解的编码
基因	编码中的一个元素
群体	被选中的一组可行解
交叉	两组编码按一定规则各自交换部分元素,生成新可行解
变异	编码中某些元素发生改变的过程

下面,我们细化算法的具体步骤如下.

算法 15.1 (遗传算法):

(1) 种群的初始化: 设置进化代数 $g = 0$,设置最大进化代数 $g_{\max}$,随机生成 M 个染色体,作为初始化的种群 $P(0)$;

(2) 适应度值的计算: 计算种群 $P(g)$ 的每个染色体的适应度;

(3) 选择操作: 依据适应度的数值, 选择保留适应度高的个体, 淘汰适应度低的个体, 生成新的染色体;

(4) 交叉操作: 抽取一定比例 p_c 的染色体进行交叉运算, 生成新的染色体;

(5) 变异操作: 抽取一定比例 p_m 的染色体进行变异操作, 生成新的染色体;

(6) 对经 (3)、(4) 和 (5) 运算的结果作为第 $g+1$ 代种群, 即 $g = g+1$;

(7) 终止条件: 当 $g = g_{max}$ 时, 将进化过程中所得到的有最大适应度的染色体作为最优解输出, 终止运算; 否则, 返回 (2).

遗传算法的优点如下:

(1) 隐式并行性: 算法应用的对象是一个种群, 而非单个的染色体 (单个的可行解); 搜索路径是多条的, 而非单条的. 因此, 算法具有良好的并行性的特点.

(2) 无需梯度信息: 只需要利用目标函数相关的适应度函数的信息, 而不需要梯度等计算成本较高的信息. 因此, 遗传算法也适用于非连续、多峰值及无解析表达式的目标函数的非线性规划问题.

(3) 良好的可操作性: 可行解的编码化使遗传算法不再受制于可行点的数值大小或可行域的形态, 因而算法具有良好的可操作性.

(4) 全局和局部搜索能力的兼顾: 一方面, 交叉操作可以使遗传算法具有极强的全局优化能力; 另一方面, 不采用确定型搜索方法, 也同样增强了算法的全局优化能力. 变异操作相当于对可行解在不同量级的扰动, 即部分可行解只在一个相对较小的局部搜索, 这使得算法也具有一定的局部优化能力.

(5) 自组织性: 适应度和随机搜索算法的结合, 使得染色体的改进会自组织地趋于最优可行解.

遗传算法的缺点如下:

(1) 局部搜索能力较差: 遗传算法的局部搜索能力靠变异操作来实现, 可行解在较少的迭代步即接近最优解, 但达到真正的最优解却需要很长时间.

(2) 早熟收敛: 当种群的规模较小时, 如果在初期出现适应度较大的染色体, 由于个别优势个体繁殖过快, 往往无法满足种群的多样性, 从而出现早熟收敛现象.

(3) 精度影响计算复杂性: 最优解的预期精度直接决定了编码字符串的位数. 当精度要求越高时, 编码的字符串长度就越长. 整个选择、交叉和变异过程也就越复杂. 这与传统的局部优化算法和其他全局优化算法具有显著的区别.

(4) 收敛性的参数敏感性强: 当变异操作的概率大于 0.5 时, 遗传算法退化为纯随机搜索, 运算效率很低, 且无法保证收敛性.

15.2 自适应遗传算法

经典遗传算法的参数中交叉概率和变异概率的选择直接影响算法的计算效率.

交叉概率越大, 种群中新个体生成的速度就越快. 交叉概率过大时, 种群所具备的遗传模式被破坏的可能性也越大, 无法保证具有高适应度的个体结构可以有效地遗传下去; 但交叉概率过小时, 会直接导致生成新个体的速度迟缓, 搜索过程变慢, 甚至停滞.

对于变异概率而言, 如果取值过大, 遗传算法就趋近于一个纯粹的随机搜索算法; 如果取值过小, 同样会造成搜索缓慢, 不易生成新个体.

针对不同的优化问题, 很难找到适合于所有问题的最佳交叉概率和变异概率. 因此, 我们可以将交叉概率和变异概率的取值与最优化问题本身联系起来, 使得这两个参数随着问题的解决过程 (适应度值) 而变化, 以实现参数与问题的相互适应.

基于这种想法, 1994 年, Srinvivas 等人提出了一种自适应遗传算法. 当种群中个体适应度趋于一致或趋于局部最优时, 令交叉概率和变异概率二者增加; 而当种群中个体适应度比较分散时, 令交叉概率和变异概率减小. 另外, 对于适应度值高于群体平均适应度值的个体, 赋以较低的交叉概率和变异概率, 使该个体受到保护, 并进入下一代; 对于适应度值低于平均水平的个体, 赋以较高的交叉概率和变异概率, 使该个体被淘汰. 自适应遗传算法给出了确定交叉概率和变异概率的较为合理的理论依据 (尹洪军和翟云芳, 1999; 范建柯等, 2016; 郝艳君等, 2016).

交叉概率 p_c 和变异概率 p_m 的计算公式为

$$p_c = \begin{cases} \dfrac{k_1(f_{\max} - f)}{f_{\max} - f_{\text{avg}}}, & f \geqslant f_{\text{avg}} \\ k_2, & f < f_{\text{avg}} \end{cases},$$

$$p_m = \begin{cases} \dfrac{k_3(f_{\max} - f')}{f_{\max} - f_{\text{avg}}}, & f' \geqslant f_{\text{avg}} \\ k_4, & f' < f_{\text{avg}} \end{cases},$$

其中, $f_{\max}$ 是群体中的最大适应度值, f_{avg} 是群体平均适应度值, f 是将进行交叉运算的两个个体中较大的适应度值, f' 是将进行变异运算的个体适应度值, k_1、k_2、k_3 和 k_4 都为常数. 算法的具体步骤如下.

算法 15.2 (自适应遗传算法):

(1) 初始化: 设置进化代数 $g = 0$, 设置最大进化代数 $g_{\max}$, 随机生成 M 个染色体作为初始化的种群 $P(0)$, 为 k_1, k_2, k_3 和 k_4 赋值;

(2) 适应度计算: 计算种群 $P(g)$ 的每个染色体的适应度;

(3) 选择操作: 依据适应度的数值, 选择保留适应度高的个体, 淘汰适应度低的

个体, 生成新的染色体; 重新计算适应度值, 并计算 $f_{\max}$ 和 f_{avg};

(4) 交叉操作: 对一定比例 p_c 的染色体进行交叉运算, 生成新的染色体,

$$p_c = \begin{cases} \dfrac{k_1(f_{\max} - f)}{f_{\max} - f_{\text{avg}}}, & f \geqslant f_{\text{avg}}, \\ k_2, & f < f_{\text{avg}}; \end{cases}$$

(5) 变异操作: 对一定比例 p_m 的染色体进行变异操作, 生成新的染色体,

$$p_m = \begin{cases} \dfrac{k_3(f_{\max} - f')}{f_{\max} - f_{\text{avg}}}, & f' \geqslant f_{\text{avg}}, \\ k_4, & f' < f_{\text{avg}}; \end{cases}$$

(6) 经 (3)、(4) 和 (5) 运算的结果作为第 $g+1$ 代种群, 即 $g = g+1$;

(7) 终止条件: 当 $g = g_{\max}$ 时, 将进化过程中所得到的有最大适应度的染色体作为最优解输出, 终止运算; 否则, 返回 (2).

除此之外, 遗传算法还有着诸多改变以适应复杂的地球物理反问题研究 (柳建新等, 2008; 师学明等, 2009a).

15.3 数值算例 (层状介质的一维大地电磁测深反演)

这一节, 我们介绍一个水平层状介质的一维大地电磁测深反演的算例. 对于水平层状介质的大地电磁响应的描述, 可以给出视电阻率和相位的解析表达式.

对于 N 层的均匀水平层状介质, 假设各层电阻率分别为 $\rho_1, \rho_2, \cdots, \rho_{N-1}, \rho_N$, 各层厚度分别为 $h_1, h_2, \cdots, h_{N-1}$ 和无穷远, 则其视电阻率 ρ_a 和相位 φ 分别为

$$\rho_a = \dfrac{1}{\omega\mu}|Z_1|^2,$$

$$\varphi = \arctan\dfrac{\text{Im}[Z_1]}{\text{Re}[Z_1]},$$

其中, Z_1 为第一层地面的波阻抗, $\text{Im}[Z_1]$ 和 $\text{Re}[Z_1]$ 分别表示 Z_1 的虚部和实部.

最下面的第 N 层可以看作一个均匀的半空间, 其波阻抗等于介质的特征阻抗 $Z_N = Z_{0N} = -\dfrac{\mathrm{i}\omega\mu}{k_N}$, 再由如下阻抗递推公式, 即可以自下而上得到每一层界面的阻抗, 直至 Z_1:

$$Z_m = Z_{0m}\dfrac{Z_{0m}\left(1 - \mathrm{e}^{-2k_m h_m}\right) + Z_{m+1}(1 + \mathrm{e}^{-2k_m h_m})}{Z_{0m}\left(1 + \mathrm{e}^{-2k_m h_m}\right) + Z_{m+1}(1 - \mathrm{e}^{-2k_m h_m})},$$

其中, k_m 是第 m 层的传播系数, $k_m = \sqrt{-\dfrac{\mathrm{i}\omega\mu}{\rho_m}}$, μ 是磁导率, $\omega = 2\pi f$ 是角频率.

以上正演计算的程序来源于童孝忠和柳建新在 2013 年的工作, 在此基础上, 我们编写了用于求解水平层状介质电阻率反演问题的程序. 选用算法包括经典的遗传算法和自适应遗传算法, 在得到数值结果后, 我们还对两种算法的结果进行了比较.

我们编写了函数 GAMT1D.m, 以应用经典的遗传算法解决一维大地电磁测深反演问题. 函数包括 8 个输入参数和两个输出变量,

    [result_x,result_f,fbv] = GAMT1D(m,xmax,xmin,Np,gmax,p1,p2,pre)

其中, m 表示可行变量的个数, xmax 和 xmin 分别表示可行变量所在区域的最大值和最小值, Np 表示种群的规模, gmax 表示最大迭代次数, p1 表示交叉概率, p2 表示变异概率, pre 表示可行变量的离散精度, result_x 表示最优可行变量, result_f 表示目标函数相应的最优值, fbv 是每个迭代步中目标函数值的最优值.

我们选择的真实介质模型为两层的水平均匀介质, 其中第一层的电阻率 $\rho_1 = 100\ \Omega \cdot \mathrm{m}$, 第二层的电阻率 $\rho_2 = 200\ \Omega \cdot \mathrm{m}$, 第一层的厚度 $h_1 = 1500\ \mathrm{m}$.

在反演计算的过程中, 我们首先进行正演计算, 得到真实介质模型所对应的视电阻率 ρ_a. 这可以通过以下命令实现,

    [rho_a,phase]=MT1D_FWD([100 200],1500);

为了避免在每一个迭代步中都进行相同的正演计算, 也在执行反演程序前独立进行正演计算, 并将运算结果保存下来, 例如,

    save rho_a.txt -ascii rho_a;

然后, 仅在反演程序中读取该变量即可. 读取程序如下,

    rho_a=load('rho_a.txt');

参照本章第一节中介绍的经典遗传算法的步骤, 我们给出每一步具体的实现过程如下:

(1) 种群的初始化: 在这个步骤中, 首先要确定染色体序列的长度 L,

    L=floor(log2((xmax-xmin)/pre+1))+1;

然后调用种群初始化函数 PopInitialGA,

    [y,xi]=PopInitialGA(Np,m,L,xmax,xmin);

其中，y 表示初始化之前的可行变量值，xi 表示对应于每个 y 中的元素的染色体序列. 经由此操作后，我们得到了总数为 Np 的个体组成的种群，其中每个个体都是一个长度为 L 的二进制序列.

(2) 适应度值的计算: 对于种群中的每个个体，我们都需要计算其相应的适应度函数值. 这里定义 fitness 函数为真实视电阻率散点值与初始可行变量 (或扰动后的可行变量) 对应的视电阻率值之差的 L2-范数. 由于遗传算法中通常希望适应度函数越大越好，所以我们这里定义适应度函数为 f1 函数的倒数.

```
for i=1:Np
    [rho_x,phase_x]=MT1D_FWD([y(i,1:2)],y(i,3)*10);
    f1=norm(rho_x-rho_a);
    f(i)=1/f1;
end
```

(3) 选择操作: 在每一个迭代步中，都需要对种群进行选择操作，这种操作可以认为是依据适应度值的大小，来选择一个个体作为父体，然后与种群中的所有个体再进行后续的交叉操作和变异操作. 这种操作通过轮盘赌法得以实现:

```
for k=1:gmax
    sumf = sum(f);
    p = f/sumf;
    for j=1:m
        sel=[];
        for i=1:Np
            xs(i,:,j)=xi(roulette(p),:,j);
        end
        ……
        ……
        ……
    end
end
```

其中，roulette 是轮盘赌法的程序，xs 表示经选择操作得到的染色体序列，三行省略号 "……" 表示交叉和变异操作.

(4) 对一定比例 p1 的染色体进行交叉运算，分别选择 xs 的两个染色体作为父类和母类进行交叉; 其他染色体直接继承母类的信息.

```
for i=1:Np
    if rand()<=p1
        np=randperm(Np);
        Ncross=unidrnd(L);
        xc(i,1:Ncross,j) = xs(np(1),1:Ncross,j);
        xc(i,(Ncross+1):L,j) = xs(np(2),(Ncross+1):L,j);
    else
        xc(i,:,j) = xs(np(1),:,j);
    end
    ……
    ……
    ……
end
```

其中, randperm(Np) 表示随机排序 Np 个整数, unidrnd(L) 表示从 [1,L] 范围内随机抽取一个整数, np(1) 的标号对应父类, np(2) 的标号对应母类, xc 表示经交叉操作得到的染色体序列, 三行省略号 "……" 表示后续的变异运算.

(5) 对一定比例 p2 的染色体进行变异操作, 只选取二进制染色体序列中的某一位置进行改变.

```
if rand()<=p2
        Nmut = floor(rand()*(L-1))+1;
        xm(i,Nmut,j) = ~xc(i,Nmut,j);
    else
        xm(i,:,j) = xc(i,:,j);
end
```

其中, Nmut 表示在二进制序列中的随机抽取的一个位置, xm 表示经变异操作得到的染色体序列, xm(i,Nmut,j) = ~xc(i,Nmut,j) 表示该位置的数字从 0 变为 1 或者从 1 变为 0.

(6) 完成上述运算后, 重新进行适应度的计算.

(7) 达到最大的代数 gmax 后, 将进化过程中所得到的最大适应度的染色体作为最优解输出, 终止运算; 否则, 返回 (3).

我们执行计算程序

```
[result_x,result_f,fbv]=GAMT1D(3,250,50,100,500,0.99,0.1,0.01);
```

和画图程序

```
T=logspace(-2,4,40);
[rho_a,phase]=MT1D_FWD([100 200],1500);
[rho_x,phase]=MT1D_FWD(result_x(1,1:2),10*result_x(1,3));
semilogx(T,rho_a,'r-*',T,rho_x,'b--')
xlabel('T(s)')
ylabel('\rho_a(\Omega\cdotm)')
```

即可得到图 15.1.

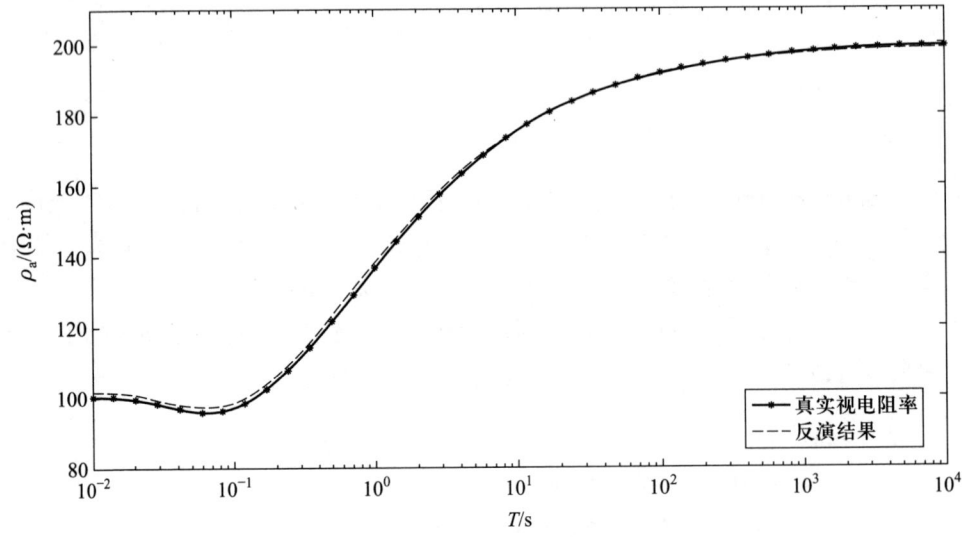

图 15.1　真实视电阻率与反演结果的对比图

为了说明算法的有效性，我们执行了 20 次运算，并利用画图程序 `plot1533.m` 将真实视电阻率曲线和反演结果的均方根误差统计显示如图 15.2.

由上述两幅图可见，应用经典的遗传算法可以在一定程度上解决层状介质的一维大地电磁测深反演问题. 图 15.3 是经典遗传算法与自适应遗传算法的效果对比图，由程序 `plot1533.m` 生成. 然而，由于随机因素的存在，自适应遗传算法的反演效果不一定总是好于经典遗传算法的效果.

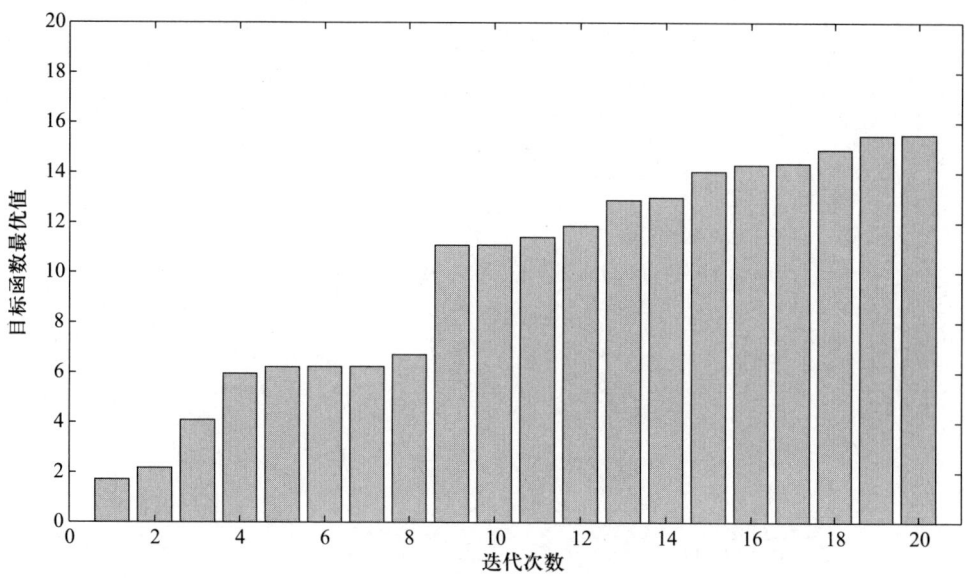

图 15.2 应用经典遗传算法经 20 次反演运算的结果

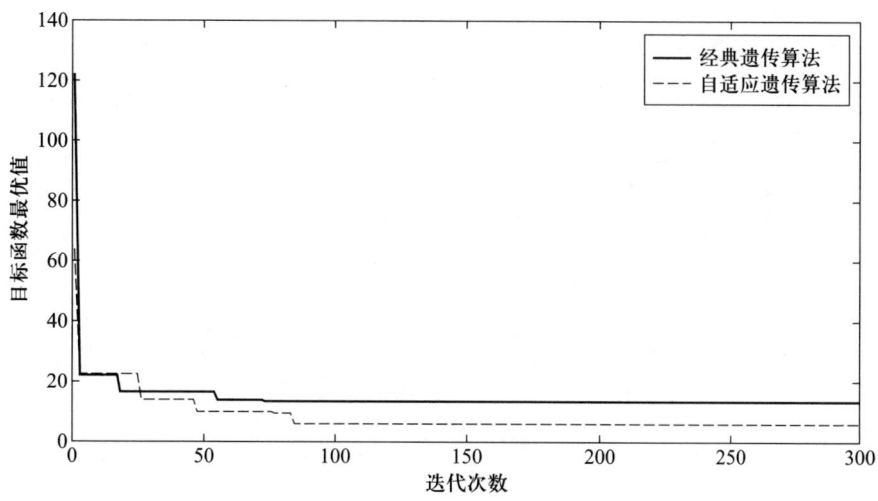

图 15.3 经典遗传算法与自适应遗传算法的效果对比

第 16 章　人工神经网络

16.1　概述

人工神经网络 (Artificial Neural Network, ANN), 简称神经网络, 是一种模仿人脑的神经网络行为特征, 进行分布式并行信息处理的算法模型. 这种模型依靠系统的复杂程度通过调整大量节点之间的相互关系, 从而达到处理信息的目的.

人类的大脑大约有 1.4×10^{11} 个神经细胞 (也称为神经元). 每个神经元都通过数以千计的通道与其他神经元互相连接, 这就形成了复杂的生物神经网络. 因此, 我们可以将人工神经网络理解为以数学和物理为工具, 以实现信息处理为目的, 对人脑神经网络进行抽象, 从而建立的某种简化模型.

神经网络的研究始于美国心理学家 McCulloch 和数学家 Pitts 于 1943 年提出的 "模拟生物神经元" 的 MP 人工神经网络. 1957 年, 心理学家 Rosenblatt 在计算机上模拟实现了 "感知机", 并从理论上证明了单层神经网络在处理线性可分的模式识别问题时, 可以收敛. 这一成果掀起了神经网络研究的第一次高潮. 然而, 1969 年, 数学家 Minsky 和 Papert 证明了单层神经网络无法解决异或问题 (XOR 问题), 从而否定了神经网络领域的研究前途. 神经网络进入了第一次低谷.

20 世纪 80 年代初期, 美国物理学家 Hopfield 根据网络的非线性微分方程, 引用能量函数 (Lyapunov 函数) 概念, 使神经网络平衡点的稳定状态有了明确的判断方法, 用模拟电路的基本元件构成了神经网络的硬件原理模型, 并解决了简单的旅行商问题 (Travelling Salesman Problem, 简称 TSP 问题). 1986 年, Rumelhart 和

McCkekkand 对非线性连续传递函数的多层前馈网络的误差反向传播算法, 即 BP 算法, 进行了详尽的分析, 解决了长期以来没有权值调整算法的难题. 目前, BP 算法仍然是最引人注目和应用广泛的神经网络算法之一. 这些神经网络算法也是目前比较受关注的深度学习研究和应用的理论基础.

16.1.1 人工神经元和传递函数

首先介绍人工神经网络的两个基本概念, 即人工神经元和传递函数.

图 16.1 是生物神经元的示意图. 图中树突的神经纤维比较短, 用于接收信息; 细胞体对接收到的信息进行处理; 轴突具有较长的神经纤维, 用于发出信息; 突触连接一个神经元的轴突末端与另一个神经元的树突. 由于神经元结构的可塑性, 轴突的传递作用可增强或减弱, 因此神经元具有学习与遗忘的功能.

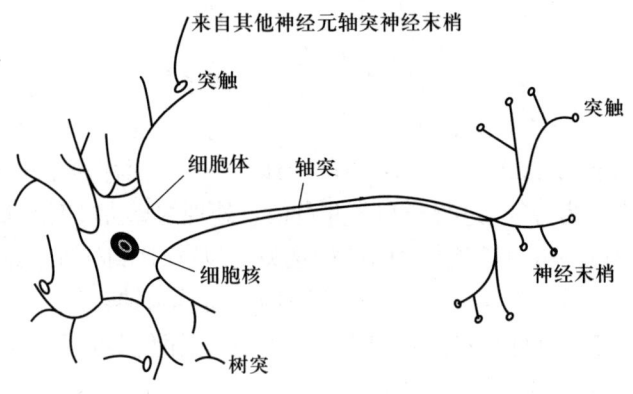

图 16.1 生物神经元的示意图

人工神经元是比照生物神经元提出的, 所以首先介绍生物神经元的组成. 对于生物神经元, 来自树突的输入信号神经元终结于突触上, 信息再沿着轴突传输并发送到另一个神经元. 对于人工神经元, 输入信号 x, 经突触权重 ω 和内部阈值 θ 的作用, 再由传递函数 f 计算得到输出信号 y.

在人工神经元的示意图 (图 16.2) 中, $x_1, x_2, \cdots, x_n$ 为输入, y 为该神经元的输出, $\omega_1, \omega_2, \cdots, \omega_n$ 为外界神经元与该神经元的连接强度 (即权值), θ 为阈值, Σ 表示输入变量的加权与阈值相减, f 为该神经元的传递函数.

对比生物神经元的特征, 每一个神经元都存在一个阈值: 当该神经元所获得的输入信号和累计值超过阈值时, 它处于激发状态; 否则, 处于抑制状态. 这种激发与抑制的切换, 在数学上对应的往往是一种类似于阶跃函数的表达式. 神经网络

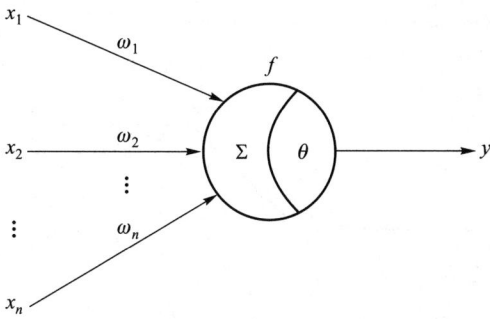

图 16.2 人工神经元的示意图

的传递函数有很多种, 常用的传递函数包括阈值函数 (阶跃函数)、分段线性函数、Sigmoid 函数和双曲正切函数 (李守巨, 2008).

(1) 阈值函数 (threshold function) 可以表示为

$$f(x) = \begin{cases} 1, & x \geqslant 0, \\ 0, & x < 0, \end{cases} \quad (16-1)$$

阈值函数的图像如图 16.3 所示.

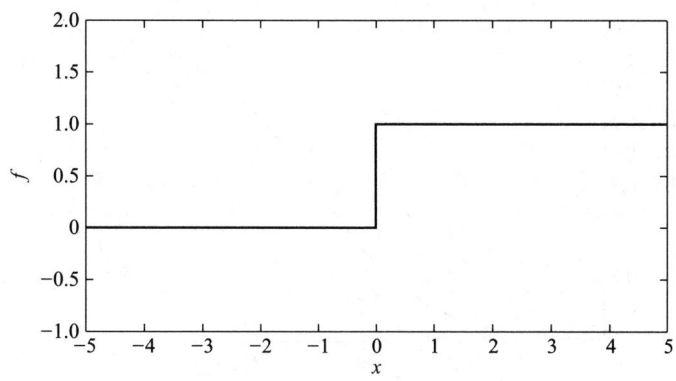

图 16.3 阈值函数

(2) 分段线性函数 (piecewise linear function) 可以表示为

$$f(x) = \begin{cases} 1, & x \geqslant 1, \\ \dfrac{1}{2}(1+x), & -1 < x < 1, \\ 0, & x \leqslant -1, \end{cases} \quad (16-2)$$

分段线性函数的图像如图 16.4 所示.

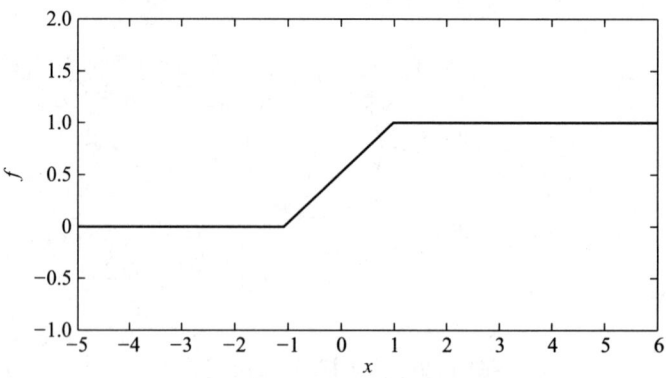

图 16.4　分段线性函数

(3) Sigmoid 函数 (sigmoid function) 可以表示为

$$f(x) = \frac{1}{1 + \exp(-\alpha x)}. \tag{16-3}$$

Sigmoid 是最常用的函数形式, 其中参数 $\alpha > 0$ 用于控制斜率. $\alpha = 1$ 时, Sigmoid 函数的图像如图 16.5 所示.

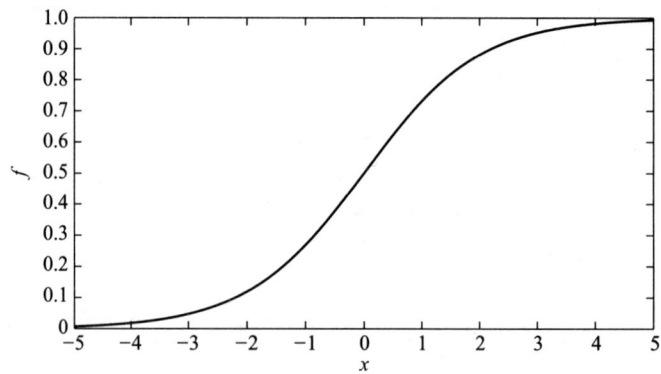

图 16.5　Sigmoid 函数

(4) 双曲正切函数 (hyperbolic tangent function)

$$f(x) = \tanh\left(\frac{x}{2}\right) = \frac{1 - \exp(-x)}{1 + \exp(-x)}. \tag{16-4}$$

与 Sigmoid 函数相比, 双曲正切函数是关于原点对称的, 且更平滑, 其图像如图 16.6 所示.

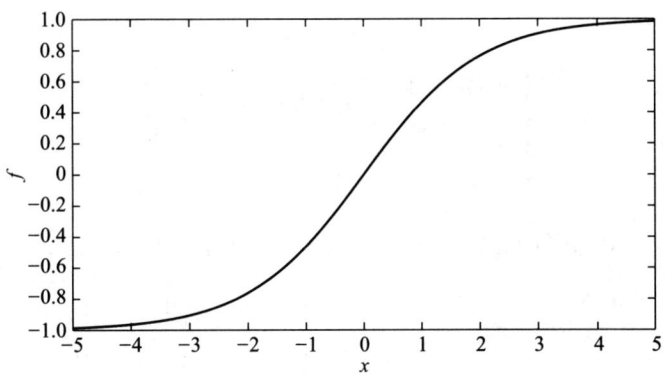

图 16.6 双曲正切函数

由 (16-1)—(16-4) 的函数图像可知, 传递函数的取值被压缩在 $[0,1]$ 或 $[-1,1]$.

16.1.2 人工神经元的几何意义

从几何角度来说, 人工神经元可以表示为一个超平面. 由 n 个神经元 ($j = 1, 2, \cdots, n$) 对连接的神经元 i 的总信息输入 I_i 为

$$I_i = \sum_{j=1}^{n} \omega_{ij} x_j - \theta_i,$$

可以将 n 个神经元各自的输入变量 x_j 看作一个 n 维空间的变量. 这样, 当我们令

$$I_i = \sum_{j=1}^{n} \omega_{ij} x_j - \theta_i = 0,$$

得到 $I_i = 0$ 就表示了 n 维空间中的一个超平面.

当 $n = 2$ 时, 该超平面为平面 (x_1, x_2) 上的一条直线, 即

$$I_i = \omega_{i1} x_1 + \omega_{i2} x_2 - \theta_i = 0.$$

当 $n = 3$ 时, 该超平面为三维空间 (x_1, x_2, x_3) 上的一个平面, 即

$$I_i = \omega_{i1} x_1 + \omega_{i2} x_2 + \omega_{i3} x_3 - \theta_i = 0.$$

对于任何超平面为 $I_i = 0$, 均可将其所对应的 n 维空间 $(x_1, x_2, \cdots, x_n)$ 分为

三部分, 即

$$\begin{cases} 平面本身: \sum_{j=1}^{n} \omega_{ij}x_j - \theta_i = 0; \\ 平面上部: \sum_{j=1}^{n} \omega_{ij}x_j - \theta_i > 0; \\ 平面下部: \sum_{j=1}^{n} \omega_{ij}x_j - \theta_i < 0. \end{cases}$$

将 n 维空间中超平面和阈值型传递函数结合起来, 即

$$f(I_i) = f(\omega_{ij}x_j - \theta_i) = \begin{cases} 1, & \omega_{ij}x_j - \theta_i > 0, \\ 0, & \omega_{ij}x_j - \theta_i \leqslant 0. \end{cases}$$

这时, 超平面上部的任意结点经传递函数作用, 转化为 1; 超平面本身和下部的任意结点经传递函数作用, 转化为 0. 因此, 在本质上人工神经元的作用是分类.

16.1.3 人工神经网络的主要功能

人工神经网络是模拟人的智能的一条重要途径, 其主要特点包括非线性、学习能力和自适应性等方面.

虽然不能对人脑活动进行逼真的描述, 但是人工神经网络在以下两个方面还是与人脑存在相似性的:

(1) 人工神经网络获取的信息只是从外界环境中学习得到的;

(2) 神经元之间的连接强度, 即突触权值, 可用于存储信息. 这个复杂的系统, 既具有高度的非线性, 又具有较强的自适应性, 可用于描述识别、决策和控制等智能行为.

从信息处理的角度, 人工神经网络具有以下 5 个主要功能:

(1) 联想记忆: 分布式存储方式使神经网络能够存储较多的复杂模式和恢复记忆的信息. 预先存储信息和学习机制可以使神经网络通过自适应训练, 从不完整的信息和噪声干扰环境中恢复得到原始的完整信息. 这一能力在图像信息的复原、识别和分类方面, 具有极大的潜力.

(2) 非线性映射: 在实际研究工作中, 很多系统的输入和输出之间都存在着极为复杂的非线性关系. 对于这些系统, 很难找到恰当的函数来描述它们的数学模型. 然而, 神经网络具有通过系统输入和输出样本学习, 并以任意阶精度逼近复杂非线性系统的能力. 因此, 神经网络的这个特性可以以高维非线性系统提供非解析的数学模型.

(3) 分类与识别: 传统的分类方法只适合于解决同类相聚和异类分离的识别与分类问题. 对于客观世界中的许多失误 (如不同的图像、文字等) 在样本空间上的

区域分割曲面是十分复杂的,相近的样本可能属于不同类,相远离的样本却可能属于同一类.神经网络对于外界输入样本具有很强的分类与识别能力 (McCormack et al., 1993; Paitz et al., 2017).

(4) 优化计算: 所谓优化计算,即指在已知约束条件下,寻找一组参数组合,使得由该组合确定的目标函数达到最小值. 这时,我们可以将最优化问题的可变参数组合设置为神经网络中节点对应的数值,将目标函数设计为网络的能量函数. 神经网络通过动态演变过程达到稳定状态时对应的能量函数最小,从而稳定状态即为最优值点. 在整个优化过程中,不需要对目标函数求导 (杨文采, 1995b; Liu and Liu, 1998; Caorsi and Gamba, 1999; Al-Nuaimy et al., 2000; Manoj and Nagarajan, 2003; 徐海浪和吴小平, 2006; Meier et al., 2007; Baddari et al., 2009; 江沸菠, 2014).

(5) 知识处理: 知识是指人们从大量的信息和自身实践中总结而来的经验、规则和判据. 当知识能够明确定义其概念和模型时,计算机对其处理的效率是极为可观的. 但是在大多数情况下,知识的概念和模型是非常模糊的. 对于这类情况,神经网络能够在没有任何先验知识的前提下自动从输入信息提取特征和发现规律,并通过自组织的过程构建网络,使其适用于发现新知识. 此外,先验知识对于提高神经网络的知识处理能力也有很大帮助,可以使神经网络提升运算效率.

16.2 Hopfield 神经网络

经典的 Hopfield 神经网络中的权值不是经过反复学习获得的,而是按照一定规则事前计算得到的. 权值一经确定就不再改变,而网络中神经元的状态在循环的过程中不断更新. 因此, Hopfield 神经网络是一种循环神经网络,从输出到输入通过反馈相互连接.

常见的 Hopfield 神经网络有离散型和连续型两种. 这里只介绍离散 Hopfield 神经网络.

如图 16.7 所示,第 0 层只表示网络的输入位置,而不是实际的神经元,没有计算功能; 第 1 层是神经网元,执行对输入信息和权系数乘积求累加和,而不是非线性函数 f 处理后产生输出. 这里,函数 f 是一个简单的阈值函数,如果神经元的输入信息 u 大于等于阈值 θ,那么神经元的输出值 y 为 1; 否则,神经元的输出值为 0. 对于二值神经元,它的计算公式为

$$u_j = \sum_i \omega_{ij} y_i + x_j, \tag{16-5}$$

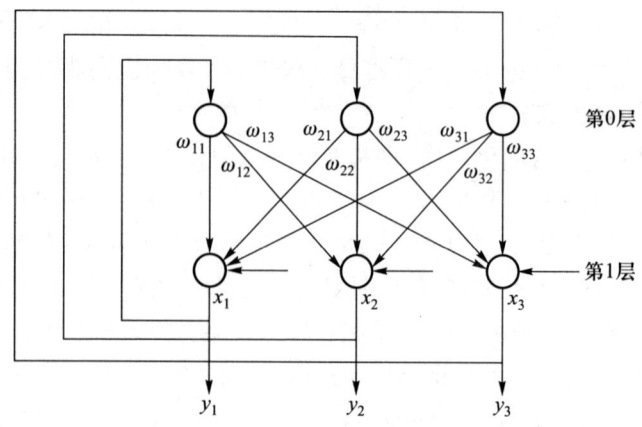

图 16.7　Hopfield 神经网络的结构

其中,x_j 是外部输入变量,经阈值函数 f 作用后,神经元的输出 (即一个迭代过程的输入) 为

$$y_j = \begin{cases} 1, & u_j \geqslant \theta_j, \\ -1, & u_j < \theta_j. \end{cases} \quad (16-6)$$

整理公式 (16-5)—(16-6),给出离散 Hopfield 神经网络中节点在 $t+1$ 时刻状态的一般形式,

$$y_j(t+1) = f[u_j(t)] = \begin{cases} 1, & u_j(t) \leqslant 0, \\ -1, & u_j(t) < 0, \end{cases} \quad (16-7)$$

其中,

$$u_j(t) = \sum_{i=1}^{n} \omega_{ij} y_i(t) + x_j - \theta_j. \quad (16-8)$$

这种节点状态的演化方式是一种动力学行为,我们希望神经网络从初始状态按"能量"(Lyapunov 函数) 减小的方式进行演化,直到达到稳定状态. 稳定状态的定义是:

如果神经网络从某一时刻以后,状态不再发生变化,即

$$y(t+\Delta t) = y(t), \quad \Delta t > 0,$$

则称该网络处于稳定状态.

1983 年 Coben 和 Grossberg 给出了关于 Hopfield 神经网络稳定的充分性条件. 当 Hopfield 网络的权系数矩阵 W 对称,且对角线元素为 0 时,这个网络是稳

定的. 值得注意的是, 当对角线元素为 0 时, $\omega_{jj} = 0$, 即在公式 (16-8) 中 $y_j(t)$ 不再作用于 $u_j(t)$, 因此第 j 个神经元对其自身不再形成反馈作用. 此时, 神经网络称为无自反馈神经网络.

Hopfield 神经网络的工作方式主要有串行和并行两种. 串行, 是指在任一时刻 t, 只有某一神经元依 (16-7)—(16-8) 变化, 而其他神经元的状态不变; 并行, 是指在任一时刻 t, 部分神经元或者全部神经元的状态同时改变. 这里简要介绍串行工作方式的步骤:

(1) 对网络进行初始化;

(2) 从网络中随机或确定地选取一个神经元 i;

(3) 依 (16-8) 计算该神经元 i 的输入 $u_i(t)$;

(4) 依 (16-7) 计算该神经元 i 的输出 $y_i(t+1)$, 此时网络中其他神经元的输出保持不变;

(5) 判断网络是否达到稳定状态, 若达到或满足给定条件则结束; 否则转至 (2), 继续运算.

Hopfield 神经网络常用于解决分类问题. 如图 16.8 所示, 我们对于含有 8×7 个元素的矩阵模型数据集中的四种模式进行学习, 再对一个与之对应格式的矩阵进行分类识别, 然后确定四种模式中与之最接近的一种模式. 图 16.8 的 4 张图片分别表示数字 2、7、4 和 8 所对应的二值化矩阵图. 我们依据这四个二值化矩阵, 建

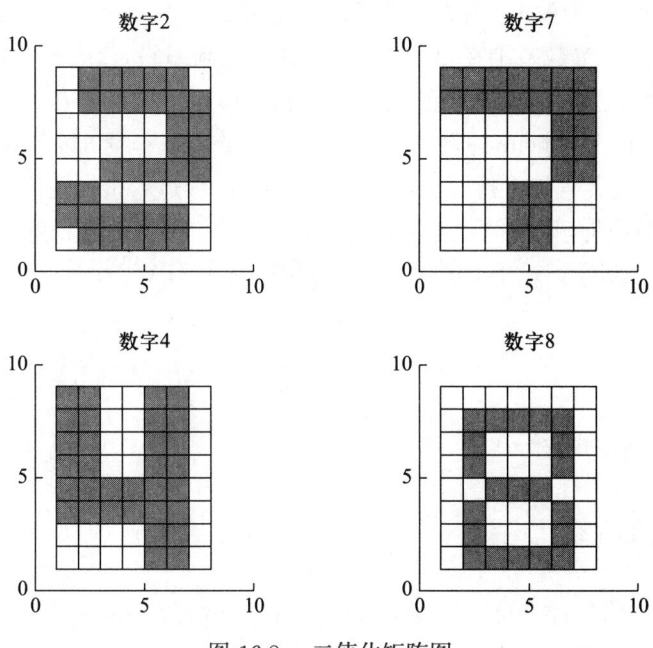

图 16.8　二值化矩阵图

立离散 Hopfield 神经网络. 矩阵中的元素均用二值元素进行表示, 其中黑色小块代表 −1, 白色小块代表 1. 图 16.9 的左图表示一个不规则的二值化矩阵图, 将这个矩阵代入网络得到新的神经元状态矩阵, 成像为右图. 显然, 这个不规则的二值化矩阵更接近于数字 7 所对应的矩阵.

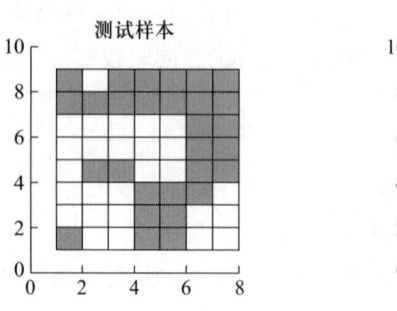

图 16.9　测试图像

上述算例等价于在一个具有 56 个维度的空间来探讨样品的分类问题. 这种应用似乎与地球物理反问题的研究相去甚远, 但实际上分类和反演问题在某种程度上却是统一的. 它们之间的联系可以依靠第 15 章遗传算法中介绍的编码得以建立.

如果一组模型参数变量中包含 n 个参数, 且每个参数需要用一组 L 位的编码表示时, 原有的模型参数将被表示为一个 $n \times L$ 维的变量, 即如果把这个变量记为 Hopfield 神经网络的输出, 则这个神经网络是由 $n \times L$ 个神经元组成的. 例如, 当考虑精度为 0.01, 参数范围在 2.01 ∼ 2.64 的二进制编码时, 我们只需要 8 位的二进制序列, 即可以描述清楚这个问题. 具体的编码方式, 请参考第 15 章的内容.

在反问题中, Hopfield 神经网络所需要的能量函数一般可以依据目标函数 (误差函数) 建立, 或者直接将目标函数记为能量函数. 经过若干次迭代后, 如果能量函数达到极小值或神经网络的状态满足某一退出条件, 网络达到稳定状态, 即可结束程序, 并将二进制序列输出. 再经二进制编码的反向运算, 得到十进制的模型参数值.

16.3　BP 神经网络

16.3.1　理论的介绍

BP 神经网络是误差反向传播 (error back propagation) 神经网络的简称, 是一种按误差逆传播算法训练的多层前馈网络.

BP 算法的基本思想是训练过程由信号的正向传播和反向传播两个过程组成. 当信号正向传播时, 输入样本从输入层传入, 经隐层逐步处理后, 传向输出层. 如果在输出层中实际输出值与期望输出值不符, 则转入误差的反向传播过程, 并依此往复.

误差的反向传播是将误差输出给隐含层, 再向输入层反传. 在整个反传过程中, 误差分摊到各层的所有单元, 从而得到各层单元的误差信号, 并以此作为修正各单元权值的依据. 权值不断修正的过程, 也就是网络接受学习和训练的过程. 当神经网络的输出误差减小到某个可接受的程度, 或进行到预先规定好的学习次数时, 整个计算过程终止. 单个隐层的 BP 神经网络算法具体步骤如下.

算法 16.1:

(1) 神经网络参数的初始化: 给各连接权值分别赋一个区间 $(-1,1)$ 内的随机数, 设定误差函数的数学表达式 E, 给定计算精度 ε 和最大学习次数 M;

(2) 随机选取第 k 个输入样本及对应的期望输出:

$$x(k) = (x_1(k), x_2(k), \cdots, x_n(k)),$$
$$d_O = (d_1(k), d_2(k), \cdots, d_n(k));$$

(3) 计算隐层各神经元的输入和输出;

(4) 计算输出层各神经元的输出 (神经网络的总输出);

(5) 利用神经网络期望输出和实际输出, 计算误差函数对输出层的各神经元输出误差的偏导数 $\dfrac{\partial E}{\partial O_k}$, O_k 表示输出层的第 k 个神经元;

(6) 利用神经网络输出值关于隐层到输出层的连接权值的偏导数 $\dfrac{\partial E}{\partial T_{ki}}$, T_{ki} 表示隐层中第 i 个神经元与输出层第 k 个神经元之间的连接权;

(7) 同理, 求得网络输出误差关于输入层与隐层权值 ω_{ij} 的偏导数 $\dfrac{\partial E}{\partial \omega_{ij}}$, ω_{ij} 表示输入层第 j 个神经元与隐层中第 i 个神经元间的连接权;

(8) 利用 $\dfrac{\partial E}{\partial T_{ki}}$ 和 $\dfrac{\partial E}{\partial \omega_{ij}}$ 来修正两种连接权 T_{ki} 和 ω_{ij};

(9) 计算全局误差 E, 并判断网络误差是否满足精度要求. 当误差达到预设精度或学习次数大于设定的最大迭代次数, 则结束程序; 否则, 返回第 (3) 步, 选择下一个学习样本及对应的期望输出, 进入下一轮学习.

16.3.2　BP 神经网络的解析算例

结合梯度下降算法的实现过程,我们以 BP 神经网络为例,详细介绍神经网络的原理和实现过程.

对于一个 n 维值函数 $f(x_1, x_2, \cdots, x_n)$ 而言,若采用梯度下降算法计算其极小值,需要选择一个初始点 $x^0 = (x_1^0, x_2^0, \cdots, x_n^0)^{\mathrm{T}}$,如果该点对应的函数值 $f(x_1^0, x_2^0, \cdots, x_n^0)$ 非极小值,则必须对 x^0 进行修正,并得到 $x^1 = (x_1^1, x_2^1, \cdots, x_n^1)^{\mathrm{T}}$.

由 $f(x)$ 在 x^0 点的一阶 Taylor 展开式,

$$f(x) = f(x^0) + \nabla f(x^0)^{\mathrm{T}} \cdot (x - x^0) + \varepsilon, \qquad (16-9)$$

其中,ε 是一阶展开式的误差. 由 (16-9) 可知,当 $x = x^1$ 时,$(x^1 - x^0)$ 即为初始点 x^0 到下一个点 x^1 的调整量,并且为了得到 $f(x^1) \leqslant f(x^0)$,$(x^1 - x^0)$ 是 Taylor 展开式中唯一可以调整的量. 当 $(x^1 - x^0) = -\eta \cdot \nabla f(x^0)$,且常数 η 大于 0 时,可以得到 $f(x^1) \leqslant f(x^0)$.

举一个简明的例子,对目标函数 $f(x, y) = 2x^2 + y^2$ 求极小值. 显然,其极小值点为 $(0, 0)$. 我们假设初始点为 $(x^0, y^0) = (1, 2)$,则 $\nabla f(x^0, y^0) = (4, 4)$,$f(x^0, y^0) = 6$.

对 (x^0, y^0) 进行调整,得

$$x^1 = x^0 - \eta \cdot \frac{\partial f}{\partial x}(x^0, y^0) = 1 - \eta \cdot 4,$$
$$y^1 = y^0 - \eta \cdot \frac{\partial f}{\partial y}(x^0, y^0) = 2 - \eta \cdot 4.$$

当我们令 $\eta = 0.1$ 时,

$$x^1 = 0.6, \quad y^1 = 1.6.$$

此时,

$$f(x^1, y^1) = 2 \times 0.6^2 + 1.6^2 = 3.28 < 6.$$

这说明目标函数的值下降. 重复上述过程,再计算得到 (x^2, y^2),直到第 n 步. 当 $|f(x^n, y^n) - f(x^{n-1}, y^{n-1})| < \varepsilon_1$ 或 $\|\nabla f(x^n, y^n)\|_2^2 < \varepsilon_2$ 时,结束循环,并输出 (x^n, y^n). 这里,极小值点的计算精度由步长 η 和阈值决定.

对于 BP 神经网络而言,其实现过程与上述极小值问题的梯度下降算法的本质是一致的. 在梯度下降算法中,初始点的调整是正向的,即由初始点坐标决定调整

16.3 BP 神经网络

方向 (该点处的负梯度方向); 在 BP 神经网络中, 初始点 (初始权值) 的调整是反向的, 即由误差函数关于各权变量的导数, 对权值进行调整.

我们再给出一个关于 BP 神经网络的解析算例, 给定神经网络的拓扑结构图如图 16.10. 其中, 输入层具有两个神经元 A 和 B, 隐层具有两个神经元 C 和 D; 输入样本为 $A = 0.3$, $B = 0.6$, 初始权值为

$$AC = 0.1, \quad BC = 0.8, \quad AD = 0.5, \quad BD = 0.4, \quad CE = 0.4, \quad DE = 0.6;$$

C、D 和 E 三个神经元的传递函数公式为 Sigmoid 函数

$$f(x) = \frac{1}{1 + e^{-x}}.$$

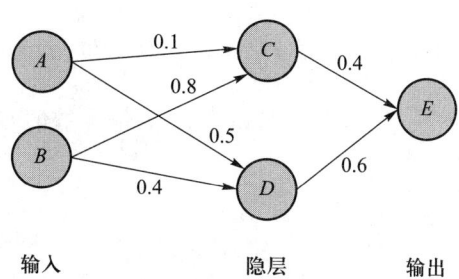

图 16.10 BP 神经网络的拓扑结构图

为简单, 记 C、D 和 E 神经元的函数名为 C、D 和 E, 则由 A 和 B 输入, 并由传递函数作用的隐层神经元的函数值为

$$C(A, B) = \frac{1}{1 + \exp(-(0.3 \times 0.1 + 0.6 \times 0.8))} = 0.6428,$$

$$D(A, B) = \frac{1}{1 + \exp(-(0.3 \times 0.5 + 0.6 \times 0.4))} = 0.5963.$$

由此, 得到神经网络在初始状态下的输出,

$$E(C, D) = \frac{1}{1 + \exp(-(0.6248 \times 0.4 + 0.5963 \times 0.6))} = 0.6474.$$

我们可以假设神经网络的期望输出为 0.4. 那么在初始状态下, 全局误差函数的值为

$$e = \frac{1}{2} |E(C, D) - 0.4|^2 = 0.0306.$$

全局误差函数 e 是关于各种权值 AC, AD, BC, BD, CE 和 DE 的函数. 我们希望首先通过调整隐层与输出层的权值 CE 和 DE 来使全局误差减小. 同样应用到梯度下降法的思想, 我们先计算误差函数 e 关于 CE 和 DE 的偏导数,

$$\frac{\partial e}{\partial CE} = \frac{\partial e}{\partial E} \cdot \frac{\partial E}{\partial x_E} \cdot \frac{\partial x_E}{\partial CE} = (E(C,D) - 0.4) \times [f(x_E) \times (1 - f(x_E))] \times C,$$

其中, x_E 表示函数 f 中的自变量, 使得 $f(x_E) = E(C,D) = 0.6474$. 因此, 我们得到

$$\frac{\partial e}{\partial CE} = (0.6474 - 0.4) \times 0.6474 \times (1 - 0.6474) \times 0.6428 = 0.0363.$$

同理, 得

$$\frac{\partial e}{\partial DE} = (0.6474 - 0.4) \times 0.6474 \times (1 - 0.6474) \times 0.5963 = 0.0337.$$

由全局误差函数 e 关于权值 CE 和 DE 的偏导数值, 我们对权变量 CE 和 DE 修正如下,

$$CE^1 = CE - \eta \cdot \frac{\partial e}{\partial CE} = 0.4 - \eta \cdot 0.0363,$$

$$DE^1 = DE - \eta \cdot \frac{\partial e}{\partial DE} = 0.6 - \eta \cdot 0.0337.$$

当取步长因子 $\eta = 1$ 时,

$$CE^1 = 0.3637, \quad DE^1 = 0.5663.$$

再通过调整输入层与隐层之间的权值 AC、BC、AD 和 BD, 使全局误差减少. 与前一过程类似, 我们分别计算全局误差 e 关于以上四个变量的偏导数, 得

$$\frac{\partial e}{\partial AC}$$
$$= \frac{\partial e}{\partial E} \cdot \frac{\partial E}{\partial x_E} \cdot \frac{\partial x_E}{\partial C} \cdot \frac{\partial C}{\partial x_C} \cdot \frac{\partial x_C}{\partial AC}$$
$$= (E - 0.4) \times [f(x_E) \times (1 - f(x_E))] \times \left(\frac{\partial x_E}{\partial C}\right)\bigg|_{CE=CE^1} \times [f(x_C) \times (1 - f(x_C))] \times A$$
$$= (0.6474 - 0.4) \times 0.6474 \times (1 - 0.6474) \times 0.3637 \times 0.6248 \times (1 - 0.6248) \times 0.3$$
$$= 0.0014,$$

$$\frac{\partial e}{\partial BC} = 0.0029.$$

同理, 得

$$\frac{\partial e}{\partial AD}$$
$$=\frac{\partial e}{\partial E} \cdot \frac{\partial E}{\partial x_E} \cdot \frac{\partial x_E}{\partial D} \cdot \frac{\partial D}{\partial x_D} \cdot \frac{\partial x_D}{\partial AD}$$
$$= (E - 0.4) \times [f(x_E) \times (1 - f(x_E))] \times \left(\frac{\partial x_E}{\partial D}\right)\bigg|_{DE=DE^1} \times [f(x_D) \times (1 - f(x_D))] \times A$$
$$= (0.6474 - 0.4) \times 0.6474 \times (1 - 0.6474) \times 0.5663 \times 0.5963 \times (1 - 0.5963) \times 0.3$$
$$= 0.0023$$
$$\frac{\partial e}{\partial BD} = 0.0046.$$

所以有

$$AC^1 = AC - \eta \cdot \frac{\partial e}{\partial AC} = 0.1 - \eta \cdot 0.0014,$$
$$BC^1 = BC - \eta \cdot \frac{\partial e}{\partial BC} = 0.8 - \eta \cdot 0.0029,$$
$$AD^1 = AD - \eta \cdot \frac{\partial e}{\partial AD} = 0.5 - \eta \cdot 0.0023,$$
$$BD^1 = BD - \eta \cdot \frac{\partial e}{\partial BD} = 0.4 - \eta \cdot 0.0046.$$

当 $\eta = 1$ 时,

$$AC^1 = 0.0986, \quad BC^1 = 0.7971,$$
$$AD^1 = 0.4977, \quad BD^1 = 0.3954.$$

此时, 我们可以计算得到 BP 神经网络在这个迭代步的输出为

$$e^1 = \frac{1}{2}\left|E^1\left(C^1, D^1\right) - 0.4\right|^2,$$

其中,

$$E^1\left(C^1, D^1\right) = f\left(C^1 \cdot CE^1 + D^1 \cdot DE^1\right),$$
$$C^1 = f\left(A \cdot AC^1 + B \cdot BC^1\right),$$
$$D^1 = f\left(A \cdot AD^1 + B \cdot BD^1\right).$$

经计算, 得

$$C^1 = f(0.3 \times 0.0986 + 0.6 \times 0.7971) = f(0.5078) = 0.6243,$$
$$D^1 = f(0.3 \times 0.4977 + 0.6 \times 0.3954) = f(0.3865) = 0.5955,$$

进而有

$$E^1\left(C^1, D^1\right) = f\left(C^1 \cdot CE^1 + D^1 \cdot DE^1\right),$$
$$= f(0.6243 \times 0.3637 + 0.5955 \times 0.5663)$$
$$= f(0.5642)$$
$$= 0.6374.$$

由此, 全局误差为

$$e^1 = \frac{1}{2}\left|0.6374 - 0.4\right|^2 = 0.0282 < 0.0306.$$

可见, 经调整的权值可以用输出的全局误差减小, 往复这个迭代过程, 我们就可以得到最优的权值.

16.3.3 BP 神经网络的数值算例——地震反射系数反演

用于神经网络反演的命令是 ImpInvTest(N,M,NT,NN), 将 N 组反射系数序列作为神经网络的训练集和结果的测试集, 其中的 NT 组作为训练集, (N-NT) 组作为测试集, 每组反射系数序列中包含 M 个采样点, NN 表示神经元的个数 (谢远涛, 2007; 杨立强等, 2005).

在神经网络中, 反射系数序列作为输出, 与其对应的正演地震数据由褶积模型生成, 地震子波的主频为 15 Hz. 若令反射系数序列中采样点的数据是 $[-0.1, 0.1]$ 区间内的随机数. 当我们选用 90 组训练集, 每组 5 个采样点, 并利用 4 个神经元的单层 BP 神经网络, 检验 10 组测试集的反演效果, 可以在命令行窗口输入命令

ImpInvTest(100,5,90,4)

得到结论为反演结果和真实反射系数的相关系数. 由于训练集和测试集的输出都是随机生成的, 所以每次反演的结果都不尽相同. 我们连续调用 20 次上述程序, 并将结果在图 16.11 中显示.

```
function plot1632()
for i=1:20
    c=ImpInvTest(100,5,90,4)
    list(i)=c;
end
plot(list,'-*r','LineWidth',2)
ylAbel('相关系数')
```

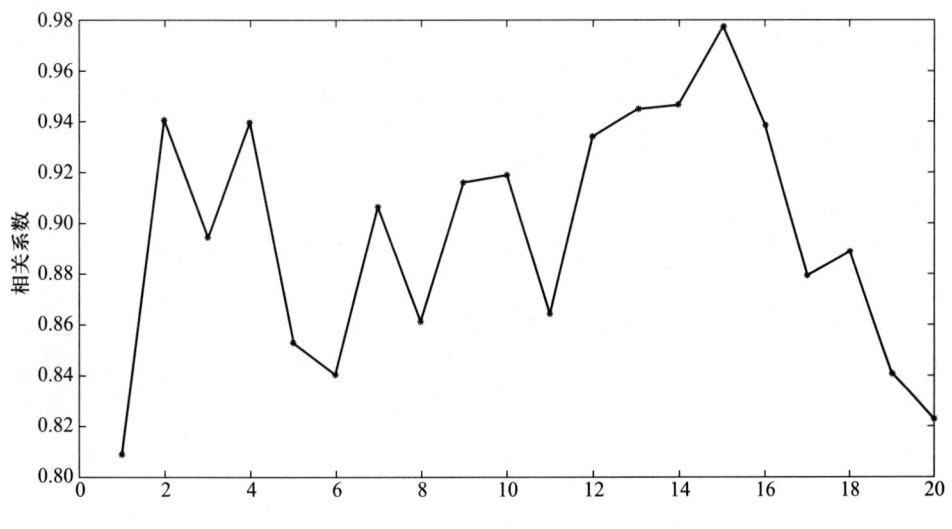

图 16.11 连续进行 20 次反演的结果与真实反射系数的相关系数 (I)

若增加神经元的数量, 神经网络将生成更加精确的结果. 图 16.12 表示将神经元数量增加到 5 个时, 20 次运算的结果.

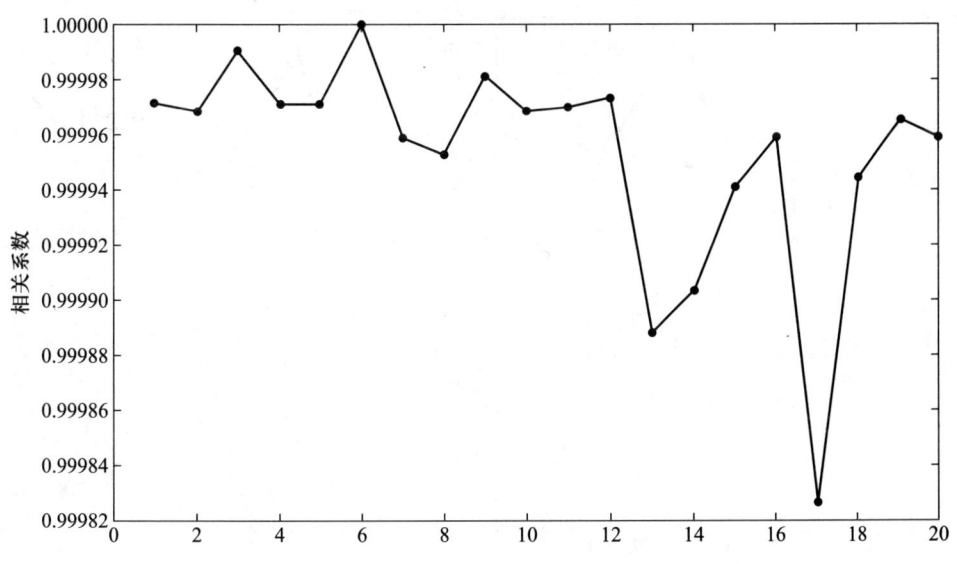

图 16.12 连续进行 20 次反演的结果与真实反射系数的相关系数 (II)

实际上, 我们可以利用 BP 神经网络解决更加复杂的算例. 当增加反射系数序列的采样点数为 10, 神经元为 9 时, 我们调用程序

```
[c]=ImpInvTest_4pics(100,10,90,9)
```

生成图 16.13 和图 16.14.

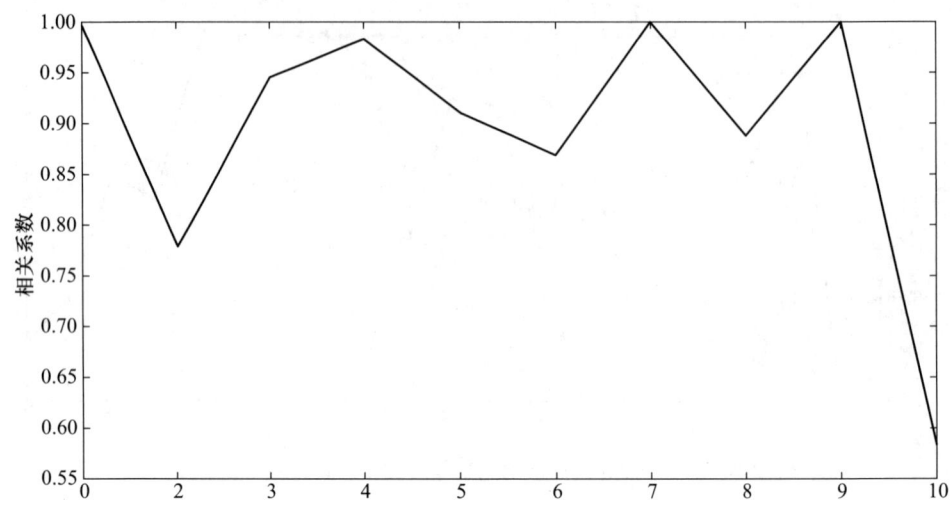

图 16.13　10 组测试集的反演结果与真实反射系数的相关系数 (I)

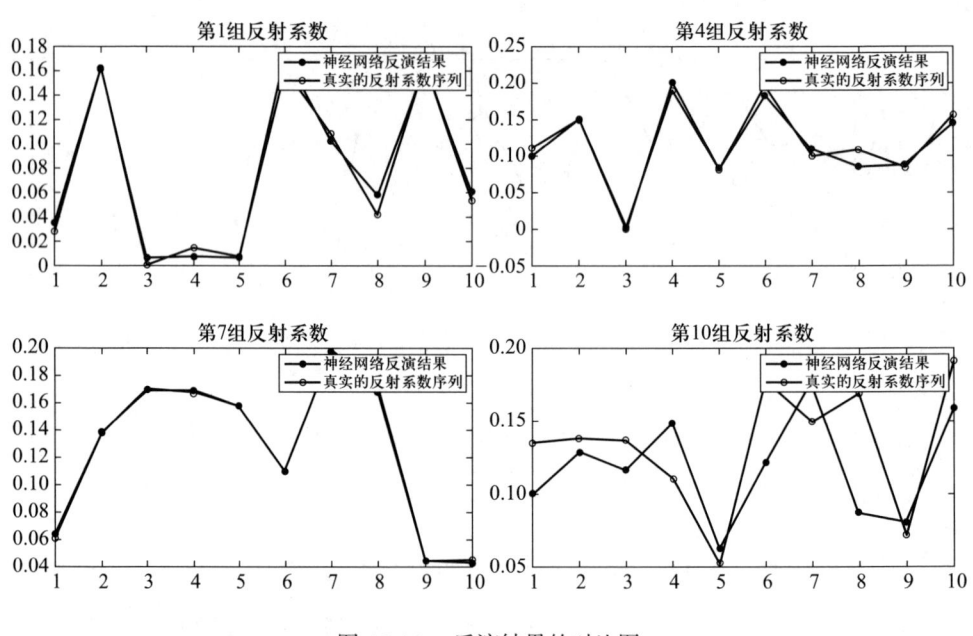

图 16.14　反演结果的对比图

由图 16.13 和图 16.14 可见, 第 10 组的反演结果比较差, 其相关系数仅为 0.5794. 当增加神经元个数到 10 时, 反演结果将得到很大改善, 见图 16.15.

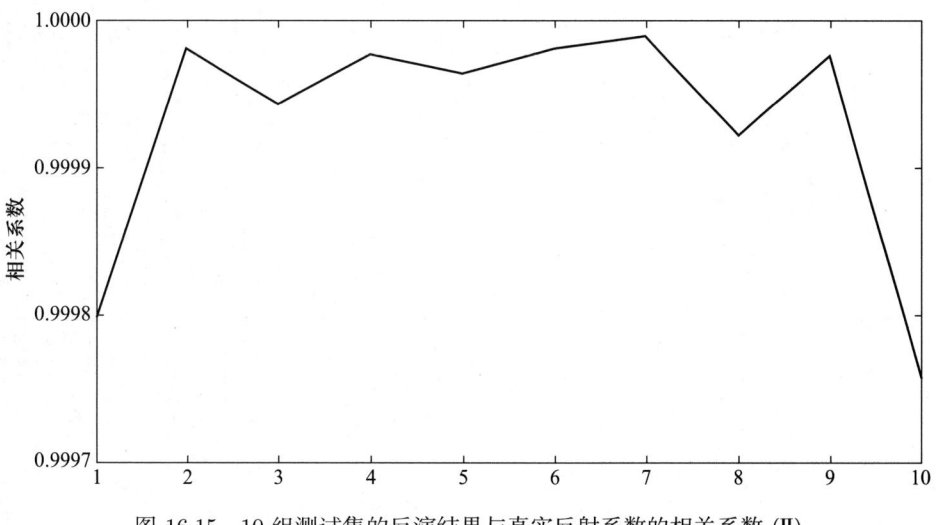

图 16.15　10 组测试集的反演结果与真实反射系数的相关系数 (II)

第 17 章 克里金法

17.1 概述

克里金法是由法国的马特隆 (G.Matheron) 教授以南非的地质工程师克里格 (D.G.Krige) 的名字来命名的一种地质统计学插值方法.

20 世纪 50 年代, 克里格观察到矿山中金属元素的分布在空间上并非是纯随机的, 而是具有某种空间相关性的. 为了准确地预估矿石中金属的含量, 他根据样品的空间位置不同和样品间相关程度不同, 对每个样品赋以不同的权值, 通过滑动加权平均的方法, 预估了中心块段的平均品位值.

随后, 马特隆对克里格的经验和方法进行了系统的总结, 建立了 "地质统计学". 地质统计学包括三大部分, 即地质变量相关性分析、克里金估值和随机模拟. 这三部分内容结合紧密, 其中地质变量相关性分析的基本工具是变差函数, 克里金估值依赖于变差函数来确定待估点周围点的权值 (对待估点的贡献值), 而随机模拟中的局部条件概率分布函数一般是应用克里金法求得的.

从地质统计学角度来说, 克里金法是根据一个待估块邻域内的若干样品的信息, 并考虑到这些样品的相关性 (如形状、大小及相互位置关系). 它们与待估块段之间的位置关系等几何特征, 以及变差函数所提供的结构信息, 为该块段的信息作出一种线性、无偏和最优的估计.

从数学角度来说, 克里金法是一种对空间分布数据求最优、线性、无偏内插估计量的插值方法, 其内插过程是通过滑动加权平均法来实现的.

克里金法有很多不同的类型, 常用类型包括简单克里金法、普通克里金法等 (吴胜和, 2010).

17.1.1 简单克里金法

简单克里金法是克里金法中最容易理解的.

这个方法的前提是区域化变量 $Z(x)$ 的数学期望是已知的常数, 即 $E[Z(x)] = m$ 为已知常数.

为降低变量 $Z(x)$ 的复杂程度, 我们可以令 $Y(x) = Z(x) - m$, 则有数学期望 $E[Y(x)] = 0$, 协方差 $E[Y(x)Y(y)] = c(x,y)$. 若估计 $Y(x)$, 可采用线性估计公式,

$$Y^*(x) = \sum_{i=1}^{n} \lambda_i Y_i,$$

其中, $Y_i = Z_i - m$, $Z_i (i = 1, 2, \cdots, n)$ 是一组离散的样品数据. 因为

$$E[Y^*(x)] = \sum_{i=1}^{n} \lambda_i E[Y_i] = 0,$$

且

$$E[Y_i(x)] = E[Z_i(x) - m] = 0,$$

所以

$$E[Y^*(x)] = E[Y(x)],$$

即 $Y^*(x) = \sum_{i=1}^{n} \lambda_i Y_i$ 是 $Y(x)$ 的一个无偏估计. 无偏性并不能保证估计式是最佳的估计. 因为一般来说, 一个变量的无偏估计有很多种形式. 为确定权系数 λ_i, 还需令方差 $\sigma^2 = E[(Y(x) - Y^*)^2]$ 最小, 经推导, 得到更具体的方差表达式,

$$\sigma^2 = \bar{c}(x,x) - 2\sum_{i=1}^{n} \lambda_i \bar{C}(x_i, x) + \sum_{i=1}^{n} \sum_{j=1}^{n} \lambda_i \lambda_j C(x_i, x_j),$$

其中, $\bar{c}(x,x)$ 表示协方差在待估区域的平均值. 由于方差是正定的, 且要达到最小值. 所以, 对 σ^2 关于 λ_i 求偏导数, 并令其等于 0, 则有

$$\frac{\partial \sigma^2}{\partial \lambda_i} = -2\bar{C}(x_i, x) + 2\sum_{i=1}^{n} \lambda_j C(x_i, x_j) = 0, \quad i = 1, 2, \cdots, n,$$

整理, 得

$$\sum_{i=1}^{n} \lambda_j C(x_i, x_j) = \bar{C}(x_i, x).$$

解上述方程, 就得到了简单克里金的权系数 $\{\lambda_i | i = 1, 2, \cdots, n\}$. 由此, 得到 $Y(x)$ 的简单克里金估计量

$$Y^*(x) = \sum_{j=1}^{n} \lambda_j Y_j.$$

所以, 变量 $Z(x)$ 的简单克里金估计量为

$$\begin{aligned} Z^*(x) &= m + Y^*(x) \\ &= m + \sum_{j=1}^{n} \lambda_j Y_j \\ &= m + \sum_{j=1}^{n} \lambda_j (Z_j - m) \\ &= \sum_{j=1}^{n} \lambda_j Z_j + m \left(1 - \sum_{j=1}^{n} \lambda_j\right). \end{aligned}$$

17.1.2 普通克里金法

区别于简单克里金法, 普通克里金法要求 $E[Z(x)] = m$ 为未知常数.

当已知一组离散的样品数据 $Z_i (i = 1, 2, \cdots, n)$ 时, 仍可采用线性估计公式来估计一个未知点的值, 即

$$Z^*(x) = \sum_{j=1}^{n} \lambda_i Z_i.$$

类似地, 我们需要求解权函数 $\lambda_i (i = 1, 2, \cdots, n)$, 并使得 $Z^*(x)$ 是 $Z(x)$ 的一个无偏估计, 且方差的估计量是最小的.

普通克里金法与简单克里金法的不同之处在于必须令 $\sum_{i=1}^{n} \lambda_i = 1$, 才能保证估计量 $Z^*(x)$ 的无偏性.

因为 $E[Z(x)] = m$, 所以必须有 $E[Z^*(x)] = m$, 才能保证无偏性成立. 实际上, 当 $\sum_{i=1}^{n} \lambda_i = 1$ 时, 很容易得到,

$$E[Z^*(x)] = E\left[\sum_{i=1}^{n} \lambda_i Z_i\right] = \sum_{i=1}^{n} \lambda_i E[Z_i] = m\left(\sum_{i=1}^{n} \lambda_i\right) = m.$$

由此, 普通克里金法的无偏性得到保证.

当估计 x_0 的值时, 为计算权函数 λ_i, 令估计方差最小, 即

$$\sigma^2 = E\left[((Z^*(x_0) - Z(x_0)) - E(Z^*(x_0) - Z(x_0)))^2\right]$$
$$= E\left[(Z^*(x_0) - Z(x_0))^2\right]$$

取最小值.

由于 $\sum_{i=1}^{n} \lambda_i = 1$ 可作为方差最小化问题的约束条件, 我们将采用拉格朗日乘数法对其进行求解.

先令 $F(\lambda_1, \lambda_2, \cdots, \lambda_n, \mu) = E\left[(Z^*(x_0) - Z(x_0))^2\right] - 2\mu(\sum_{i=1}^{n} \lambda_i - 1)$, 对 F 分别关于 $\lambda_1, \lambda_2, \cdots, \lambda_n, \mu$ 求偏导数, 得

$$\begin{cases} \dfrac{\partial F}{\partial \lambda_i} = 0, & \lambda_i = 1, 2, \cdots, n, \\ \dfrac{\partial F}{\partial \mu} = 0. \end{cases}$$

我们有

$$\frac{\partial F}{\partial \lambda_i} = \frac{\partial}{\partial \lambda_j}\left[E\left[(Z^*(x_0) - Z(x_0))^2\right]\right] - 2\mu = 0.$$

由于 $Z^*(x_0) = \sum_{i=1}^{n} \lambda_i Z(x_i)$, 我们可以对上式做进一步推导,

$$\frac{\partial}{\partial \lambda_j}(Z^*(x_0) - Z(x_0))^2 = 2(Z^*(x_0) - Z(x_0))Z(x_j)$$
$$= 2\left(\sum_{i=1}^{n} \lambda_i Z(x_i) - Z(x_0)\right) Z(x_j)$$
$$= 2\sum_{i=1}^{n} \lambda_i(Z(x_i) Z(x_j)) - 2Z(x_0) Z(x_j),$$

两边求期望, 得

$$\frac{\partial}{\partial \lambda_j}\left[E\left[(Z^*(x_0) - Z(x_0))^2\right]\right] = 2\sum_{i=1}^{n} \lambda_i E(Z(x_i) Z(x_j)) - 2E(Z(x_0) Z(x_j)),$$

经整理得到 $n+1$ 阶线性方程组,

$$\begin{cases} \sum_{i=1}^{n} \text{Cov}(x_i, x_j)\lambda_i - \mu = \text{Cov}(x_0, x_j), & \lambda_i = 1, 2, \cdots, n, \quad (17-1) \\ \sum_{i=1}^{n} \lambda_i = 1, & (17-2) \end{cases}$$

其中, $\mathrm{Cov}(x_i,x_j)$ 表示空间中点 x_i 与点 x_j 对应变量的协方差, $\mathrm{Cov}(x_0,x_j)$ 表示空间中待估点 x_0 与点 x_j 对应变量的协方差, μ 为拉格朗日常数.

17.1.3 变差函数

当随机函数在满足二阶平稳或内蕴假设时, 我们用变差函数 $\gamma(h)$ 计算方程 (17-1) 中的协方差, 即

$$\begin{cases} \sum_{i=1}^{n}\gamma(|x_i-x_j|)\lambda_i + \mu = \gamma(|x_0-x_j|), \quad \lambda_i = 1,2,\cdots,n, & (17\text{-}3) \\ \sum_{i=1}^{n}\lambda_i = 1, & (17\text{-}4) \end{cases}$$

其中, $\gamma(|x_i-x_j|)$ 表示空间中点 x_i 与点 x_j 之间的变差函数, $\gamma(|x_0-x_j|)$ 表示空间中点 x_0 与点 x_j 之间的变差函数, 变差函数和协方差之间的关系为 $C(h) = C(0) - \gamma(h)$, 这里 $C(h)$ 表示 $\mathrm{Cov}(x,y)$ 且 $|x-y|=h$, $C(0)$ 表示点 x 对应变量的方差 $\mathrm{Cov}(x,x)$.

通过求解上述方程组, 可得到一系列权函数 $\lambda_i, i=1,2,\cdots,n$. 由此可得到待估点 x_0 对应变量的克里金估计值. 这时, 克里金方差为

$$\sigma_k^2 = \mathrm{Cov}(x_0,x_0) + \mu - \sum_{i=1}^{n}\lambda_i \mathrm{Cov}(x_i,x_0),$$

或借用变差函数表示为

$$\sigma_k^2 = \mu + \sum_{i=1}^{n}\lambda_i \gamma(|x_i-x_0|). \tag{17-5}$$

方程组 (17-1)-(17-2) 可写作矩阵形式, 即

$$\bar{C} \cdot \lambda = D \Rightarrow \lambda = \bar{C}^{-1} \cdot D,$$

其中,

$$\bar{C} = \begin{pmatrix} C_{11} & C_{12} & \cdots & C_{1n} & 1 \\ C_{21} & C_{22} & \cdots & C_{2n} & 1 \\ \vdots & \vdots & \ddots & \vdots & \vdots \\ C_{n1} & C_{n2} & \cdots & C_{nn} & 1 \\ 1 & 1 & \cdots & 1 & 0 \end{pmatrix},$$

$$\lambda = (\lambda_1,\lambda_2,\cdots,\lambda_n,-\mu)^{\mathrm{T}}, \quad D = (c_{10},c_{20},\cdots,c_{n0},1)^{\mathrm{T}},$$

$$C_{ij} = \mathrm{Cov}(x_j,x_i), \quad i,j=0,1,\cdots,n.$$

由此, 克里金方差可写作

$$\sigma_k^2 = \text{Cov}(x_0, x_0) - \lambda^{\text{T}} D,$$

同理, 方程组 (17-3)-(17-4) 可写作矩阵形式, 即

$$V \cdot \lambda = D \Rightarrow \lambda = V^{-1} \cdot D, \tag{17-6}$$

其中,

$$V = \begin{pmatrix} \gamma_{11} & \gamma_{12} & \cdots & \gamma_{1n} & 1 \\ \gamma_{21} & \gamma_{22} & \cdots & \gamma_{2n} & 1 \\ \vdots & \vdots & \ddots & \vdots & \vdots \\ \gamma_{n1} & \gamma_{n2} & \cdots & \gamma_{nn} & 1 \\ 1 & 1 & \cdots & 1 & 0 \end{pmatrix},$$

$$\lambda = (\lambda_1, \lambda_2, \cdots, \lambda_n, \mu)^{\text{T}}, \quad D = (\gamma_{10}, \gamma_{20}, \cdots, \gamma_{n0}, 1)^{\text{T}},$$

再由 (17-5), 克里金方差可写作

$$\sigma_k^2 = \lambda^{\text{T}} D.$$

17.1.4 普通克里金法的解析算例

下面我们通过一个实例来说明普通克里金法的计算过程.

例 17.1 考虑二维空间的一个研究区域, 已知 $S_1(0,2)$, $S_2(1,3)$, $S_3(3,2)$, $S_4(2,0)$ 处的四个样品点的某一物性参数 (如孔隙度、浓度等) 值分别为 $Z_1 = 2.1$, $Z_2 = 3.9$, $Z_3 = 0.8$, $Z_4 = 2.6$ (也可作为百分比), 求待估点 $S_0(2,2)$ 处的该物性参数值, 途中网格点间的距离为 1. 这里假设研究区域中物性参数 $Z(x)$ 是二阶平稳的, 二维平面上的变差函数为一个各向同性的球状模型, 其参数值为块金值 $c_0 = 2$, 变程 $a = 10$, 拱高 $c = 5$, 进而有

$$\gamma(h) = \begin{cases} 0, & h = 0; \\ 2 + 5\left(\dfrac{3}{2} \cdot \dfrac{h}{10} - \dfrac{1}{2} \cdot \dfrac{h^3}{10^3}\right), & 0 < h \leqslant 10; \\ 2 + 5, & h > 10. \end{cases}$$

由公式 (17-6)

$$\lambda = V^{-1} \cdot D,$$

其中,
$$\lambda = (\lambda_1, \lambda_2, \cdots, \lambda_n, \mu)^{\mathrm{T}},$$
$$V = \begin{pmatrix} \gamma_{11} & \gamma_{12} & \gamma_{13} & \gamma_{14} & 1 \\ \gamma_{21} & \gamma_{22} & \gamma_{23} & \gamma_{24} & 1 \\ \gamma_{31} & \gamma_{32} & \gamma_{33} & \gamma_{34} & 1 \\ \gamma_{41} & \gamma_{42} & \gamma_{43} & \gamma_{44} & 1 \\ 1 & 1 & 1 & 1 & 0 \end{pmatrix},$$
$$D = (\gamma_{10}, \gamma_{20}, \gamma_{30}, \gamma_{40}, 1)^{\mathrm{T}}.$$

经计算, 得
$$h_{11} = h_{22} = h_{33} = h_{44} = 0,$$
$$h_{12} = h_{21} = \sqrt{2}, \quad h_{13} = h_{31} = 3,$$
$$h_{14} = h_{41} = 2\sqrt{2}, \quad h_{23} = h_{32} = \sqrt{5}, \; h_{24} = h_{42} = \sqrt{10},$$
$$h_{34} = h_{43} = \sqrt{5}, \quad h_{10} = 2, \quad h_{20} = \sqrt{2}, \quad h_{30} = 1, \quad h_{40} = 2.$$

由此得到,
$$\gamma_{11} = \gamma_{22} = \gamma_{33} = \gamma_{44} = \gamma(0) = 0,$$
$$\gamma_{12} = \gamma_{21} = \gamma_{20} = \gamma\left(\sqrt{2}\right) = 3.0536,$$
$$\gamma_{23} = \gamma_{32} = \gamma_{34} = \gamma_{43} = \gamma\left(\sqrt{5}\right) = 3.6491,$$
$$\gamma_{13} = \gamma_{31} = \gamma(3) = 4.1825,$$
$$\gamma_{14} = \gamma_{41} = \gamma\left(2\sqrt{2}\right) = 4.0648,$$
$$\gamma_{24} = \gamma_{42} = \gamma\left(\sqrt{10}\right) = 4.2927,$$
$$\gamma_{10} = \gamma_{40} = \gamma(2) = 3.4800, \quad \gamma_{30} = \gamma(1) = 2.7475,$$
$$\lambda = \begin{pmatrix} -0.2126 & 0.1132 & 0.0363 & 0.0631 & 0.2459 \\ 0.1132 & -0.2253 & 0.0777 & 0.0343 & 0.2232 \\ 0.0363 & 0.0777 & -0.2003 & 0.0863 & 0.2497 \\ 0.0631 & 0.0343 & 0.0863 & -0.1837 & 0.2812 \\ 0.2459 & 0.2232 & 0.2497 & 0.2812 & -2.8690 \end{pmatrix} \begin{pmatrix} 3.4800 \\ 3.0536 \\ 2.7475 \\ 3.4800 \\ 1 \end{pmatrix},$$

解得
$$\lambda_1 = 0.1710, \quad \lambda_2 = 0.2624, \quad \lambda_3 = 0.3633, \quad \lambda_4 = 0.2033, \quad \mu = 0.3329.$$

由此，得到 S_0 的估计值为

$$Z_0^* = \lambda_1 Z_1 + \lambda_2 Z_2 + \lambda_3 Z_3 + \lambda_4 Z_4 = 2.2017.$$

17.2 序贯高斯模拟法

序贯高斯模拟法是解决随机反演问题的重要手段. 这种方法以克里金法为基础，并以随机模拟的方式，实现了对待估点的估值 (Hass et al., 1994; Dubrule et al., 1998; Dubrule, 2003).

序贯高斯模拟法的基本思想是沿着某一给定的随机路径，按顺序求解网格点的局部条件概率分布 (即均值和方差)，然后从该分布中随机抽取一个值，作为该网格点所对应的模拟值.

假设待估点的均值为 12.9，方差为 3.4，这样我们得到了这个估值点的局部条件概率分布如图 17.1.

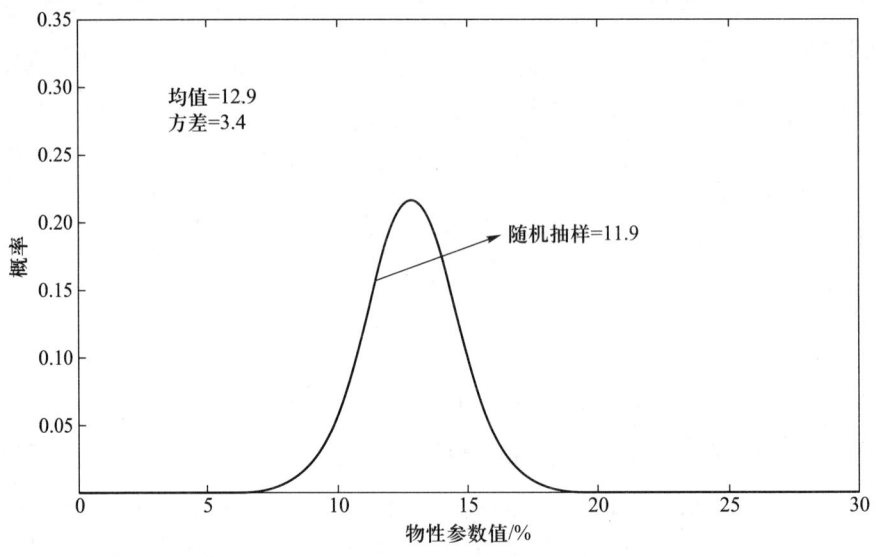

图 17.1 序贯高斯模拟法中随机抽取数值的示意图

思考题 17.1 应用克里金法已经可以得到待估点的值，为什么又引入了序贯高斯模拟法？

从求解过程出发，我们可以判定克里金法是一种确定性方法，通过求解线性方程组，得到待估点的均值和方差. 虽然均值可以作为待估点的一个估值，但是这并不足以描述地质数据的多解性和随机性. (实际上, 方差描述了数据的随机性, 而多解性在反问题中是广泛存在的.)

序贯高斯模拟法的步骤如下.

算法 17.1:

(1) 随机路径的建立: 将待解区域网格化, 网格点包括已知点和待求点两部分, 并对所有待求点, 给出一条随机路径;

(2) 局部条件概率分布的求解: 利用已知点, 计算当前待求点的克里金值和克里金标准偏差, 由此得到该点的局部条件概率分布;

(3) 随机生成待估点值: 从 (2) 中求得的概率分布中, 随机地选择某个值, 将其赋给当前待估点, 并将其记为已知点;

(4) 对 (1) 中随机路径上的下一个待估点进行估值, 返回 (2), 直至完成所有待估点的估值.

在步骤 (2) 中, 并不需要所有已知点都参与运算. 例如, 在一个 60×60 的网格节点上, 已知 1000 个点的数值, 对另外 2600 个点进行估值. 如果所有已知点都参与运算, 则至少需要求解

$$\sum_{i=1}^{2600}(1000+i) = 5981300$$

个方程; 如果对一个待求点, 只调用 50 个邻近点参与运算, 则需要求解

$$2600 \times (50+1) = 132600$$

个方程, 这只相当于前述估值方式调用方程数的 2.22%, 大大提高了运算速度.

在步骤 (3) 中, 算法既不是简单地在可行域的范围内抽取一个值 (如图 17.1 所示, 算法并不是直接在 $[0, 30]$ 的范围内抽取一个数字), 也不是从 0 到 1 的范围内随机抽取一个值作为概率分布函数的值, 再由此计算其对应的某个自变量, 以作为随机抽样, 而是采用正态得分变换的方法, 将满足正态分布的随机变量 Z 转换为满足标准正态分布 $N(0,1)$ 的随机变量 Y 后, 再做讨论.

17.3 数值算例 (随机地震反演)

已知一个 50×50 的网格区域, 横向为 50 条地震道, 纵向为 50 个深度域采样点, 建立一个由浅至深的三层水平介质模型, 其阻抗分别约为 4.65×10^6, 5.76×10^6, $7.92 \times 10^6 \frac{\text{kg}}{\text{m}^2 \cdot \text{s}}$, 另有若干条低波阻抗带, 如图 17.2 所示.

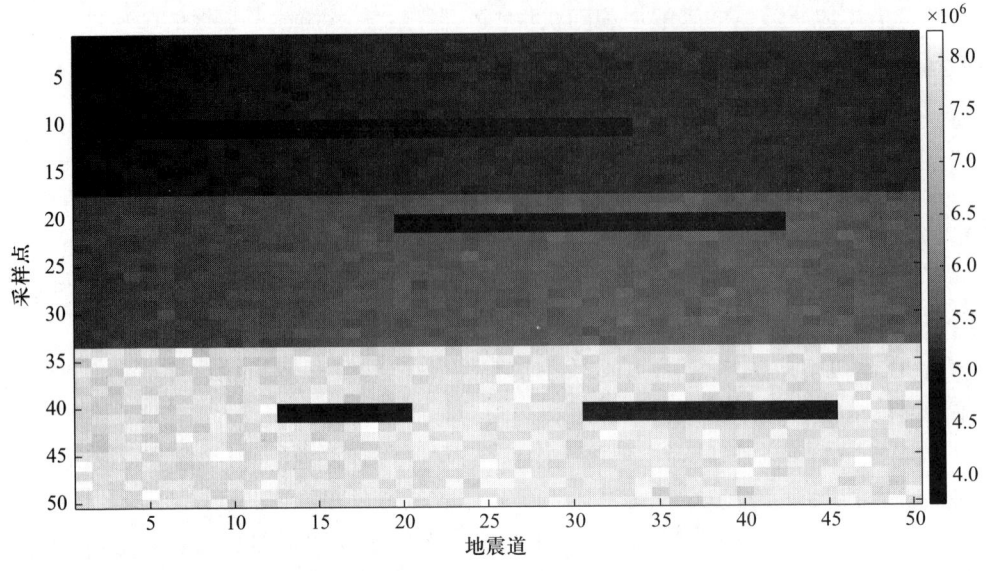

图 17.2 阻抗模型

当选择第 10, 20, 30, 40 和 50 列数据为已知时, 对其他列进行估值. 我们这里采用不同的变程参数, 利用序贯高斯模拟法, 由程序 `plot_4pics.m` 生成了四组随机实现, 如图 17.3 所示. 同时, 我们还对每组随机实现与阻抗模型之间的相关系数进行计算, 其中左上图的相关系数为 0.7667, 我们只能从图中大致分辨出三层结构, 却无法分辨低波阻抗带的位置; 右下图的相关系数可达 0.93892, 已经可以观察到低波阻抗带的位置.

一般地, 随机地震反演的原理是从大量的随机实现中优选出最佳结果 (Robinson, 2001; Francis, 2005; Yang, 2017). 这可以通过计算各随机实现的正演数据, 并与真实地震波作对比来实现. 首先, 利用程序 `Seism4Imp.m` 生成真实地震波, 再利用 `OutputSeism4Testing.m` 计算 20 组阻抗的随机实现, 最后利用程序 `plot1733.m` 从这 20 组数据的正演结果中优选出最佳结果, 并将其对应的阻抗记为随机地震反演结果, 如图 17.4. 这一结果与原始阻抗模型的相关系数为 0.96062. 可以预见的是, 当我们增大随机实现的组数为 50 组, 甚至 100 组时, 随机地震的反演结果将更加接近于原始阻抗模型.

17.3 数值算例（随机地震反演）

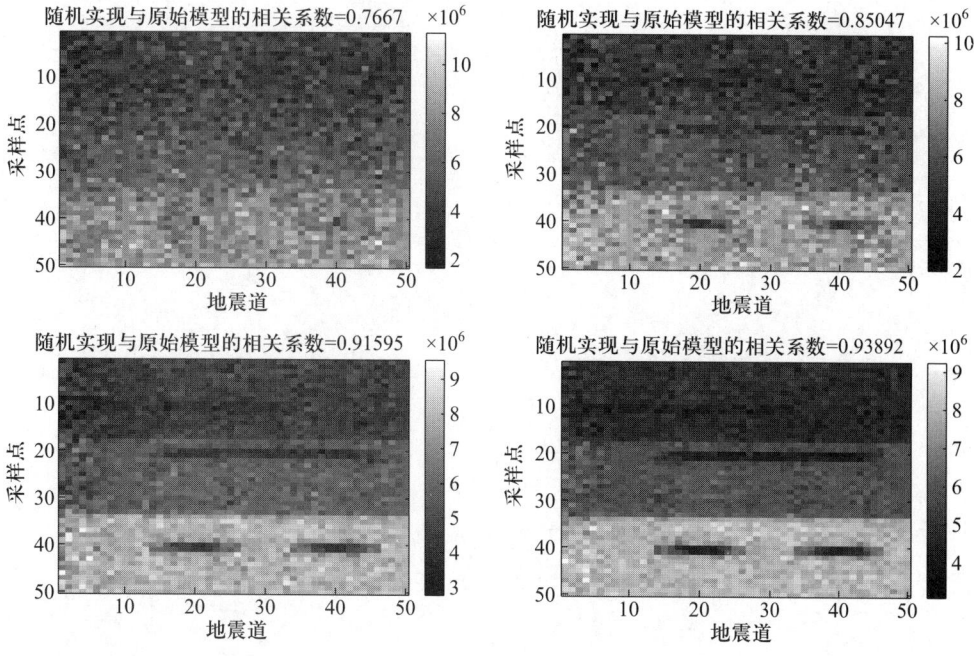

图 17.3　四组随机实现

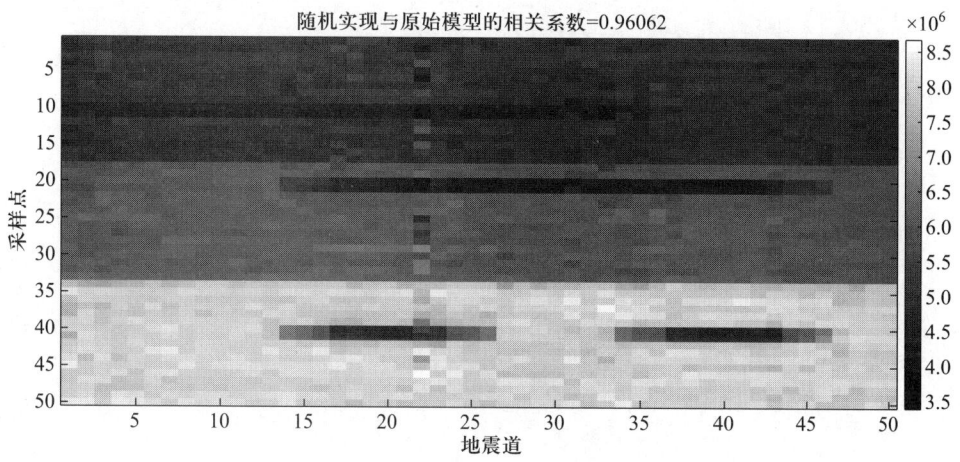

图 17.4　随机地震反演结果

参考文献

艾谢贝里, 德米尔, 著. 喻志远, 译. 2012. MATLAB 模拟的电磁学时域有限差分法. 北京: 国防工业出版社.

卞爱飞, 於文辉, 周华伟. 2010. 频率域全波形反演方法研究进展. 地球物理学进展, 3:982-993.

陈宝林. 2005. 最优化理论与算法. 北京: 清华大学出版社.

陈国新, 管志宁. 1989. 二度体磁异常快速反演方法. 物探化探计算技术, 4:285-296.

成谷, 马在田, 张宝金, 等. 2003. 地震层析成像中存在的主要问题及应对策略. 地球物理学进展, 18(3):512-518.

程勃, 底青云. 2012. 基于遗传算法和统计学的电阻率测深二维反演研究. 地球物理学进展, 27(2): 788-795.

程其襄, 张奠宙, 魏国强. 2010. 实变函数与泛函分析基础. 第 3 版. 北京: 高等教育出版社.

崔益安, 纪铜鑫, 李溪阳, 等. 2013. 基于粒子群优化的多目标体中梯电阻率异常反演. 地球物理学进展, 28(4):2164-2170.

范建柯, 丁志峰, 徐小明, 等. 2016. 基于自适应量子遗传算法的地震重定位及其在山东地区的应用. 地球物理学报, 59(11):4075-4088.

冯锐. 1985. 中国地壳厚度及上地幔密度分布 (三维重力反演结果). 地震学报, 7(2):143-157.

葛德彪, 闫玉波. 2011. 电磁波时域有限差分方法. 西安: 西安电子科技大学出版社.

龚纯, 王正林. 2012. 精通 MATLAB 最优化计算. 第 2 版. 北京: 电子工业出版社.

谷超豪. 2002. 数学物理方程. 第 2 版. 北京: 高等教育出版社.

管志宁, 侯俊胜. 1998. 重磁异常反演的拟 BP 神经网络方法及其应用. 地球物理学报, 41(2):242-251.

郭大钧. 2001. 非线性泛函分析. 济南: 山东科学技术出版社.

郭懋正. 2005. 实变函数与泛函分析. 北京: 北京大学出版社.

郭荣文, 柳建新. 2017. 大地电磁贝叶斯反演方法与理论. 长沙: 中南大学出版社.

郝艳军, 杨顶辉, 程远锋. 2016. 基于自适应杂交遗传算法的 CO_2 地质封存的储层参数反演研究. 地球物理学报, 59(11):4234-4245.

胡光辉, 王立歆, 方伍宝. 2014. 全波形反演方法及应用. 北京: 石油工业出版社.

胡祖志, 胡祥云, 何展翔. 2006. 大地电磁非线性共轭梯度拟三维反演. 地球物理学报, 49(4):1226-1234.

黄建平, 傅容珊, 许萍, 等. 2006. 利用重力和地形观测反演中国及邻区地壳厚度. 地震学报, 28(3):250-258.

黄建平, 李闯, 李庆洋. 2016. 最小二乘偏移成像理论及方法. 北京: 科学出版社.

江沸菠. 2014. 基于神经网络的混合非线性电阻率反演成像. 博士学位论文. 长沙: 中南大学.

江泽坚, 孙善利. 1994. 泛函分析. 北京: 高等教育出版社.

江泽坚, 吴智泉, 纪友清. 2007. 实变函数论. 第 3 版. 北京: 高等教育出版社.

蒋龙聪, 刘江平. 2007. 模拟退火算法及其改进. 工程地球物理学报, 4(2):135-140.

李帝铨, 王光杰, 底青云, 等. 2008. 基于遗传算法的 CSAMT 最小构造反演. 地球物理学报, 51(4):1234-1245.

李荣华, 刘播. 2009. 微分方程数值解法. 第 4 版. 北京: 高等教育出版社.

李守巨. 2008. 智能计算与参数反演. 北京: 科学出版社.

林峰, 李庶林, 薛云亮, 等. 2010. 基于不同初值的微震源定位方法. 岩石力学与工程学报, 5:996-1002.

林福民. 2008. 数学物理方法简明教程. 北京: 北京大学出版社.

林群. 2001. 微分方程数值解法基础教程. 北京: 科学出版社.

刘海飞, 阮百尧, 柳建新, 等. 2007. 混合范数下的最优化反演方法. 地球物理学报, 50(6):1877-1883.

柳建新, 童孝忠, 杨晓弘, 等. 2008. 实数编码遗传算法在大地电磁测深二维反演中的应用. 地球物理学进展, 23(6):1936-1942.

陆基孟, 王永刚. 2009. 地震勘探原理. 北京: 中国石油大学出版社.

潘新朋, 张广智, 印兴耀. 2018. 岩石物理驱动的储层裂缝参数与物性参数概率地震反演方法. 地球物理学报, 61(2):683-696.

强建科. 2006. 起伏地形三维电阻率正演模拟与反演成像研究. 博士学位论文. 武汉: 中国地质大学.

邵洪涛, 秦亮曦, 何莹. 2012. 带变异算子的非线性惯性权重 PSO 算法. 计算机技术与发展, 22(8):30-33.

师学明, 范建柯, 罗红明, 等. 2009a. 层状介质大地电磁的自适应量子遗传反演法. 地球科学 – 中国地质大学学报, 34(4):691-698.

师学明, 肖敏, 范建柯, 等. 2009b. 大地电磁阻尼粒子群优化反演法研究. 地球物理学报, 4:1114-1120.

孙思敏, 彭仕宓. 2007. 基于模拟退火算法的地质统计学反演方法. 石油地球物理勘探, 42(1):38-43.

孙文瑜, 徐成贤, 朱德通. 2010. 最优化方法. 第 2 版. 北京: 高等教育出版社.

谭永基, 王金莲. 2005. 用遗传算法计算几个地球物理反问题. 工程数学学报, 22(3):427-434.

田玥, 陈晓非. 2006. 利用拟牛顿法和信赖域法联合反演震中分布与一维速度结构. 地球物理学报, 49(3):845-854.

同济大学数学系. 2014a. 高等数学: 同济·第七版. 北京: 高等教育出版社.

同济大学数学系. 2014b. 工程数学: 线性代数. 北京: 高等教育出版社.

童孝忠, 柳建新等. 2013. MATLAB 程序设计及在地球物理中的应用. 长沙: 中南大学出版社.

万永革, 李鸿吉. 1995. 遗传算法在确定震源位置中的应用. 地震地磁观测与研究, 1995(6):1-7.

王惠文, 吴载斌, 孟洁. 2006. 偏最小二乘回归的线性与非线性方法. 北京: 国防工业出版社.

王家映. 2002. 地球物理反演理论. 北京: 高等教育出版社.

王庆, 张建中, 黄忠来. 2015. 时间域地震全波形反演方法进展. 地球物理学进展, 6:2797-2806.

王山山, 李灿平, 李青仁, 等. 1995. 快速模拟退火地震反演. 地球物理学报, z1:123-124.

王兴泰, 李晓芹. 1996. 电测深曲线的遗传算法反演. 地球物理学报, 39(2):279-285.

王彦飞. 2007. 反演问题的计算方法及其应用. 北京: 高等教育出版社.

王宇, 韩立国, 周家雄, 等. 2009. L1-L2 范数联合约束稀疏脉冲反演的应用. 地球科学: 中国地质大学学报, 34(5):835-840.

魏木生. 2006. 广义最小二乘问题的理论和计算. 北京: 科学出版社.

吴健生, 高德章, 刘晨光, 等. 2016. 海域深部结构重、磁、震联合反演和综合解释. 上海: 同济大学出版社.

吴媚, 符力耘, 李维新. 2008. 高分辨率非线性储层物性参数反演方法和应用. 地球物理学报, 51(2): 546-557.

吴胜和. 2010. 储层表征与建模. 北京: 石油工业出版社.

谢远涛. 2007. 人工神经网络变量选取与隐藏单元数的确定. 统计与信息论坛, 22(6):9-15.

谢政, 李建平, 陈挚. 2010. 非线性最优化理论与方法. 北京: 高等教育出版社.

邢光龙, 杨善德, 李曙光. 2007. 电磁波测井资料反演中 Jacobi 矩阵的快速算法及其特性分析. 地球物理学报, 50(2):642-650.

徐海浪, 吴小平. 2006. 电阻率二维神经网络反演. 地球物理学报, 49(2):584-589.

杨俊峰, 张丕状. 2013. 基于 DTOA/DOA 和牛顿迭代法的震源定位方法研究. 地震研究, 36(3): 324-329.

杨立强, 宋海斌, 郝天珧. 2005. 基于 BP 神经网络的波阻抗反演及应用. 地球物理学进展, 20(1): 34-37.

杨培杰, 印兴耀. 2008. 地震子波提取方法综述. 石油地球物理勘探, 43(1):123-128.

杨文采. 1995a. 地球物理反演的遗传算法. 石油物探, 1:116-122.

杨文采. 1995b. 神经网络算法在地球物理反演中的应用. 石油物探, 2:116-120.

姚姚. 1995. 地球物理非线性反演模拟退火法的改进. 地球物理学报, 38(5):643-650.

姚姚. 2002. 地球物理反演基本理论与应用方法. 武汉: 中国地质大学出版社.

姚振兴, 张霖斌. 1999. 波阻抗反演的混合最优化算法. 地球物理学进展, 14(2):1-6.

易远元, 王家映. 2009. 地球物理资料非线性反演方法讲座 (十) 粒子群反演方法. 工程地球物理学报, 6(4):385-389.

尹洪军, 翟云芳. 1999. 基于自适应遗传算法的试井分析最优化方法. 石油学报, 20(2):51-56.
袁三一, 陈小宏. 2008. 一种新的地震子波提取与层速度反演方法. 地球物理学进展, 23(1):198-205.
袁亚湘. 1994. 信赖域方法的收敛性. 计算数学, 16(3):333-346.
袁亚湘, 孙文瑜. 1997. 最优化理论与方法. 北京: 科学出版社.
袁亚湘. 2008. 非线性优化计算方法. 北京: 科学出版社.
张厚柱, 杨慧珠. 1996.l_p 范数波阻抗约束反演. 应用基础与工程科学学报, 4:418-425.
张昆, 董浩, 严加永, 等. 2013. 一种并行的大地电磁场非线性共轭梯度三维反演方法. 地球物理学报, 56(11):3922-3931.
张文生. 2006. 科学计算中的偏微分方程有限差分法. 北京: 高等教育出版社.
朱童, 李小凡, 李一琼, 等. 2011. 基于改进粒子群算法的地震标量波方程反演. 地球物理学报, 54(11):2951-2959.
Al-Nuaimy W, Huang Y, Nakhkash M, et al. 2000. Automatic detection of buried utilities and solid objects with GPR using neural networks and pattern recognition.Journal of Applied Geophysics, 43(2-4):157-165.
Baddari K, Aifa T, Djarfour N, et al. 2009. Application of a radial basis function artificial neural network to seismic data inversion. Computers & Geosciences, 35(12):2338-2344.
Bae H S, Pyun S,Chung W, et al. 2012. Frequency-domain acoustic-elastic coupled waveform inversion using the Gauss-Newton conjugate gradient method. Geophysical Prospecting, 60(3): 413-432.
Bordes A, Bottou L, Gallinari P. 2009. Sgd-qn: Careful quasi-newton stochastic gradient descent. Journal of Machine Learning Research, 10(3):1737-1754.
Bornstein G, Biescas B, Sallarès V, et al. 2013. Direct temperature and salinity acoustic full waveform inversion. Geophysical Research Letters, 40(16):4344-4348.
Boschetti F, Dentith M C, List R D. 1996. Inversion of seismic refraction data using genetic algorithms. Geophysics, 61(6):1715-1727.
Bostick F X. 1977. A simple almost exact method of MT analysis//Workshop on electrical methods in geothermal exploration. US Geol. Surv.
Caorsi S, Gamba P. 1999. Electromagnetic detection of dielectric cylinders by a neural network approach. IEEE Transactions on Geoscience and Remote Sensing, 37(2):820-827.
Chatterjee A, Siarry P. 2006. Nonlinear inertia weight variation for dynamic adaptation in particle swarm optimization.Computers & Operations Research, 33(3):859-871.
Cheng Q, Chen R, Li T H. 1996. Simultaneous wavelet estimation and deconvolution of reflection seismic signals. IEEE Transactions on Geoscience and Remote Sensing, 34(2):377-384.
Cheong S, Pyun S, Shin C S. 2006. Two efficient steepest-descent algorithms for source signature-free waveform inversion: Synthetic examples. Journal of Seismic Exploration, 14(4):335.
Choi Y, Min D J, Shin C. 2008. Frequency-domain elastic full waveform inversion using the new pseudo-Hessian matrix: Experience of elastic Marmousi-2 synthetic data. Bulletin of the Seismological Society of America, 98(5):2402-2415.

Constable S C, Parker R L, Constable C G. 1987. Occam's inversion: A practical algorithm for generating smooth models from electromagnetic sounding data.Geophysics, 52(3):289-300.

Dai Y H, Kou C X. 2013. A nonlinear conjugate gradient algorithm with an optimal property and an improved Wolfe line search. SIAM Journal on Optimization, 23(1):296-320.

Deutsch C V, Cockerham P W. 1994. Practical considerations in the application of simulated annealing to stochastic simulation. Mathematical Geology, 26(1):67-82.

Deutsch C V, Journel A G. 1994. The application of simulated annealing to stochastic reservoir modeling. SPE Advanced Technology Series, 2(2):222-227.

Dubrule O, Thibaut M, Lamy P, et al. 1998. Geostatistical reservoir characterization constrained by 3D seismic data. Petroleum Geoscience, 4(2):121-128.

Dubrule O. 2003. Geostatistics for Seismic Data Integration in Earth Models. Society of Exploration Geophysicists.

Ellis R G, Oldenburg D W. 1994. The pole-pole 3-D Dc-resistivity inverse problem: A conjugate gradient approach. Geophysical Journal International, 119(1):187-194.

Epanomeritakis I, Akçelik V, Ghattas O, et al. 2008. A Newton-CG method for large-scale three-dimensional elastic full-waveform seismic inversion. Inverse Problems, 24(3):1-26.

Ernst J R, Maurer H, Green A G, et al. 2007. Full-waveform inversion of crosshole radar data based on 2-D finite-difference time-domain solutions of Maxwell's equations. IEEE Transactions on Geoscience and Remote Sensing, 45(9):2807-2828.

Finsterle S, Kowalsky M B. 2011. A truncated Levenberg-Marquardt algorithm for the calibration of highly parameterized nonlinear models. Computers & Geosciences, 37(6):731-738.

Francis A. 2005. Limitations of deterministic and advantages of stochastic seismic inversion. Recorder, 30(1):5-11.

Gance J, Grandjean G, Samyn K, et al. 2012. Quasi-Newton inversion of seismic first arrivals using source finite bandwidth assumption: Application to subsurface characterization of landslides.Journal of Applied Geophysics, 87:94-106.

Gerstoft P. 1995. Inversion of acoustic data using a combination of genetic algorithms and the Gauss-Newton approach. The Journal of the Acoustical Society of America, 97(4):2181-2190.

Ghamisi P, Benediktsson J A. 2015. Feature selection based on hybridization of genetic algorithm and particle swarm optimization. IEEE Geoscience and Remote Sensing Letters, 12(2):309-313.

Grippo L, Lampariello F, Lucidi S. 1986. A nonmonotone line search technique for Newton's method. SIAM Journal on Numerical Analysis, 23(4):707-716.

Haas A, Dubrule O. 1994. Geostatistical inversion: A sequential method of stochastic reservoir modelling constrained by seismic data. First Break, 12(11):561-569.

Hanke M. 1997. A regularizing Levenberg-Marquardt scheme, with applications to inverse groundwater filtration problems.Inverse Problems, 13(1):79.

Holland J H. 1992. Adaptation in Natural and Artificial Systems: An Introductory Analysis with Applications to Biology, Control, and Artificial Intelligence. Cambridge: MIT Press.

Hu W, Abubakar A, Habashy T M, et al. 2011. Preconditioned non-linear conjugate gradient method for frequency domain full-waveform seismic inversion. Geophysical Prospecting, 59(3): 477-491.

Ingber L. 1989. Very fast simulated re-annealing. Mathematical and Computer Modelling, 12(8): 967-973.

Ingber L, Rosen B. 1992. Genetic algorithms and very fast simulated reannealing: A comparison. Mathematical and Computer Modelling, 16(11):87-100.

Iyer H M, K Hirahara. 1993. Seismic Tomography: Theory and Practice. London: Chapman and Hall.

Kim H J, Han N R, Choi J H, et al. 2007. Conjugate gradient least-squares algorithm for three-dimensional magnetotelluric inversion. Geophysics and Geophysical Exploration, 10(2):147-153.

Kirkpatrick S, Gelatt C D, Vecchi M P. 1983. Optimization by simulated annealing. Science, 220(4598):671-680.

Kirkpatrick S. 1984. Optimization by simulated annealing: Quantitative studies. Journal of Statistical Physics, 34(5-6):975-986.

Li Z, Wang Y. 2014. A subspace trust-region method for seismic migration inversion. Optimization Methods and Software, 29(2):286-296.

Lines L R, Treitel S. 1984. Tutorial: A review of least-squares inversion and its application to geophysical problems. Geophysical Prospecting, 32(2):159-186.

Liu C, Gao F, Feng X, et al. 2014. Memoryless quasi-Newton (MLQN) method for 2D acoustic full waveform inversion. Exploration Geophysics, 46(2):168-177.

Liu Z, Liu J. 1998. Seismic-controlled nonlinear extrapolation of well parameters using neural networks. Geophysics, 63(6):2035-2041.

Loke M H, Barker R D. 1996. Rapid least-squares inversion of apparent resistivity pseudo sections by a quasi-Newton method. Geophysical Prospecting, 44(1):131-152.

Loke M H, Dahlin T. 2002. A comparison of the Gauss-Newton and quasi-Newton methods in resistivity imaging inversion. Journal of Applied Geophysics, 49(3):149-162.

Mallick S. 1995. Model-based inversion of amplitude-variations-with-offset data using a genetic algorithm. Geophysics, 60(4):939-954.

Manoj C, Nagarajan N. 2003. The application of artificial neural networks to magnetotelluric time-series analysis. Geophysical Journal International, 153(2):409-423.

McCormack M D, Zaucha D E, Dushek D W. 1993. First-break refraction event picking and seismic data trace editing using neural networks. Geophysics, 58(1):67-78.

Meier U, Curtis A, Trampert J. 2007. Global crustal thickness from neural network inversion of surface wave data. Geophysical Journal International, 169(2):706-722.

Metropolis N, Rosenbluth A, Rosenbluth M, et al. 1953. Simulated annealing. Journal of Chemical Physics, 21:1087-1092.

Mosegaard K, Vestergaard P D. 1991. A simulated annealing approach to seismic model optimization with sparse prior information. Geophysical Prospecting, 39(5):599-611.

Newman G A, Alumbaugh D L. 2000. Three-dimensional magnetotelluric inversion using nonlinear conjugate gradients. Geophysical Journal International, 140(2):410-424.

Nolet G. 1987. Seismic Wave Propagation and Seismic Tomography//Seismic Tomography. Dordrecht: Springer, 1-23.

Oldenburg D W. 1974. The inversion and interpretation of gravity anomalies. Geophysics, 39(4): 526-536.

Padhi A, Malick S. 2013. Multicomponent pre-stack seismic waveform inversion in transversely isotropic media using a non-dominated sorting genetic algorithm. Geophysical Journal International, 196(3):1600-1618.

Paitz P, Gokhberg A, Fichtner A. 2017. A neural network for noise correlation classification. Geophysical Journal International, 212(2):1468-1474.

Parker R L, Huestis S P. 1974. The inversion of magnetic anomalies in the presence of topography. Journal of Geophysical Research, 79(11):1587-1593.

Plessix R E, Stopin A, Kuehl H, et al. 2016. Visco-acoustic Full Waveform Inversion//78th EAGE Conference and Exhibition 2016.

Pratt R G, Shin C, Hick G J. 1998. Gauss-Newton and full Newton methods in frequency-space seismic waveform inversion. Geophysical Journal International, 133(2):341-362.

Pujol J. 2007. The solution of nonlinear inverse problems and the Levenberg-Marquardt method.Geophysics, 72(4):W1-W16.

Qin X, Yan Z, He G. 2016. A near-optimal detection scheme based on joint steepest descent and Jacobi method for uplink massive MIMO systems. IEEE Communications Letters, 20(2): 276-279.

Ratnaweera A, Halgamuge S K, Watson H C. 2004. Self-organizing hierarchical particle swarm optimizer with time-varying acceleration coefficients. IEEE Transactions on Evolutionary Computation, 8(3):240-255.

Robinson G. 2001. Stochastic seismic inversion applied to reservoir characterization. CSEG Recorder, 3:36-40.

Rodi W, Mackie R L. 2001. Nonlinear conjugate gradients algorithm for 2-D magnetotelluric inversion. Geophysics, 66(1):174-187.

Rowbotham P S, Marion D, Lamy P, et al. 2003. Multidisciplinary stochastic impedance inversion: Integrating geological understanding and capturing reservoir uncertainty. Petroleum Geoscience, 9(4):287-294.

Sambridge M, Kennett B. 1996. Genetic algorithm inversion for receiver functions with application to crust and uppermost mantle structure. Geophysical Research Letters, 23(14):1829-1832.

Scales J A. 1987. Tomographic inversion via the conjugate gradient method. Geophysics, 52(2): 179-185.

Sen M K, Stoffa P L. 1991. Nonlinear one-dimensional seismic waveform inversion using simulated annealing.Geophysics, 56(10):1624-1638.

Shaw R, Srivastava S. 2007. Particle swarm optimization: A new tool to invert geophysical data.Geophysics, 72(2):F75-F83.

Shin C, Cha Y H. 2008. Waveform inversion in the Laplace domain. Geophysical Journal International, 173(3):922-931.

Siripunvaraporn W, Sarakorn W. 2011. An efficient data space conjugate gradient Occam's method for three-dimensional magnetotelluric inversion. Geophysical Journal International, 186(2):567-579.

Szu H, Hartley R. 1987. Fast simulated annealing. Physics Letters A, 122(3-4):157-162.

Tang Y, Wang Z, Fang J. 2011. Feedback learning particle swarm optimization. Applied Soft Computing, 11(8):4713-4725.

Tarantola A. 1984. Inversion of seismic reflection data in the acoustic approximation.Geophysics, 49(8):1259-1266.

Tikhonov A N. 1950. Determination of the Electrical Characteristics of the Deeper Strata of the Earth's Crust//Dokl.Akad.Nauk, USSR, 7-2.

Uieda L, Barbosa V C F. 2012. Robust 3D gravity gradient inversion by planting anomalous densities. Geophysics, 77(4):G55-G66.

Virieux J, Operto S. 2009. An overview of full-waveform inversion in exploration geophysics. Geophysics, 74(6):WCC1-WCC26.

Wang Y, Yuan Y. 2005. Convergence and regularity of trust region methods for nonlinear ill-posed inverse problems. Inverse Problems, 21(3):821.

Wang Y. 2010. Seismic impedance inversion using l 1-norm regularization and gradient descent methods. Journal of Inverse and Ill-Posed Problems, 18(7):823-838.

Yang X, Zhu P. 2017. Stochastic seismic inversion based on an improved local gradual deformation method. Computers & Geosciences, 109:75-86.

Zhao L S, Sen M K, Stoffa P, et al. 1996. Application of very fast simulated annealing to the determination of the crustal structure beneath Tibet.Geophysical Journal International, 125(2): 355-370.

附录：主要算法程序代码

程序目录

程序名称	页码	程序名称	页码
Plot611.m	196	QN_BFGS.m	220
Plot612.m	198	QN_MLQN.m	222
Plot613.m	200	TR_DZX.m	224
goldsection.m	203	TR_SZX.m	226
newton1d.m	205	LM1231.m	229
ag.m	206	refc.m	231
wp.m	208	seismogram_single.m	231
sd.m	210	ImpInv1DVFSA.m	233
newton.m	211	pso_WaveletExtr.m	236
newton822.m	213	GAMT1D.m	238
Plotfun931.m	214	ImpInvTest.m	241
WaveInvSD.m	215	Seis4mImp.m	242
WaveInvCG.m	217	OutputSeism4Testing.m	243
QN_DFP.m	218		

数据资源下载

```matlab
% finite difference Solutions to 2D ACOUSTIC WAVE EQUATION
function Plot611()
clc;
close all;
clear all;
% initialization
a=4.0; % parameter for calculating velocity
FRE=20; % frequency of source
nx=300;nz=nx; % define model size
nt=400; % define time size
dx=0.01; % set spatial sampling dx
dt=.5*dx/a;    % set dt for stability condition
xs=round(nx/3); zs=round(nx/2); % define pt src coord.

% Ricker Wavelet
t=[0:1:nt-1]*dt-sqrt(0.5)/(pi*FRE);
RICKER=zeros(length(t));
RICKER= 0.01*(1-t .*t * FRE^2 *pi^2) .*exp(- t.^2 * pi^2 * FRE^2);
plot([0:nt-1]*dt,RICKER);title('Ricker Wavelet');xlabel('Time (s)')
pause(1)

% velocity for 1st and 2nd layer model
vel=ones(nx,nz)*a;
vel(nx-round(nx/2):nx,:)= vel(nx-round(nx/2):nx,:)*1.2;

seism=zeros(nx,nt); % define shot gather matrix
p0=zeros(nx,nz);p1=p0;p2=p0; % initialization for nx*nz matrix
cns=4*(dt/dx*vel).^2; % intermediate variable
recdepth=1;              % receiver depth

% loops over time steps
for it=1:1:nt
    p2 = 2*p1 - p0 +  cns.*del2(p1);     % FD of Acoustic WE
```

```
    p2(xs,zs) = p2(xs,zs) + RICKER(it); % Add source term
    a = p2(recdepth,:); seism(:,it) = a'; % Synthetic seismograms
    alpha=dt/dx;
% ABC
    a1=alpha*vel(1,:);
    p2(1,:)=(2-2*a1-(a1).^2).*p1(1,:)+2*a1.*(1+a1).*p1(2,:)-(a1.^2)
        .*p1(3,:)+(2*a1-1).*p0(1,:)-2*a1.*p0(2,:);
% Top ABC
    a2=alpha*vel(nx,:);
    p2(nx,:)=(2-2*a2-(a2).^2).*p1(nx,:)+2*a2.*(1+a2).*p1(nx-1,:)-(a
        2.^2).*p1(nx-2,:)+(2*a2-1).*p0(nx,:)-2*a2.*p0(nx-1,:);
% Bottom ABC
    a3=alpha*vel(:,nz);
    p2(:,nz)=(2-2*a3-(a3).^2).*p1(:,nz)+2*a3.*(1+a3).*p1(:,nz-1)-(a
        3.^2).*p1(:,nz-2)+(2*a3-1).*p0(:,nz)-2*a3.*p0(:,nz-1);
% RHS ABC
    a4=alpha*vel(:,1);
    p2(:,1)=(2-2*a4-(a4).^2).*p1(:,1)+2*a4.*(1+a4).*p1(:,2)-(a4.^2)
        .*p1(:,3)+(2*a4-1).*p0(:,1)-2*a4.*p0(:,2);

    p0=p1;p1=p2; % update p0 and p1 field

    % output pics
    if it==80;
        p00=p0/max(abs(p0(:))+.001);
        subplot(221);imagesc([1:nx]*dx,[1:nx]*dx,(p00+vel));
            colorbar;
        title(['T = ',num2str(dt*it),'
            s 时刻的波场快照'],'FontSize',28);
        set(gca,'FontSize',28);
    elseif it==160;
        p00=p0/max(abs(p0(:))+.001);
        subplot(222);imagesc([1:nx]*dx,[1:nx]*dx,(p00+vel));
```

```
                colorbar;
            title(['T = ',num2str(dt*it),'...
                s 时刻的波场快照'],'FontSize',28);
            set(gca,'FontSize',28);
        elseif it==240;
            p00=p0/max(abs(p0(:))+.001);
            subplot(223);imagesc([1:nx]*dx,[1:nx]*dx,(p00+vel));
                colorbar;
            title(['T = ',num2str(dt*it),'...
                s 时刻的波场快照'],'FontSize',28);
            set(gca,'FontSize',28);
        elseif it==320;
            p00=p0/max(abs(p0(:))+.001);
            subplot(224);imagesc([1:nx]*dx,[1:nx]*dx,(p00+vel));
                colorbar;
            title(['T = ',num2str(dt*it),'...
                s 时刻的波场快照'],'FontSize',28);
            set(gca,'FontSize',28);
        end
        colormap(flipud(bone));
end;
```

```
% finite difference Solutions to 2D ACOUSTIC WAVE EQUATION
% SEISMOGRAM

function Plot612()
clc;
close all;
clear all;

% initialization
a=4.0; % parameter for calculating velocity
```

```
FRE=20; % frequency of source
nx=300;nz=nx; % define model size
nt=400; % define time size
dx=0.01; % set spatial sampling dx
dt=.5*dx/a;    % set dt for stability condition
xs=round(nx/3); zs=round(nx/2); % define pt src coord.

% Ricker Wavelet
t=[0:1:nt-1]*dt-sqrt(0.5)/(pi*FRE);
RICKER=zeros(length(t));
RICKER=0.01*(1-t .*t * FRE^2 *pi^2) .*exp(- t.^2 * pi^2 * FRE^2);

% velocity for 1st and 2nd layer model
vel=ones(nx,nz)*a;
vel(nx-round(nx/2):nx,:)= vel(nx-round(nx/2):nx,:)*1.2;

seism=zeros(nx,nt); % define shot gather matrix
p0=zeros(nx,nz);p1=p0;p2=p0; % initialization for nx*nz matrix
cns=4*(dt/dx*vel).^2; % intermediate variable
recdepth=1;           % receiver depth

% loops over time steps
for it=1:1:nt
    p2 = 2*p1 - p0 +  cns.*del2(p1);    % FD of Acoustic WE
    p2(xs,zs) = p2(xs,zs) + RICKER(it); % Add source term
    a = p2(recdepth,:); seism(:,it) = a'; % Synthetic seismograms
    alpha=dt/dx;

% ABC
    a1=alpha*vel(1,:);
    p2(1,:)=(2-2*a1-(a1).^2).*p1(1,:)+2*a1.*(1+a1).*p1(2,:)-(a1.^2)
        .*p1(3,:)+(2*a1-1).*p0(1,:)-2*a1.*p0(2,:);
% Top ABC
```

```
    a2=alpha*vel(nx,:);
    p2(nx,:)=(2-2*a2-(a2).^2).*p1(nx,:)+2*a2.*(1+a2).*p1(nx-1,:)-(a
        2.^2).*p1(nx-2,:)+(2*a2-1).*p0(nx,:)-2*a2.*p0(nx-1,:);
% Bottom ABC
    a3=alpha*vel(:,nz);
    p2(:,nz)=(2-2*a3-(a3).^2).*p1(:,nz)+2*a3.*(1+a3).*p1(:,nz-1)-(a
        3.^2).*p1(:,nz-2)+(2*a3-1).*p0(:,nz)-2*a3.*p0(:,nz-1);
% RHS ABC
    a4=alpha*vel(:,1);
    p2(:,1)=(2-2*a4-(a4).^2).*p1(:,1)+2*a4.*(1+a4).*p1(:,2)-(a4.^2)
        .*p1(:,3)+(2*a4-1).*p0(:,1)-2*a4.*p0(:,2);

    p0=p1;p1=p2; % update p0 and p1 field
end;

% generate seismogram
a=seism';a=a/max(abs(a(:)));clim=[-.672 .672];
imagesc([1:nx]*dx,[1:nt]*dt,a,clim);
title(' 声波方程的合成地震记录');
xlabel('X')
ylabel('Time');
colormap(flipud(bone));
colorbar;



% finite difference Solutions to 2D ACOUSTIC WAVE EQUATION %
% 1/2 dt

function Plot613()
clc;
close all;
clear all;
```

```
% initialization
a=4.0; % parameter for calculating velocity
FRE=20; % frequency of source
nx=300;nz=nx; % define model size
nt=800; % define time size
dx=0.01; % set spatial sampling dx
dt=.25*dx/a;   % set dt for stability condition
xs=round(nx/3); zs=round(nx/2); % define pt src coord.

% Ricker Wavelet
t=[0:1:nt-1]*dt-sqrt(0.5)/(pi*FRE);
RICKER=zeros(length(t));
RICKER=0.01*(1-t .*t * FRE^2 *pi^2) .*exp(- t.^2 * pi^2 * FRE^2);
plot([0:nt-1]*dt,RICKER);title('Ricker Wavelet');xlabel('Time (s)')
pause(1)

% velocity for 1st and 2nd layer model
vel=ones(nx,nz)*a;
vel(nx-round(nx/2):nx,:)= vel(nx-round(nx/2):nx,:)*1.2;

seism=zeros(nx,nt); % define shot gather matrix
p0=zeros(nx,nz);p1=p0;p2=p0; % initialization for nx*nz matrix
cns=4*(dt/dx*vel).^2; % intermediate variable
recdepth=1;           % receiver depth

% loops over time steps
for it=1:1:nt
    p2 = 2*p1 - p0 +  cns.*del2(p1);    % FD of Acoustic WE
    p2(xs,zs) = p2(xs,zs) + RICKER(it); % Add source term
    a = p2(recdepth,:); seism(:,it) = a'; % Synthetic seismograms
    alpha=dt/dx;

% ABC
```

```
        a1=alpha*vel(1,:);
        p2(1,:)=(2-2*a1-(a1).^2).*p1(1,:)+2*a1.*(1+a1).*p1(2,:)-(a1.^2)
            .*p1(3,:)+(2*a1-1).*p0(1,:)-2*a1.*p0(2,:);
    % Top ABC
        a2=alpha*vel(nx,:);
        p2(nx,:)=(2-2*a2-(a2).^2).*p1(nx,:)+2*a2.*(1+a2).*p1(nx-1,:)-(a
            2.^2).*p1(nx-2,:)+(2*a2-1).*p0(nx,:)-2*a2.*p0(nx-1,:);
    % Bottom ABC
        a3=alpha*vel(:,nz);
        p2(:,nz)=(2-2*a3-(a3).^2).*p1(:,nz)+2*a3.*(1+a3).*p1(:,nz-1)-(a
            3.^2).*p1(:,nz-2)+(2*a3-1).*p0(:,nz)-2*a3.*p0(:,nz-1);
    % RHS ABC
        a4=alpha*vel(:,1);
        p2(:,1)=(2-2*a4-(a4).^2).*p1(:,1)+2*a4.*(1+a4).*p1(:,2)-(a4.^2)
            .*p1(:,3)+(2*a4-1).*p0(:,1)-2*a4.*p0(:,2);

        p0=p1;p1=p2; % update p0 and p1 field

    % output pics
    if it==160;
            p00=p0/max(abs(p0(:))+.001);
        subplot(221);
        imagesc([1:nx]*dx,[1:nx]*dx,(p00+vel));
        colorbar;
        title(['T = ',num2str(dt*it),'
            s 时刻的波场快照'],'FontSize',28);
        set(gca,'FontSize',28);
    elseif it==320;
        p00=p0/max(abs(p0(:))+.001);
        subplot(222);imagesc([1:nx]*dx,[1:nx]*dx,(p00+vel));
        colorbar;
        title(['T = ',num2str(dt*it),'
            s 时刻的波场快照'],'FontSize',28);
```

```matlab
            set(gca,'FontSize',28);
    elseif it==480;
        p00=p0/max(abs(p0(:))+.001);
        subplot(223);imagesc([1:nx]*dx,[1:nx]*dx,(p00+vel));
            colorbar;
        title(['T = ',num2str(dt*it),'
            s 时刻的波场快照'],'FontSize',28);
        set(gca,'FontSize',28);
    elseif it==640;
        p00=p0/max(abs(p0(:))+.001);
        subplot(224);imagesc([1:nx]*dx,[1:nx]*dx,(p00+vel));
            colorbar;
        title(['T = ',num2str(dt*it),'
            s 时刻的波场快照'],'FontSize',28);
        set(gca,'FontSize',28);
        colormap(flipud(bone));
    end
end;




% 精确一维搜索—黄金分割法
function [x_opt, f_opt, k, H] = goldsection(f, a, b, epsilon)

% 输入: f 是目标函数, a,b 是搜索区域的端点, epsilon 是精度
% 输出: x_opt 是极小点, f_opt 是目标函数的极小值,
% k 是迭代次数, H 是过程矩阵;

% 算例如下:
% f=@(t) t^2+4*t;
% [x_opt,f_opt,k,H] = goldsection(f, -2, 3, 0.1);
gs = (sqrt(5)-1)/2; % 黄金分割数
k = 1;
```

```
x = a+(1-gs)*(b-a);
y = a+gs*(b-a);
H(1,:) =[a, x, y, b];

% 循环
while (b-a>epsilon)
    x = a+(1-gs)*(b-a);
    y = a+gs*(b-a);
    if feval(f, x)<feval(f,y)
        a = a;
        b = y;
        y = x;
        x = a+(1-gs)*(b-a);
    else
        a = x;
        b = b;
        x = y;
        y = a+gs*(b-a);
    end
        H(k+1,:) =[a, x, y, b]; % 搜索区间和黄金分割点
        k = k+1;
end

% 打印结果
x_opt = a;
f_opt = feval(f, x_opt);
    disp (' 最优点的取值为'); x_opt
    disp (' 目标函数的取值为'); f_opt
    disp (' 迭代次数为'); k
    disp (' 搜索区间和黄金分割点为'); H
```

```matlab
% 精确一维搜索—牛顿插值法
function [x_opt, f_opt, k, H] = newton1d(f, x0, epsilon)

% 输入: f 是目标函数, x0 是初始值, epsilon 是精度;
% 输出: x_opt 是极小点, f_opt 是目标函数的极小值,
% k 是迭代次数, H 是过程矩阵;

% 算例如下:
% syms t
% f = t^2-2*log(t)-1;
% x0 = 4;
% epsilon = 0.01;
% [x_opt,f_opt,k,H] = newton1d(f, x0, epsilon);
k = 1;
df = diff(f); % 一阶导数
ddf = diff(df); % 二阶导数

while(abs(subs(df, x0))>epsilon)
    fvalue = double(subs(f, x0));
    f1 = double(subs(df, x0));
    f2 = double(subs(ddf, x0));
    H(k,:) =[k, x0, fvalue, f1, f2];
% 迭代次数 起始点 函数值
%          一阶导数值
    if f2>0
        x1 = x0-subs(df, x0)/subs(ddf, x0);
        x0 = double(x1);
        k = k+1;
    else
        disp (' 该目标函数非正定，请选用其他算法！ ');
        break;
    end
end
```

```
fvalue = double(subs(f, x0));
f1 = double(subs(df, x0));
H(k,:) =[k, x0, fvalue, f1, f2];
% 迭代次数 起始点 函数值 一阶导数值


% 打印结果
x_opt = x0;
f_opt = fvalue;

disp (' 最优点的取值为'); x_opt
disp (' 目标函数的取值为'); f_opt
disp (' 迭代次数为'); k
disp (' 搜索区间和黄金分割点为'); H
```

% 非精确一维搜索—Armijo-Goldensetin 准则
```
function [x_opt, f_opt, k] = ag(f, x0, rho, xmax)
```

% 输入: f 是目标函数, x0 是初始值;
% rho 的取值范围为 [0, 0.5], xmax 是搜索区间的最大值;
% 输出: x_opt 是极小点, f_opt 是目标函数的极小值,
% k 是迭代次数, H 是过程矩阵;

% 算例如下:
% syms t;
% f = t^2-2*t+7;
% x0 = 10;
% rho = 0.4;
% xmax = 100;
% [x_opt,f_opt,k] = ag(f, x0, rho, xmax);

k = 1;

```matlab
df = diff(f); % 一阶导数
a = 0;
b = xmax; % [a, b] 为搜索区间
s = 2; % 尺度因子
f0 = subs(f,0);
df0 = subs(df,0);

while 1
    fk = subs(f, x0);
    if fk <= f0+rho*x0*df0 % 条件 1
        if fk >= f0+(1-rho)*x0*df0 % 条件 2
            x_opt = x0;
            f_opt = double(subs(f,x0));
            break; % 跳出循环
        else
            a = x0;
            if b < xmax % 收缩搜索区间
                x0= (a+b)/2;
                k = k+1;
            else % 放大搜索区间
                x0 = s*x0;
                k = k+1;
            end
        end
    else
        b = x0; % 更新搜索区间
        x0 = (a+b)/2; % 更新可行点
        k = k+1;
    end
end

% 打印结果
disp ('Armijo-Goldstein 非精确一维搜索的最优点取值为'); x_opt
```

```
disp (' 目标函数的取值为'); f_opt
disp (' 迭代次数为'); k




% 非精确一维搜索—Wolfe—Powell 准则
function [x_opt, f_opt, k] = wp(f, x0, rho, xmax, sigma)


% 输入: f 是目标函数, x0 是初始值;
% rho 的取值范围为 [0, 0.5], xmax 是搜索区间的最大值;
% sigma 的取值范围为 [rho, 1];
% 输出: x_opt 是极小点, f_opt 是目标函数的极小值,
% k 是迭代次数, H 是过程矩阵;

% 算例如下:
% syms t;
% f = t^2-2*t+7;
% x0 = 10;
% rho = 0.1;
% xmax = 100;
% sigma = 0.4;
% [x_opt,f_opt,k] = wp(f, x0, rho, xmax, sigma);

k = 1;
df = diff(f); % 一阶导数
a = 0;
b = xmax; % [a, b] 为搜索区间
s = 2; % 尺度因子
f0 = subs(f,0);
df0 = subs(df,0);

while 1
    fk = subs(f, x0);
```

```matlab
        dfk = subs(f, x0);
        if fk <= f0+rho*x0*df0 % 条件 1
            if dfk >= sigma*df0 % 条件 2
                x_opt = x0;
                f_opt = double(subs(f,x0));
                break; % 跳出循环
            else
                a = x0;
                if b < xmax % 收缩搜索区间
                    x0= (a+b)/2;
                    k = k+1;
                    disp ('k 的值'); k
                    disp (' 搜索点值'); x0
                else % 放大搜索区间
                    x0 = s*x0;
                    k = k+1;
                    disp ('k 的值'); k
                    disp (' 搜索点值'); x0
                end
            end
        else
            b = x0; % 更新搜索区间
            x0 = (a+b)/2; % 更新可行点
            k = k+1;
            disp ('a 的值'); a
            disp ('b 的值'); b
            disp ('k 的值'); k
            disp (' 搜索点值'); x0
        end
end

% 打印结果
disp (' 非精确一维搜索的最优点取值为'); x_opt
```

```matlab
disp (' 目标函数的取值为'); f_opt
disp (' 迭代次数为'); k



% 最速下降法
function [x, minf] = sd(f, x0, var, eps)


% 输入：f--目标函数；x0--初始点坐标；var--决策变量的符号；eps--精度
% 输出：x--极小点；minf--目标函数极小值；

% 算例
% syms s t
% f = 2*s^2 + s*t + t^2 + s - t +1;
% x0 = [0 0];
% var = [s t];
% eps = 0.001;

tol = 0.1;
rho = 0.5;
sigma = 0.4;
count = 0;

% 循环部分
while tol>eps
    grad = [diff(f,var(1)),diff(f,var(2))];
        % 计算梯度的数学表达式
    val = -subs(grad, var, x0);   % 负梯度方向的取值
    val = double(val);
    tol = norm(val);
    m = 0; mk = 0;
    while(m<20)    % 应用 Armijo 搜索确定步长
        if(subs(f,var,x0+rho^m*val)<subs(f,var,x0)+sigma*rho^m*val
```

```
                *(-val)')
                mk = m; break;
            end
            m = m+1;
        end
        count = count + 1;
        x0 = x0+rho^mk*(val);
        x = x0;
        minf = subs(f, var, x);
        minf = double(minf);

% 打印结果
    disp ('count'); count % 循环的次数
    disp ('coordinate of variable'); x % 搜索点的坐标
    disp ('value of cost function'); minf % 目标函数的取值
end




% 应用牛顿法求解最优化问题
function [x, minf,a,b] = newton(f, x0, var, eps)


% x--极小点
% minf--目标函数极小值
% f--目标函数
% x0--初始点坐标
% var--决策变量
% eps--精度
% a 和 b 是 x 和 minf 的列表

% 算例
% syms x1 x2;
% f = 2*x1^2 + x1*x2 + x2^2 + x1 - x2 +1;
```

```
% x0 = [0 0];
% var = [x1 x2];
% eps = 0.001;

tol = 0.1;
count = 0;

% 循环部分
while tol>eps
    grad = [diff(f,var(1)),diff(f,var(2))];
        % 计算梯度的数学表达式
    val = subs(-grad, var, x0);   % 负梯度方向的取值
    tol = norm(val);
    h = hesse(f,x0(1),x0(2));
    invh = inv(h);
    count = count + 1;
    x0 = x0 + (invh*(val'))';
    x = x0;
    minf = subs(f, var, x);
    a(count,:)= x0;
    b(count,:) = subs(f, var, x);

    disp ('count'); count % 循环的次数
    disp ('tolerance'); tol % 循环的次数
    disp ('coordinate of variable'); x % 搜索点的坐标
    disp ('value of cost function'); minf % 目标函数的取值
end
```

% 牛顿法例题程序

```
function [x,val,xlist]=newton822(maxk,rho,sigma,k,eps,x0)
```

% 输入:makx 为最大迭代次数, rho, sigma 为用于 armijo 搜索的参数
% k 是迭代次数, eps 是精度, x0 是初始点坐标
% 输出: x 为可行变量值, val 为目标函数值, xlist 为目标函数的对数值

% 算例
% maxk=5000;
% rho=0.5;
% sigma=0.4;
% k=0;
% eps=0.000001;
% x0=[2 2];
% [x,val,xlist]=newton822(maxk,rho,sigma,k,eps,x0);

```
while(k<maxk)
    gk=feval(@gfun822,x0);
    Gk=feval(@Hess822,x0);
    dk=-Gk\gk;
    if(norm(dk)<eps)
        break;
    end;
    m=0;
    mk=0;
    while(m<30)% Armijo line search
        if(feval(@fun822,x0+rho^m*dk')<feval(@fun822,x0)+sigma*rho
            ^m*gk'*dk)
            mk=m;
            break;
        end
        m=m+1;
    end
```

```
        x0=x0+rho^mk*dk';
        k=k+1;
        val=feval(@fun822,x0);
        xlist(k)=log10(abs(val));
end
plot(xlist,'-r','LineWidth',2);
xlabel(' 迭代次数');
ylabel('log10(|f|)');
x=x0;
val=feval(@fun822,x);
```

% 图 9.3 对应的程序

```
function Plotfun931()
```

```
x = load('parameters1.txt');
v0(1) = x(1); % 第一层速度
v0(2) = x(2); % 第二层速度
dv = x(3); % 速度的分划
nx = x(4); % 模型的横向采样点数
nz = x(5); % 模型的纵向采样点数
nt = x(6); % 时间采样点数
dx = x(7); % 空间的分划
dt = .5*dx/v0(1); % 中间变量
vi(1) = x(11); % 第一层速度的初始值
vi(2) = x(12); % 第二层速度的初始值

dv1=0;dv2=0;
[sv0]=fd_4inv(v0, dv1, dv2, nx, nz, nt, dx, dt);

for i=1:21
    for j=1:21
        dv1=0.01*(i-1);dv2=0.01*(j-1);
```

```
            [sv1]=fd_4inv(vi, dv1, dv2, nx, nz, nt, dx, dt);
            value1(i,j)=norm(sv1-sv0);
        end
end
x=(-0.10:0.01:0.1)+v0(1);
y=(-0.10:0.01:0.1)+v0(2);

imagesc(x,y,value1')
colormap(flipud(bone));
colorbar;
xlabel(' 第一层速度');
ylabel(' 第二层速度');

set(gca,'FontSize',20);




% 应用最速下降法进行波动方程速度反演的程序
function [v,dist]=WaveInvSD();
x = load('parameters.txt');
v0(1) = x(1); % 第一层速度
v0(2) = x(2); % 第二层速度
dv = x(3); % 速度的分划
nx = x(4); % 模型的横向采样点数
nz = x(5); % 模型的纵向采样点数
nt = x(6); % 时间采样点数
dx = x(7); % 空间的分划
dt = .5*dx/v0(1); % 中间变量
vi(1) = x(11); % 第一层速度的初始值
vi(2) = x(12); % 第二层速度的初始值

% 最优化参数初始化
eps1=0.0001;
```

```
grad1=1;
grad2=1;
ds=1;
k=0;

% 循环
while(norm(ds)>=eps1)
    k=k+1;
    [grad1,grad2,sv0,sv1]=GradComp(v0,vi,dv,nx,nz,nt,dx,dt);
    [a b]=size(sv1);
    ds=norm(sv1-sv0)/b;
    dist(k)=ds;
    dk=[grad1,grad2];
    beta=0.20;sigma=0.1;
    m=0;maxm=100;mk=0;
    while(m<=maxm)
        va=vi+beta^m*(-dk);
        [sv5]=fd_4inv(va, 0,0, nx, nz, nt, dx, dt);
        if(norm(sv5-sv0)<=norm(sv1-sv0)+sigma*beta^m*dk*(-dk)')
            mk=m;
            break;
        end
        norm(sv5-sv0);
        m=m+1;
    end
    alpha=beta^mk;
    vi=vi+alpha*(-dk);
    v(k,:)=vi;
end

% 存储数据
save v_sd.txt -ascii v;
save dist_sd.txt -ascii dist;
```

% 应用共轭梯度法进行波动方程速度反演的程序

```matlab
function [v,dist]=WaveInvCG();
```

```matlab
x = load('parameters.txt');
v0(1) = x(1); % 第一层速度
v0(2) = x(2); % 第二层速度
dv = x(3); % 速度的分划
nx = x(4); % 模型的横向采样点数
nz = x(5); % 模型的纵向采样点数
nt = x(6); % 时间采样点数
dx = x(7); % 空间的分划
dt = .5*dx/v0(1); % 中间变量
vi(1) = x(11); % 第一层速度的初始值
vi(2) = x(12); % 第二层速度的初始值

% 最优化参数初始化
eps1=0.0001;
grad1=1;
grad2=1;
ds=1;
k=0;

% 循环
while(norm(ds)>=eps1)
    k=k+1;
    [grad1,grad2,sv0,sv1]=GradComp(v0,vi,dv,nx,nz,nt,dx,dt);
    g(k,:)=[grad1,grad2];
    if k==1
        alpha(k)=0;
        dk_cg(k,:)=-g(k,:);
    else
        alpha(k)=norm(g(k,:))^2/norm(g(k-1,:))^2;
        dk_cg(k,:)=-g(k,:)+alpha(k)*dk_cg(k-1,:);
    end
```

```
    [a b]=size(sv1);
    ds=norm(sv1-sv0)/b;
    dist(k)=ds;
    dk=[grad1,grad2];
    beta=0.50;sigma=0.4;
    m=0;maxm=100;mk=0;
    while(m<=maxm)
        va=vi+beta^m*(dk_cg(k,:));
        [sv5]=fd_4inv(va, 0,0, nx, nz, nt, dx, dt);
        if(norm(sv5-sv0)<=norm(sv1-sv0)+sigma*beta^m*dk*(dk_cg(k,:
            ))')
            mk=m;
            break;
        end
        norm(sv5-sv0);
        m=m+1;
    end
    mk;
    lambda=beta^mk;
    vi=vi+lambda*(dk_cg(k,:));
    v(k,:)=vi;
end

% 存储数据
save v_cg.txt -ascii v;
save dist_cg.txt -ascii dist;




% 基于 DFP 公式的拟牛顿法
function [x, minf] = QN_DFP(f, x0, var, eps)
% 输入: f--目标函数, x0--初始点坐标, var--决策变量, eps--精度
% 输出: x--极小点, minf--目标函数极小值
```

```matlab
% 算例
% syms s t
% f = 2*s^2 + s*t + t^2 + s - t +1;
% x0 = [0 0];
% var = [s t];
% eps = 0.001;
% [x, minf] = QN_DFP(f, x0, var, eps)

% 初始化
syms a
tol = 0.1;
count = 0;
h = eye(2);
x = x0;
f_mid = f;
s = var(1); t = var(2);
grad = [diff(f_mid,s), diff(f_mid,t)];
val = h*(subs(-grad, [s t], x)');   % 初始化拟牛顿方向，实为负梯度方向

% 循环
while tol>eps
    if count == 0
        v = val';   % 为向量的形式与 DPF 公式中是 1-1 对应的，
            提前设为转置形式
    else
        v = v1';
    end
    xi = x;
    x = x + a*v; % 引入步长变量 a
    ff = subs(f_mid, [s t], x);   % 将目标函数转化为关于步长的函数
    f1 = diff(ff);
    f1 = solve(f1);
```

```matlab
        if double(f1)~=0
            ai = double(f1);
        else
            break
            x, minf=subs(f,[s t],x), count
        end
        x = subs(x, a , ai); % 更新搜索点坐标
        minf = subs(f,[s t],x);
        val1 = subs(-grad, [s t], x)'; % 更新负梯度数值
        dx = (x-xi)';  % 给 DFP 公式中的变量赋值
        dg = -val1 + val;
        h = h + dx*dx'/(dx'*dg) - h*dg*dg'*h/(dg'*h*dg); % 应用DFP公式,
            更新 Hesse 矩阵逆的近似
        v1 = h*val1; % 下一迭代步的拟牛顿方向
        count = count + 1; % 更新计数
        tol = norm(val1); % 更新 tol 参数
        val = val1; % 将 val 作为下一迭代步的起始点的负梯度
% 打印结果
    disp ('count='); count
    disp (' 搜索点的坐标'); x
    disp (' 目标函数的取值为'); minf
end




% 基于 BFGS 公式的拟牛顿法
function [x, minf] = QN_BFGS(f, x0, var, eps)


% 输出: x--极小点, minf--目标函数极小值
% 输入: f--目标函数, x0--初始点坐标, var--决策变量, eps--精度


% 算例
% syms s t
```

```matlab
% f = 2*s^2 + s*t + t^2 + s - t +1;
% x0 = [0 0];
% var = [s t];
% eps = 0.001;
% [x, minf] = QN_BFGS(f, x0, var, eps)

% 初始化
syms a
tol = 0.1;
count = 0;
h = eye(2);
x = x0;
f_mid = f;
s = var(1); t = var(2);
grad = [diff(f_mid,s), diff(f_mid,t)];
val = h*(subs(-grad, [s t], x)');   % 初始化拟牛顿方向

% 循环
while tol>eps
    if count == 0
        v = val';
    else
        v = v1';
    end
    xi = x;
    x = x + a*v;
    ff = subs(f_mid, [s t], x);
    f1 = diff(ff);
    f1 = solve(f1);
    if double(f1)~=0
        ai = double(f1);
    else
        break
```

```
        x, f=subs(f,[s t],x), count
    end
    x = subs(x, a , ai); % 更新搜索点坐标
    minf = subs(f,[s t],x);
    val1 = subs(-grad, [s t], x)'; % 更新负梯度数值
    dx = (x-xi)';  % 给 BFGS 公式中的变量赋值
    dg = -val1 + val;
    dw = dx/(dx'*dg) - h*dg/(dg'*h*dg);
    h = h + dx*dx'/(dx'*dg)-h*dg*dg'*h/(dg'*h*dg) +
        (dg'*h*dg)*dw*dw'; % 应用 BFGS 公式,更新 Hesse 矩阵逆的近似

    v1 = h*val1; % 下一迭代步的拟牛顿方向
    count = count + 1; % 更新计数
    tol = norm(val1); % 更新 tol 参数
    val = val1; % 将 val 作为下一迭代步的起始点的负梯度

% 打印结果
    disp ('count='); count
    disp (' 搜索点的坐标'); x
    disp (' 目标函数的取值为'); minf
end




% 无记忆拟牛顿法
function [x, minf] = QN_MLQN(f, x0, var, eps)

% 输出:x--极小点,minf--目标函数极小值
% 输入:f--目标函数,x0--初始点坐标,var--决策变量,eps--精度

% 算例
% syms s t
% f = 2*s^2 + s*t + t^2 + s - t +1;
```

```
% x0 = [0 0];
% eps = 0.001;
% [x, minf] = QN_MLQN(f, x0, var, eps)

% 初始化
syms a
tol = 0.1;
count = 0;
x = x0;
f_mid = f;
s = var(1); t = var(2);
grad = [diff(f_mid,s), diff(f_mid,t)];
val = subs(-grad, [s t], x)';    % 初始化搜索方向

% 循环
while tol>eps
    if count == 0
        v = val';
    else
        v = v1';
    end
    xi = x;
    x = x + a*v;
    ff = subs(f_mid, [s t], x);
    f1 = diff(ff);
    f1 = solve(f1);
    if double(f1)~=0
        ai = double(f1);
    else
        break
        x, f=subs(f,[s t],x), count
    end
    x = subs(x, a , ai); % 更新搜索点坐标
```

```
    x = double(x);
    minf = subs(f,[s t],x);
    minf = double(minf);
    val1 = -subs(grad, [s t], x)'; % 更新负梯度数值
    dx = (x-xi)';
    dg = -val1 + val;
    v1 = val1-[(1+dg'*dg/(dx'*dg))*dx'*val1/(dx'*dg)-dg'*val1/(dx'
        *dg)]*dx+dx'*val1/(dx'*dg)*dg;
% 下一迭代步的无记忆拟牛顿方向
    count = count + 1; % 更新计数
    tol = norm(val1); % 更新 tol 参数
    val = val1; % 将 val 作为下一迭代步的起始点的负梯度
% 打印结果
    disp ('count='); count
    disp (' 搜索点的坐标'); x
    disp (' 目标函数的取值为'); minf
end
```

% 求解信赖域子问题的单折线法

```
function [xk,vxk,k,f_gk]=TR_DZX(fk,gk,Bk,deltak,x,eps)
```

% 输入：fk 目标函数，gk 梯度函数，Bk 是 Hessian 矩阵，
% deltak 是信赖域半径，x 初始值，eps 阈值；
% 输出：xk 最优解，vxk 目标函数的最优值，k 迭代次数，f_gk 梯度的模

% 算例
% x=[0;0];
% fk=fun1131(x);
% gk=gfun1131(x);
% Bk=Hesse1131(x);
% eps=0.001;
% deltak=1;

```
% [xk,vxk,k,f_gk]=TR_DZX(fk,gk,Bk,deltak,x,eps)

% 初始化
eta1=0.25;
eta2=0.75;
tau1=0.5;
tau2=2;
f_gk=norm(gk);
kmax=50000;

% 循环
for k=1:kmax
    if f_gk<eps
        disp(' 单折线法----已经找到最优解，迭代次数 k 及极小点如下');
        k;
        x;
        break
    else
        alpha=(gk'*gk)/(gk'*(Bk)*gk);
        s_SD=-alpha*gk;
        s_N=-inv(Bk)*gk;
        vs_SD=norm(s_SD);
        vs_N=norm(s_N);
        if vs_SD>=deltak
            sk=-deltak*gk/norm(gk);
            x=x+sk;
        else
            if vs_N>deltak
                sk=s_N;
                x=x+sk;
            else
                a=norm(s_SD-s_N)^2;
                b=s_SD'*(s_N-s_SD);
```

```
                    c=s_SD'*s_SD-deltak^2;
                    lambda=(-b+sqrt(b^2-a*c))/a;
                    sk=s_SD+lambda*(s_N-s_SD);
                    x=x+sk;
                end
            end
            fk=fun1131(x);
            gk=gfun1131(x);
            Bk=Hesse1131(x);
            qk=fk+gk'* sk+0.5*sk'*Bk*sk;
            rk=fk/qk;
            if rk<=eta1
                deltak=deltak*tau1;
            else if rk<eta2
                    deltak=deltak;
                else
                    deltak=deltak*tau2;
                end
            end
        f_gk=norm(gk);
        end
end

% 结果的显示
xk=x
vxk=fk




% 求解信赖域子问题的双折线法
function [xk,vxk,k,f_gk]=TR_SZX(fk,gk,Bk,deltak,x,eps)
% 输入: fk 目标函数, gk 梯度函数, Bk 是 Hessian 矩阵,
% deltak 是信赖域半径, x 初始值, eps 阈值;
```

```matlab
% 输出: xk 最优解, vxk 目标函数的最优值, k 迭代次数, f_gk 梯度的模

% 算例
% x=[0;0];
% fk=fun1131(x);
% gk=gfun1131(x);
% Bk=Hesse1131(x);
% eps=0.00001;
% deltak=1;
% [xk,vxk,k,f_gk]=TR_SZX(fk,gk,Bk,deltak,x,eps)

% 初始化
eta1=0.25;
eta2=0.75;
tau1=0.5;
tau2=2;
f_gk=norm(gk);
kmax=50000;

% 循环
for k=1:kmax
    if f_gk<eps
        disp(' 双折线法----已经找到最优解,迭代次数 k 及极小点如下');
        k;
        x;
        break
    else
        alpha=(gk'*gk)/(gk'*(Bk)*gk);
        s_SD=-alpha*gk;
        deltak;
        gk;
        s_N=-inv(Bk)*gk;
        vs_SD=norm(s_SD);
```

```
vs_N=norm(s_N);
if vs_SD>=deltak
    sk=-deltak*gk/norm(gk);
    x=x+sk;
else
    if vs_N>deltak
        sk=s_N;
        x=x+sk;
    else
        gamma=norm(gk)^4/(gk'*Bk*gk*gk'*inv(Bk)*gk);
        eta=0.8*gamma+0.2;
        s_N1=eta*s_N;
        a=norm(s_SD-s_N1)^2;
        b=s_SD'*(s_N1-s_SD);
        c=s_SD'*s_SD-deltak^2;
        lambda=(-b+sqrt(b^2-a*c))/a;
        sk=s_SD+lambda*(s_N1-s_SD);
        x=x+sk;
    end
end
fk=fun1131(x);
gk=gfun1131(x);
Bk=Hesse1131(x);
qk=fk+gk'* sk+0.5*sk'*Bk*sk;
rk=fk/qk;
if rk<=eta1
    deltak=deltak*tau1;
else if rk<eta2
        deltak=deltak;
    else
        deltak=deltak*tau2;
    end
end
```

```
        f_gk=norm(gk);
    end
end

% 结果的显示
xk=x
vxk=fk



% Rosenbrock 函数的 LM\GN 算法实例
function [x0,count,x_list,f_list]=LM1231(alpha)
% 输入: alpha 为 LM 算法中的正则系数
% 输出: x0 初始值, count 计数, x_list 每次迭代的 x,
%       f_list 每次迭代的目标函数值

% 初始化
syms x y
eps = 0.000001;
f=[(1-x)^2 100*(y-x^2)^2]';
A=jacobian([(1-x)^2, 100*(y-x^2)^2], [x, y]);
x0=[2 -2];
A0=subs(A,{x y}, x0);
A0=double(A0);
count=1;
dx=1;
gf=1;
s=2;
f0=subs(f,{x y},x0);
f0=double(f0);

% 循环
for count=1:10000
```

```matlab
        f_list(count)=norm(f0);
        x_list(count)=norm(x0-[1 1]);
        x1=x0-(inv(A0'*A0+alpha*eye(2))*A0'*f0)';
        dx=x1-x0;
        x0=x1;
        a=f0;
        f0=subs(f,{x y},x0);
        f0=double(f0);
        b=f0;
        A0=subs(A,{x y}, x0);
        A0=double(A0);
        gf=A0'*f0;
        if norm(b)<norm(a)
            if norm(gf)<=eps
                break
            else
                count=count+1;
            end
        else
            if norm(gf)<=eps
                break
            else
                alpha=s*alpha;
            end
        end
end

% 打印结果
plot(1:1:count,x_list,'LineWidth',2);
xlabel(' 迭代步','FontSize',18);
ylabel('norm(x_k-x_0) ','FontSize',18);
title('Levenberg-Marquardt 算法中计算结果对不同\alpha 值的响应',...
    'FontSize',18);
```

```matlab
axis([1 count,-inf,inf]);
```

% 计算反射系数序列

```matlab
function R=refc(v,den)
```
% 输入: v 表示速度, den 表示密度
% 输出: R 为反射系数序列
```matlab
n = length(v);

% 循环
for i = 1:n-1
    z1(i) = v(i) * den(i);
    z2(i) = v(i+1) * den(i+1);
    R(i) = (z2(i)-z1(i)) / (z2(i)+z1(i));
end
```

% 利用褶积公式生成单条地震道的程序

```matlab
function seismogram_single()
```
% 初始化
```matlab
v = load('velocity.txt');
den = load('density.txt');
h = load('depth.txt'); % depth of each layer
dt = 0.001; % time interval
n = length(h);
tlayer(1)=2*h(1)/v(1);
for i = 2:n-1
    tlayer(i) = 2*h(i)/v(i)+tlayer(i-1);
end
nsample = floor(tlayer(n-1)/dt);
```

```
% 深度
for i = 1:n-1
    nR(i) = floor(tlayer(i)/dt);
end

% 计算反射系数
R=refc(v,den);
Rt(1:2*nsample) = 0;
for i = 1:n-1
    Rt(nR(i)) = R(i);
end
stem(Rt);figure;

% 设置雷克子波
f = 15;
number=0.2*floor(1/dt);
t=-number/2+1:number/2;
a=(1-2*(pi*f*t*dt).^2).*exp(-(pi*f*t*dt).^2);
plot(t,a); patch(t,a,'r');figure;
plot(a,t);patch(a,t,'r');figure;
title('Ricker Wavelet','FontSize',18);
xlabel('Time (ms) ','FontSize',18);
ylabel('Amplitude','FontSize',18);

% 褶积公式
S = conv(Rt,a);

% 时间离散点
for i = 1:length(S)
    T(i) = i*dt;
end

% 画图
```

```
plot(T,S,'k','LineWidth',2);
title('single trace','FontSize',28);
xlabel('Time（ms）','FontSize',28);
ylabel('Amplitude','FontSize',28);
set(gca,'FontSize',20);
```

% VFSA 算法的程序

```
function [f1,count,xb]=ImpInv1DVFSA(index,R0,kmax,Ti,q,sup,inf,v)
% 输入：index 表示判断是否接受可行点，R0 表示初始反射系数序列，
% kmax 表示每个温度下的最大迭代次数，Ti 表示温度
% q 表示降温函数中的参数，sup 和 inf 分别表示上界和下界
% v 表示跳出循环的阈值
% 输出：f1 目标函数值，count 计数，xb 最优解

% 算例
% 输入参数如下
% R0 = [0.05 0.05 0.05 0.05];
% kmax=100;
% Ti=0.2;
% q = 0.9;
% sup=0.15;
% inf=0.01;
% index=2;
% v=0.05;
% [f1,count,xb]=ImpInv1DVFSA(index,R0,kmax,Ti,q,sup,inf,v)

% 初始化
if nargin<8
    vv=0.05;
end
if nargin < 7
```

```
        inf = 0.01;
end
if nargin < 6
    sup = 0.15;
end
if nargin < 5
    q = 0.99;
end
if nargin < 4
    Ti = 0.5;
end
if nargin < 3
    kmax = 1000;
end
if nargin<2
    R0 = [0.05 0.05 0.05 0.05];
end
if nargin<1
    index =1;
end

% 求解一些基本变量
N = length(R0); % 自变量维数
x = R0;
[f0,R,Rt,S,Rt0,S0] = obfun(R0); % 函数在初始点 x0 处的函数值

% 进行迭代计算, 找出近似全局最小点
f1=1;
count=1;
k=1;
while f1>v
    Ti = Ti*q;
    for k =1:kmax
```

```
            count=count+1;
            dx = Mu_Inv(rand(size(x)),Ti).*(sup - inf);
% VFSA 随机扰动
            x1 = R0 + dx; % 下一个估计点
            x1 = (x1 < inf).*inf +(inf <= x1).*(x1 <= sup).*x1 +(sup <
                x1).*sup; % 将 x1 限定在区间 [l,u] 上
            [fx1,R,Rt,S,Rt0,S0] = obfun(x1);
            df = fx1- f0;
            df1=abs(df);
            if df < 0 % 如果 fx1<fx 或者概率大于随机数 z
                R0 = x1;xb=x1;
                f0 = fx1;
                [f0,R,Rt,S,Rt0,S0] = obfun(R0);
            elseif rand < exp(-df1/(Ti))
                Ti
                T1=exp(-df1/(Ti))
                if index==1
                    xb = x1;% 经典的 SA 算法
                    R0=xb;
                end
                if index==2;
                    xb=R0;
% 不将其作为下一个迭代步骤的起始点,
                        修正的 SA 算法
                end
            else
                xb = R0;
            end
            [f1,R,Rt,S,Rt0,S1] = obfun(xb);
            if f1<=v
                break;
            end
    end
```

```
end

% 打印结果
disp(' 目标函数值'), f1
disp('count'), count
disp('index='), index
```

```
% 应用粒子群算法求解地震子波提取问题
function [xb,error] = pso_WaveletExtr(fitness,R0max,R0min,r0max,
    r0min,N,m,c1,c2,w,kmax)
% 输入: fitness 是适应度函数, R0max 是 R0 中元素的上界,
    R0min 是 R0 中元素的下界
% r0max 是 r0 中元素的上界, r0min 是 r0 中元素的下界, N 是粒子总数
% m 是自变量的个数: R0 和 r0, c1 和 c2 是学习因子, w 是惯性权重,
    kmax 是最大迭代次数,
% 输出: xb 是最优解, error 是目标函数值

% 算例 1: pso_WaveletExtr(@FunWavelet,0.15,0.01,40,20,10,4,2,2,
    0.8,100)
% 算例 2: pso_WaveletExtr(@FunWavelet,0.15,0.01,40,20,10,4,2,2,
    0.8,20)

% 粒子的初始化
for i=1:N
    for j=1:m
        R0(i,j)=R0min+rand*(R0max-R0min);
% 设置所有粒子的 R0 部分的初始位置
        v1(i,j)=rand*(R0max-R0min);
% 设置所有粒子 R0 部分的初始位移
    end
    r0(i,1)=r0min+rand*(r0max-r0min);
```

```
% 设置所有粒子的 r0 部分的初始位置
    v2(i,1)=rand*(r0max-r0min);
% 设置所有粒子 r0 部分的初始位移
end
x(:,:)=[R0(:,:),r0(:,:)];
v(:,:)=[v1(:,:),v2(:,:)];

% 适应度的初始化
for i=1:N
    f(i)=fitness(R0(i,:),r0(i,1));
    x1(i,:)=x(i,:);% 设置中间变量 x1
end

% 给全局最优点 pbest 赋值
gbest=x(1,:); % 将全局最优点 gbest 初始化
for i=2:N
    if f(i)<fitness(gbest(:,1:m),gbest(:,m+1))
        gbest=x(i,:);
    end
end

% 循环
for k=1:kmax
    for i=1:N
        v(i,:)=w*v(i,:)+c1*rand*(x1(i,:)-x(i,:))+c2*rand*(gbest-
           x(i,:));
        % 更新位移（速度）
        x(i,:)=x(i,:)+v(i,:);% 更新各粒子的位置
        f1(i)=fitness(x(i,1:m),x(i,m+1));% 更新目标函数值
        if f1(i)<f(i) % 如果目标函数值下降
            f(i)=f1(i); % 重记目标函数值
            x1(i,:)=x(i,:);
% 重记各粒子的位置——相当于更新个体最优 pbest
```

```
            end
            if f1(i)<fitness(gbest(:,1:m),gbest(:,m+1))
% 如果个体最优的目标函数值小于全局最优的
                gbest=x1(i,:); % 更新全局最优点
            end
        end
        fitb(k)=fitness(gbest(:,1:m),gbest(:,m+1));
% 计算全局最优点对应的目标函数值
end

xb=gbest;% 输出全局最优点为 xb
[error,R,Rt,S,Rt0,S1]=fitness(gbest(:,1:m),gbest(:,m+1));
% 输出 xb 对应的目标函数值

dt=0.001;
for i = 1:length(S)
    T(i) = i*dt;
end

c=corrcoef(S,S1);

% 打印结果
disp(' 目标函数值'),error
disp(' 两个地震波形的相关系数'),c(1,2)




% 应用遗传算法实现大地电磁测深反演的程序
function [result_x,result_f,fbv] =
    GAMT1D(m,xmax,xmin,Np,gmax,p1,p2,pre)
% 输入: m 表示可行变量的个数,
% xmax 和 xmin 分别表示可行变量的所在区域的最大值和最小值,
    Np 表示种群的规模,
```

```matlab
% gmax 表示最大迭代次数, p1 表示交叉概率, p2 表示变异概率,
% pre 表示可行变量的离散精度,
% 输出: result_x 表示最优解, result_f 表示目标函数相应的最优值,
% fbv 是每个迭代步中目标函数值的最优值.

% 算例
% m=3;
% xmax=250;
% xmin=50;
% Np=100;
% gmax=500;
% p1=0.99;
% p2=0.1;
% pre=0.01;
% [result_x,result_f,fbv] = GAMT1D(m,xmax,xmin,Np,gmax,p1,p2,pre)

% MT 正演结果
[rho_a,phase] = MT1D_FWD([100 200],1500);

% 编码初始化
L = floor(log2((xmax-xmin)/pre+1))+1; % 计算个体序列的长度

% 种群初始化
[y,xi]=PopInitialGA(Np,m,L,xmax,xmin);

% 循环
for i=1:Np
    [rho_x,phase_x] = MT1D_FWD([y(i,1:2)],y(i,3)*10);
    f1=norm(rho_x-rho_a);
    f(i) = 1/f1;% 计算适应度值
end
xm=zeros(Np,L,m);
xc=xm;
```

```matlab
for k=1:gmax
    sumf = sum(f); % 适应度值的求和
    p = f/sumf; % 所有个体适应度所占的权重
    for j=1:m
        sel=[];
        for i=1:Np % 选取个体数量为 Np 的种群
            xs(i,:,j)=xi(roulette(p),:,j);
        end
        for i=1:Np
            np=randperm(Np); % 随机排序 Np 个整数
            if rand()<=p1        % 交叉操作
                Ncross=unidrnd(L);
% 随机抽取一个 [1, L] 之间的整数
                xc(i,1:Ncross,j) = xs(np(1),1:Ncross,j);
% xc 为交叉操作之后的二进制序列
                xc(i,(Ncross+1):L,j) = xs(np(2),(Ncross+1):L,j);
% 两个 xs 变量之间进行随机交叉
            else
                xc(i,:,j) = xs(np(1),:,j);
% 未执行交叉和变异的个体，继承父亲的所有基因
            end
            if rand()<=p2        % 变异操作
                Nmut = floor(rand()*(L-1))+1;
% Nmut 表示二进制序列的一个随机位置
                xm(i,Nmut,j) = ~xc(i,Nmut,j);
% ~ 符号表示由 0 变为 1 或由 1 变为 0
            else
                xm(i,:,j) = xc(i,:,j); % 否则不变
            end
        end
    end
    x = xm; % 更新群体中的个体
    for i = 1:Np
```

```
        for j=1:m
            a = num2str(x(i,:,j));
            x1(i,j) = bin2dec(a);
% 将 2-进制编码序列转化为 10-进制
            y(i,j) = xmin+x1(i,j)*(xmax-xmin)/(2^L-1);
        end
        [rho_x,phase_x] = MT1D_FWD([y(i,1:2)],y(i,3)*10);
        f1=norm(rho_x-rho_a);
        f(i) = 1/f1;% 计算适应度值
    end
    N=find(f==max(f));
% 找到本迭代步的适应度函数最大值所对应的个体序号
    xv=y(N,:); % 找到本迭代步的适应度函数最大值所对应的个体
    xbv(k,:)=xv(1,:); % xv 值是可能重复的,任取其中一个个体
    fbv(k)=1/max(f); % 目标函数最小值
end

% 结果
M=find(fbv==min(fbv));
result_x=xbv(M,:);
result_f=min(fbv);




% 应用神经网络反演反射系数序列 其中前90组为训练集合 后10组为测试集合
function [c]=ImpInvTest(N,M,NT,NN)
% 输入: N 一共生成反射系数序列的组数, M 每组反射系数的个数,
% NT 表示用于训练的组数, NN 表示隐层的神经元个数
% 输出: c 表示反演结果与真实结果的相关系数

% 算例
% N=100;M=10;NT=90;NN=10;
% ImpInvTest(N,M,NT,NN)
```

```matlab
% 初始化
t=0:0.01:0.1;
w=rickerwave(15,t);
for jj=1:N
    for ii=1:M
        ref(ii)=0.2*rand;
    end
output(jj,:)=ref;
wave=conv(w,ref);
input(jj,:)=wave;
end

% 搭建神经网络
P=input(1:NT,:)';
T=output(1:NT,:)';
net=feedforwardnet(NN);
net.trainParam.epochs=10000;
net.trainParam.goal=0.0000001;
net.trainParam.max_fail = 10;
LP.lr=0.1;
net=train(net,P,T);% 训练
P_test=input((NT+1):N,:)';
y=sim(net,P_test)';% 反演
A=corrcoef(y,output((NT+1):N,:))% 相关矩阵
c=A(1,2);% 相关系数
norm(y-output((NT+1):N,:))% 误差
```

function Seism4Imp()

```matlab
% 装载数据
load a4.txt;
phi=a4;
```

```
% 初始化
t=0:0.01:0.1;
w=rickerwave(15,t);
[m,n]=size(phi);
ref=zeros(m,n);

% 计算反射系数序列
for j=1:n
    for i=1:m-1
        ref(i,j)=(phi(i+1,j)-phi(i,j))/(phi(i+1,j)+phi(i,j));
    end
end

% 生成波形数据
for j=1:n
    wave(j,:)=conv(w,ref(:,j));
end
seismogram=wave';
save zhengyan.txt -ascii seismogram;% 存储波形数据
```

% 生成训练集的输出和输入

```
function [TrainingOutput,TrainingInput]=OutputSeism4Testing();
```

% 输出：TrainingOutput,TrainingInput 分别为用于神经网络训练集的
  输出和输入

```
% 初始化
ImpData=[];
reff=[];
wavee=[];
nn=20;%nn 表示样本个数，共 50 个随机生成的阻抗模型
```

```matlab
% 循环
for i=1:nn
    Rx=100+100*(i-1);% x 方向变程
    Ry=100;% y 方向变程
    [c1,phi]=SGS_test(Rx,Ry);
    ImpData=[ImpData;phi];
    imagesc(ImpData);
    colorbar;
    colormap jet;
    t=0:0.01:0.1;
    w=rickerwave(15,t);
    [m,n]=size(phi);
    ref=zeros(m,n);
    for j=1:n
        for i=1:m-1
            ref(i,j)=(phi(i+1,j)-phi(i,j))/(phi(i+1,j)+phi(i,j));
        end
    end
    a=ref;
    reff=[reff;a];
    for j=1:n
        wave(j,:)=conv(w,ref(:,j));
    end
    c=wave;
    wavee=[wavee,c];
end
seismogram=wavee';

% 生成输出和输入数据
for j=1:50%50 道数据
    for i=1:nn% nn 个样本
        TrainingInput(1:60,i,j)=seismogram(1+(i-1)*60:i*60,j);
        TrainingOutput(1:50,i,j)=ImpData(1+(i-1)*50:50*i,j);
```

```
    end
end

% 存储数据
save TrainingOutput;
save TrainingInput;
```

郑重声明

高等教育出版社依法对本书享有专有出版权。任何未经许可的复制、销售行为均违反《中华人民共和国著作权法》,其行为人将承担相应的民事责任和行政责任;构成犯罪的,将被依法追究刑事责任。为了维护市场秩序,保护读者的合法权益,避免读者误用盗版书造成不良后果,我社将配合行政执法部门和司法机关对违法犯罪的单位和个人进行严厉打击。社会各界人士如发现上述侵权行为,希望及时举报,本社将奖励举报有功人员。

反盗版举报电话　(010) 58581999　58582371　58582488
反盗版举报传真　(010) 82086060
反盗版举报邮箱　dd@hep.com.cn
通信地址　北京市西城区德外大街 4 号
　　　　　高等教育出版社法律事务与版权管理部
邮政编码　100120